地图学丛书

空间知识地图建模与表达

王光霞　王富强　张兴伦　编著

科 学 出 版 社

北 京

内 容 简 介

本书全面系统地介绍了空间知识地图建模与表达的理论、技术、方法及应用案例。全书共包括 6 章：第 1 章阐述空间知识地图的概念、研究范畴、研究内容和地位作用；第 2 章介绍支撑空间知识地图建模与表达的相关基础理论和技术方法；第 3～5 章阐述空间知识地图概念建模、数据建模和知识建模的理论和技术方法，并提出了空间知识地图认知模型、抽象描述方法和本体驱动的多重时空数据耦合数据模型；第 6 章阐述空间知识地图的表达方法和应用案例。

本书可供地理、测绘、地质、环境、城市规划、土地管理等领域相关专业科技人员参考，也可作为高等院校测绘工程、地理信息科学、环境工程、地理科学、城市规划、土地管理等专业研究生教材。

审图号：GS 京(2024)1148 号

图书在版编目(CIP)数据

空间知识地图建模与表达/王光霞，王富强，张兴伦编著. —北京：科学出版社，2024.6

(地图学丛书)

ISBN 978-7-03-076903-9

Ⅰ. ①空… Ⅱ. ①王… ②王… ③张… Ⅲ. ①地图编绘-地理信息系统-空间信息系统-知识表达 Ⅳ. ①P283.7

中国国家版本馆 CIP 数据核字(2023)第 214791 号

责任编辑：杨 红 郑欣虹/责任校对：杨 赛

责任印制：张 伟/封面设计：有道文化

科学出版社 出版

北京东黄城根北街 16 号

邮政编码：100717

http://www.sciencep.com

三河市骏杰印刷有限公司印刷

科学出版社发行 各地新华书店经销

*

2024 年 6 月第 一 版 开本：787×1092 1/16

2024 年 6 月第一次印刷 印张：13 1/2 插页：4

字数：339 000

定价：89.00 元

(如有印装质量问题，我社负责调换)

丛 书 序

地图学是一门有着几乎和世界最早文明同样悠久历史的古老的科学，又是一门年轻且充满生机与活力的科学，它在长期的人类社会实践、生产实践和科学实践的基础上形成和发展起来，有着强大的生命力。如今，地图学已经成为跨越时间和空间、跨越自然和人文、跨越技术和工程，且具有较完整的理论体系、技术体系和应用服务体系的科学。作为地图学研究“主阵地”的地图（集），是国际上公认的三大通用语言（绘画、音乐、地图）之一，是诠释世界的杰作和浓缩历史的经典，是重构非线性复杂地理世界的最佳形式，是人们工作、学习和生活不可缺少的科学工具。今天，地图的社会影响力比历史上任何时期都要更加强大。

地图学在其 4500 余年发展史上，共经历了三次发展高峰，即：以古希腊托勒密（90～168 年）《地理学指南》的经纬线制图理论和方法及我国裴秀（224～273 年）《禹贡地域图十八篇 • 序》的“制图六体”制图理论和方法为标志性成果的古代地图学；以 15 世纪末至 17 世纪中叶的世界地理大发现奠定世界地图的基本轮廓和以大规模三角测量为基础的地形图测绘等为标志性成果开启的近代地图学；以 20 世纪 50 年代信息论、控制论、系统论三大理论问世和电子计算机诞生彻底改变了包括地图学在内的世界科学图景和包括地图学家在内的当代科学家的思维方式，从而导致了地图制图技术的革命等为标志性成果的现代地图学（信息时代的地图学）的形成和发展。总结地图学发展历史进程中的三次发展高峰，每一次都离不开当时的科学家在先进科学技术和社会需求推动下的思维变革的先导作用。

当今，大数据、互联网、物联网、人工智能等技术的快速发展，正在彻底改变地图学家和地图（集）制图工程师们的思维方式和工作方式，地图（集）产品“设计→编绘→出版”全过程数字化取得了标志性成果，人工智能赋能地图科学技术由数字化到智能化已成大势，地图学已进入以“数据密集型计算”为特征的科学范式新时代。“地图学丛书”（以下简称“丛书”）编写出版正是在这样的背景下启动的。

“丛书”旨在总结进入 21 世纪以来我国地图科学家、地图（集）制图工程师们的科研实践，特别是地图理论、方法和技术成果，突出科学性、前瞻性、先进性和系统性，以引领地图学科健康持续发展，加强研究生教材和课程建设，提升研究生教育质量。“丛书”读者对象定位为测绘科学与技术、地理学及相关学科的研究生或学科优势特色突出高校的高年级本科生。

本“丛书”即将陆续出版。“丛书”是开放的，热烈欢迎从事地图学研究与实践的学者、专家，特别是中青年地图科技工作者积极参与到“丛书”的编写工作中来。让我们共同努力，把“地图学丛书”打造成精品！

王家耀

2023 年 1 月 31 日

前　言

地图是人类认知环境的结果，是知识的积累和固化。人们通过对地图知识的阅读、思维、分析和推理等 “知识深加工”，可为其行为决策提供空间知识支撑。随着科学技术的发展以及实时决策需求的提高，人们期望利用地图这一有效工具实现各类知识的跨空间融合、跨领域传输、跨行业应用和定制化表达。空间知识地图的提出，是传统地图学向现代地图学演进的必然产物，也是对新时期用户需求的响应。空间知识地图作为一种新型地图，是按照空间知识的架构，从地图的角度进行知识建模、知识关联、知识融合、知识发现、知识检索和知识服务，为城市规划、道路导航、防灾减灾、处突维稳、跨领域交流等提供具有时空标签的知识地图。

本书从空间知识地图的基本概念出发，全面系统地介绍了空间知识地图动态建模与制图的理论、技术、方法及应用实例。全书共包括 6 章：第 1 章，绪论。介绍了空间知识地图的提出与应用、空间知识地图的概念与特征，以及空间知识地图的地位与作用。第 2 章，空间知识地图建模与表达相关理论和技术。介绍了行为地理学理论、空间认知与信息传输理论、地理本体与知识表示技术、知识可视化技术等支撑地图的概念和技术方法。第 3 章，空间知识地图认知模型与抽象描述。主要介绍空间知识地图制图对象、空间知识地图认知模型、空间知识地图的数学基础等内容。第 4 章，空间知识地图数据建模。阐述了空间知识地图建模方法、本体驱动的多重时空数据耦合数据模型的概念建模、本体驱动的多重时空耦合数据模型的逻辑建模、本体驱动的多重时空耦合数据模型的物理建模等内容。第 5 章，空间知识地图知识建模。包括空间知识体系构建、空间知识表示、空间知识存储等内容。第 6 章，空间知识地图表达。包括空间知识地图表达模型、空间知识地图表达方法、空间知识地图表达案例等内容。

本书由王光霞规划设计，王富强统稿，3 位撰写人分工编写。全书集成了中国人民解放军战略支援部队信息工程大学地理空间信息学院、河南大学时空大数据研究院、郑州信大先进技术研究院、中国人民解放军 61363 部队相关研究团队多年来参与国家和军队等课题的研究成果。张兴伦、游天、翟圣云、杨雯水、王圣壹等承担了书稿编排、文字审校及插图绘制等辅助性工作。上述老师和同学为本书出版付出了辛勤劳动，在此对他们表示衷心感谢！

本书在编写过程中参考了大量国内外相关文献，感谢被引用文献的作者们，是他们前期的研究工作给我们以启迪和帮助。

本书在撰写过程中，力图将知识地图、知识图谱、空间知识地图已有理论成果和技术方法进行总结，体现其科学性和创新性。但由于空间知识地图本身是一种新型地图，还有许多值得进一步探讨和研究的问题，加之作者水平有限，书中难免有不妥之处，恳请读者批评指正。

作　者

2023 年 12 月

目　录

第1章 绪　论

地球是人们赖以生存的环境，是一个复杂的巨系统。人类为了更好的生产生活，需要不断观察、利用和改造周围环境。在漫长的人类进程中，时间和空间已成为界定人类文明与社会发展的两个基本维度，也是所有思想模式的重要框架（Hartshorne，1958）。空间是人类认识自然、改造自然过程中的一个永恒主题。一方面，空间作为自然的产物，是不以人的意志为转移的客观实在；另一方面，空间作为人类社会实践的产物，既影响着人们日常生产生活的方式，又受到社会生产力发展水平的制约。随着全球化、城市化进程的加快，城市经济高速发展，信息技术广泛应用，人类空间激烈重构，给人们生产生活带来巨大冲击，环境污染、交通拥堵、教育医疗资源地区差异等一系列社会经济问题随之产生。现在人类生存最重要的事实是社会的空间差异，而不是自然界的空间差异（孙中伟等，2014）。如何认识和解决这些空间差异，成为不同学科共同面对的时代问题。

长期以来，地图作为地理环境的客观描述和信息载体而存在，对人们认识周边环境发挥了不可替代的作用，被誉为“改变世界的十大地理思想之一”“地理学的第二语言”。进入21世纪，信息通信技术（information and communication technology，ICT）迅猛发展，传感器、智能穿戴、移动计算等设备得到广泛应用（郭仁忠和应申，2017）；打卡、外卖、网购、旅游、导航等成为人们生活中不可或缺的地理场景或地理行为（闾国年等，2018）。地图作为数字世界和现实世界结合的纽带，作为地理环境认知、研究和表达的有效工具，重要性日益凸显，百度、阿里、腾讯、京东、华为等科技公司纷纷涉足地图领域，地图能力甚至已成为信息巨头必备的基础能力。究其原因，一方面，地图已经和浏览器、搜索引擎一起成为人们进入网络空间的工具，基于地图应用进入人们的生活场景已成为跨领域合作、跨行业应用的捷径；另一方面，极大丰富的数据源，迅猛发展的云计算、人工智能、数据挖掘、知识发现、大数据分析等新一代信息技术，为地图的深加工提供了强有力的支撑，使得借助地图这一地理环境研究工具解决人们生活中的地学问题成为可能。地图逐渐成为各行各业人员进行时空可视化表达和地学行为决策的手段和工具。

人类行为决策大多是在知识层面进行的。如何从知识层面辅助人们进行地理行为决策，如何实现空间知识在不同领域、不同行业的共享、重用，成为地图跨行业、多场景、智能化应用迫切需要解决的理论问题。“知识地图与一般地图的区别，知识地图的理论、方法、功能和作用”已成为新时代地图学不容回避的研究课题（王家耀，2013）。地图产品也正向精细化、真实化、智能化方向演进。鉴于此，本书从空间知识地图的基本概念出发，围绕空间知识地图概念建模、数据建模、知识建模和表达建模开展研究，为空间知识地图设计与构建提供理论和方法指导。

1.1　空间知识地图的提出与应用

1.1.1　研究背景

随着移动通信技术、计算机技术、网络技术、传感技术等的迅猛发展，测绘技术逐步实现从现地测绘、航空测绘到遥感测绘再到自发地理信息（volunteered geographic information，VGI）提供的跨越式发展。地图数据获取日益网络化、便捷化、近实时化。依托网络信息资源和地图服务，人们几乎可近实时获取其所关注地理事件的海量地理空间信息。长期以来困扰地图学发展的瓶颈——地图数据源问题迎刃而解。

但是，随着地理空间信息应用的日益深入，人们逐渐发现，在浩瀚的地理空间信息汪洋中，能够用来解决实际问题的“空间知识”却十分匮乏，尤其是在跨领域辅助人们进行地学决策时更是捉襟见肘。究其原因，主要有三个方面：一是很长一段时期以来，面向“地图制图”需要的空间数据，侧重于对地理实体空间结构的描述和刻画，遗弃了地理实体之间丰富的语义关系；二是随着地理空间信息技术的普及应用，不同领域人员对于同一地理环境往往根据各自的研究领域需要去生产空间数据，造成了大量的“信息孤岛”；三是从定量的空间数据到面向具体任务的地学决策往往需要“从定量数据到定性知识”的加工处理。因此，空间分析、空间数据挖掘、时空大数据分析等一系列空间知识发现技术成为地理信息科学研究的热点。地理空间信息智能化应用初露端倪，更加侧重地理空间知识的获取、组织、表达、共享和重用，以解决不同领域用户地学决策过程中日益复杂的地理空间知识需求。

进入21世纪，由于全球导航卫星系统（global navigation satellite system，GNSS）、无线网络通信（Wi-Fi）、无线射频识别（radio frequency identification，RFID）等无线导航定位技术的发展和移动智能终端的普及，基于应用程序（application program，APP），社交网络、宗教信仰等社会人文信息以图片、文本、视频、音频等形式实现了与地理空间的有效关联。人们日常的社交动态信息成为地理空间信息的有机组成部分。ICT时代，人们对地图的需求不再局限于认识周围环境，而是要利用地图去解决衣、食、住、行等一系列日常生活问题。地图已成为人们不可或缺的工具，进入人们生活场景的方方面面，影响到人们购物餐饮、旅游出行、休闲交际等各类日常地理行为决策。在科学技术领域，地图更是研究人员分析地理环境和表达领域知识的有效手段。人们迫切需要掌握地图认知、分析和表达地理空间的原理、方法、程序，进而叠加自身知识结构和领域背景，重新构建自身空间知识结构，以便解决自身面临的各类地学问题。

因此，地图制图人员试图利用自身专业知识和技能，通过地理思维、地理分析、地理推理以及空间数据挖掘等能力，对现有地理信息资源进行“深加工”，为不同领域人员的地学决策问题提供空间知识支撑。社会制图、赛博制图、认知制图、智能制图等成为地图学的研究前沿。室内地图、全息位置地图、全息地图、泛地图、机器地图、自动驾驶地图、空间知识地图、京东地图、场景地图等新概念地图层出不穷。与传统地图相比，这些地图都有明确的用户用途、典型的应用场景，虽然在数据获取、数据处理、数据分析和数据表达等方面有各自的特殊要求，但又都有显著的共同特点——都强调地图数据深加工、都侧重解决地理行为决策问题。空间知识智能化获取、可视化表达、知识化服务已成为地理科学和测绘科学的重点方向。地图应用模式已从“信息提供”向“服务提供”转变。服务的最佳体现就是知识，丰富的地图数据源、强大的信息处理技术、强烈的智能地图应用需求，迫切要求地图学对人工智能时代地理行为决策做出回应。当前，大众化、网络化、智能化成为地图学新的发展趋势。面向行为决策的空间知识地图成为地图学的研究热点。

1.1.2 研究进展

人类的一切行为都是在特定的时空中进行的。面向繁杂多样的行为决策和瞬息万变的行为场景，人们越来越倾向于借助地图这一工具去认知、表达和决策。地图从“地理学的第二语言”“地理环境研究的工具”向“研究地理环境的工具”转变。面向不同的应用群体、应用领域、应用场景、应用需求、应用模式，地图学者借助新一代信息技术从基本概念、制图内容、信息叠加、表达形式、智能应用等多个维度对知识型地图进行了有益探索。

在地图基本概念方面。陈述彭（1998）将我国传统地学图谱的研究成果与现代技术和方法相结合，提出了地学信息图谱，认为地学信息图谱是地学图谱在信息时代的产物。地学信息图谱是由遥感、地图数据库、地理信息系统与数字地球的大量数字信息，经过图形思维与抽象概括，并以计算机多维与动态可视化技术显示地球系统及各要素和现象空间形态结构与时空变化规律的一种手段与方法（廖克，2002）。地学信息图谱建立在对更广泛、更丰富的地理空间信息分析加工的基础之上，借助于系列图形式来描述现象、揭示机理、表达规律，形成对事物和现象更深层次的认识，既可以反映区域内各种现象的共性特征，又可以提供预测未来的多种设想和可能方案，供决策者做出判断（齐清文和池天河，2001）。龚建华等（2008）则从知识可视化的角度提出了地理知识图的概念，认为地理知识图是地理知识的一种重要表达方式，是关于地理问题、地理时空分布、地理要素相互关系等的一种认知与抽象图，可用以符合人的心智表达及认知过程，有助于人的空间记忆、思维与联想等，以及提高探索与解决问题的能力。顾及知识地图具有某种不确定性与模糊性的特点，其将地理知识图分为“强知识图”（含有人的思考、抽象、概念、命题、思维与认知等方面信息多，深刻表达地理本质规律与理解，如地学信息图谱）与“弱知识图”（含有人的认知与抽象分析少，表述客观现象事实信息多，如地图）。许珺等（2010）在知识图谱和地学信息图谱的基础上，提出了地学知识图谱的概念。地学知识图谱将地学知识以虚拟空间坐标的形式反映在地图上，用以展示地理对象特征空间分布，揭示隐含的规律；地学知识图谱是地理知识形式化的图形表达，有一定的语义和语法特征，可进行计算；其不仅是一种知识表达和数据挖掘的手段，也是空间认知的一种方式和结果。为实现地理位置应用的飞跃，周成虎等（2011）提出了全息位置地图的概念：以位置为基础，全面反映位置本身及与位置相关的各种特征、事件或事物的数字地图。针对大数据时代缺乏承载和综合利用泛在信息的有效途径这一问题，朱欣焰等（2015）提出以位置为核心，通过位置来组织、描述和理解现实世界和虚拟世界中人、物体和事件之间的关系，实现多维时空动态信息的关联，进而拓展了全息位置地图概念的内涵：在泛在网环境下，以位置为纽带动态关联事物或事件的多时态、多主题、多层次、多粒度的信息，提供个性化的位置及与位置相关的智能服务平台。齐清文等（2018）则从全息技术的本义入手，提出全息地图是全息技术应用于地图学领域而产生的一种全新的概念、模型和产品，进而建立了“全息地图三维嵌套语义模型”。郭仁忠等（2018）提出，ICT时代，地图对象空间从传统的地理（自然空间）、人文（社会空间）二元空间拓展到了包括信息空间（网络信息空间）在内的地理、人文和信息三元空间，地图制图对象、展现介质、表达方式发生明显变化，进而提出泛地图是传统地图的延伸和拓展，是对地理、人文和信息三元空间的综合表达，是一种通过地图语言、形象思维、空间思维对三元空间对象进行特征分析，实现人与人、人与物、物与物之间信息获取、传递、认知等功能的广义地图表达。

在地图制图内容方面。为将地图广泛应用于政府机构及零售商、移动通信和网络应用服务提供商、房地产、经济等多个部门，英国皇家测量局和合作伙伴基于 OS MasterMap 第一版，陆续推出综合交通图层、地址图层及提供行政边界、建筑物和地面高度、土地利用及建设前的数据等新图层，并结合 9 个专题的地貌图层，共同提供了一个完整的、综合的、相关联的地理框架。新图层有利于加速发展最详细、智能化、可存取的地图数据，提供空前综合的地理信息，有利于帮助用户改进自身业务。美国一直高度重视对普通地图产品的深加工和专题地图的制作。为了实现从地图制图者向地理空间数据和应用服务提供者的转型，2001 年，美国地质调查局（United States Geological Survey，USGS）开始启动国家地图计划（The National Map，TNM），提出国家地图是一个由地理空间数据、地图产品及相关服务共同组成的动态系统，其用户是地理信息专家和公共地图用户。目前，国家地图计划已经发展到第三代，以空间知识为焦点，采用智能化的语义时空数据模型，基于特征和事件进行可视化表达和分析，实现基于语义网的智能知识传输。

在地图信息叠加方面。2011 年 3 月，在日本宫城县北部发生里氏 9.0 级强震后不久，美国环境系统研究所（Environmental Systems Research Institute，ESRI）公司发布了日本地震专题地图，将 USGS 等权威机构发布的地震数据、地震影响区域图，以及路透社、美国有线电视新闻网（Cable News Network，CNN）、纽约时报等媒体关于此次地震的报道转换成空间要素，并与影像、街道地图叠加。在此基础上，公众通过 Twitter、Flickr、YouTube 等社会化媒体提供的文字、图片和视频信息整合成 WebGIS 应用，与地震专题地图叠加，便于人们查询。2012 年，加拿大人类学家费利克斯·菲兰德历时 13 年，将来自美国国家地理空间情报局、国家海洋与大气管理局等机构的数据与地球夜景照片叠加在一起，形成了地球上错综复杂的公路、铁路、船运和航空运输交通路线等构成的交通网络，展现了地球在人类活动影响下发生的翻天覆地的变化。

在地图表达形式方面。郭平等（2004）在研究了空间关联规则、分布规则、分类规则形式化描述的基础上，给出了其相应的可视化解释过程。刘瑜等（2005）在研究基于场所的地理信息系统（place-based GIS，PB-GIS）过程中，提出 PB-GIS 应从地理空间认知角度出发，以场所名称[也称地名（place-name）]及场所之间相互关系为核心组织地理空间知识，认为以命题方式表达和传输空间知识是一种有效途径。王佐成等（2006）通过分析空间数据挖掘所能发现的知识类型，提出地图是空间规则知识可视化表达的有效方法，并从知识的地图可视化表达角度将空间规则知识分为空间特征规则知识、空间关系规则知识和空间演变规律知识三类，探索了不同的地图可视化表达形式。心象地图是驻留在记忆中关于地理世界空间特征认知结果的表达，具有空间表达的非均一性、内容选取的主观性、空间定位的非确定性、度量特征上的非精确性等特点。艾廷华（2008）在分析心象地图本质特征的基础上，提出包括面向道路网认知表达的路网构架图、专题属性空间定位信息认知表达的面域拓扑图、虚拟网络空间导航认知的赛博网络图等符合其特征的可视化表达技术。

在地图智能应用方面。2016 年，百度地图结合人工智能（artificial intelligence，AI）和图像识别技术，独创图像识别采集技术，应用增强现实（augmented reality，AR），上线 AR

步导、AR 导游功能。2018 年百度地图确定“新一代人工智能地图”的产品定位。以百度地图手机导航为例，基于人工智能技术，其推荐路线不仅顾及道路等级、行驶距离等客观环境因素，还顾及用户出行方式、驾驶习惯、对路线熟悉程度等时空行为，以及实时路况、历史路况、节假日等社会因素，精准预估到达时间，甚至能够为用户推荐交通搭配、预测路况、调整出行时间及出行路线，实现“未来出行”。2018 年，京东推出专注于机器人地图和智能驾驶数据应用的京东地图，为京东无人科技在智能物流、智能零售、智能交通、智能城市应用布局及对外技术赋能奠定了坚实的基础。

近年来，跨领域信息的空间化表达、多类型知识的地图形式化表达及地图产品的智能化应用已成为地图学的研究热点。这一方面为地图学的蓬勃发展注入了新的动力，促使地图学者从不同领域、维度、视角提出了新的理论和方法，丰富了地图的应用形式；另一方面又给地图学的基本理论和制图技术带来了新的挑战：既有信息企业集成地理空间信息的行业挑战，又有“空间信息泛滥而空间知识匮乏”的技术挑战，更有用户需要基于地图叠加多种专题信息及不同领域知识的挑战。如何面向知识的跨领域应用，如何面向特定用户的典型决策行为，综合运用移动互联网、物联网、知识发现、空间数据挖掘、时空大数据分析、人工智能、知识可视化等新一代信息技术，从地图学的基本原理入手，系统认识和体系重构空间知识地图的理论和方法，最终实现空间知识地图的智能化应用，是本书着重解决的问题。

1.1.3 应用前景

当前，5G 与人工智能呈现出深度融合的态势，世界即将进入人工智能时代。自动驾驶、智能交通、智慧医疗、智慧教育和智慧城市逐渐进入人们的视野（周成虎等，2011）。尤其是智能手机、智能手环等智能穿戴设备带有越来越多的传感器：加速计、麦克风、摄像头、陀螺仪、定位装置等，可以方便地获得各种数据和信息，如捕获人类行为数据、记录位置信息、感测环境变化（李德仁，2018）。微博、微信、QQ 等 APP 操作数据真实记录了人们的社会行为，反映了社会关系的密切程度。

随着移动互联网、智能终端的普及应用，人们基于移动终端可以大量采集和获取实时性强、精度高的空间数据。为了满足现地管理、应急响应和实时决策的需要，人们期望利用地图这一有效工具实现各类知识的跨空间融合、跨领域传输、跨行业应用、定制化表达。空间知识地图的提出，是传统地图学向现代地图学演进的必然产物，也是对新时期用户需求的响应。空间知识地图在知识表达、知识融合、知识发现、知识检索和知识服务等方面具有良好的应用前景，可广泛应用于城市规划、道路导航、防灾减灾、处突维稳、跨领域交流等方面。

1. 知识表达方面的应用

地图可视化技术为人们认识地理现象和探索地理规律提供了有效、适用的工具，可以帮助人们开拓空间智能。空间知识地图通过空间化的方式构建知识网络，拓展了地图可视化的范围，使得地图用户能够充分利用空间思维和空间认知能力，在知识层面去探索和认识地理空间的内在规律性，同时也为其他领域知识的空间化表达提供了一种思路。

2. 知识融合方面的应用

3S[①]技术的迅猛发展和广泛应用，大大提高了地球信息科学的导航定位、动态监测和趋

① 3S：遥感（remote sensing, RS）、全球定位系统（global positioning system, GPS）和地理信息系统（geographic information system, GIS）。

势分析能力，为地球科学与其他学科的交叉融合提供了技术平台。空间知识地图则将不同领域的信息融合提高到知识层面。知识网络是理想的知识载体。基于知识网络，不同领域的人员具有了相同的空间知识背景，既可以一定程度解决语义异构问题，也可以快速实现本领域知识和空间知识的高效融合。

3. 知识发现方面的应用

通过空间化的方式对熟悉的领域知识构建知识网络并以地图的形式进行可视化表达，便于人们从空间的角度、以视觉感知的方式发现知识结点之间隐含的、潜在的规律——新知识。这种新知识是基于知识的知识，与基于数据进行数据挖掘和知识发现获取的知识相比，层次更高，规律性更强，更能反映事物的本质。

4. 知识检索方面的应用

知识地图的功能主要是实现知识共享和重用，使得计算机对信息和知识的理解上升到语义层次。这样一来，传统的基于关键词的检索就可上升到语义检索的高度。基于空间知识地图，用户可以快速定位和检索其急需的与空间位置相关的数据、信息、知识，并准确返回相关的数据集。此外，重构空间知识网络，使得基于“图层叠加”思想得到的空间分析结果可以通过知识检索的方式，快速提供给用户。

5. 知识服务方面的应用

空间知识地图的建立，使得传统的地图信息服务升级为知识服务。基于更广泛和更丰富的地理空间信息资源，地图用户可以针对其关注的地理实体或者现象反演过去、监测现状、预测未来；基于地理空间知识及其关联关系，空间知识地图既可以精准提供地理空间知识，也可以动态构建面向用户需求的知识网络，便于用户在知识层面解决其面临的地学问题。

1.2 空间知识地图概念与特征

1.2.1 空间与地理空间

1. 空间

远古时代，先民们从自然界中直接观察获得了“天圆地方”“四方上下”等直接空间经验。古巴比伦人认为宇宙是一个密封的箱子或者小室，形成了“原始”空间观。在这个体系中，人类生活的大地是平板式的；空间是平直的、立体的、均匀分布的；空间方向分前后左右上下，前后左右是相对的，上下是绝对的。

到了古代，先贤们基于生活经验积累，采用思辨的方法（逻辑思维和逻辑推理）对空间问题进行有益探索，形成了“朴素”空间观。我国古代先贤以“宇”命名空间。春秋战国时期的《墨子·经上》记载：“宇，弥异所也。”《墨子·经说上》解释道：“宇，东西家南北。”《尸子》指出“四方上下曰宇，往古来今曰宙”。古希腊百科全书式的学者亚里士多德在《物理学》一书中指出，“在物体之外另有空间这种东西存在”“恰如容器是能移动的空间那样，空间是不能移动的容器”。在这个体系中，宇宙是有限的球体，人类生活的大地是圆球形的，圆形的地球静止地居于中心，日月星辰都围绕着地球运转；月亮、太阳、行星和恒星分别处在不同的球壳上，它们都做完美的圆周运动。这就是统治欧洲天文学长达 1300 余年的“地球中心说”。“朴素”空间观是从大量、具体的经验事实中提炼、概括而来，在一定程度上反映了当时人们的思想认识，是人类空间观从无到有的飞跃。在这里，空间是一种客观存在，是基于直接空间经验形成的空间概念，空间的位置是绝对的，空间方向全都是相对的。

16世纪以来，地理大发现和殖民主义的发展，促使科学开始萌芽。随着观测数据的日益丰富和实验科学的逐渐兴起，“日心说”逐渐取代“地心说”而日益深入人心。尤其是17世纪牛顿力学体系的创立，更是奠定了近代科学技术体系的基石。人类空间观进入科学时代。空间问题成为哲学、数学、物理学等学科研究的基本课题。

在哲学领域，康德从人类认知起源和认知过程的探索出发，在《纯粹理性批判》一书中提出：空间不是从经验得来的概念，而是感性直观的纯粹形式。换句话说，空间与物质的客观存在无关，是纯粹主观的、先验的、存在于人脑之中的，是人类独有的一种思维特性和感知世界的工具。这是一种“唯心主义先验论”空间观。马克思、恩格斯则分别从空间的社会性和自然性出发，辩证地提出了“唯物主义”空间观：空间是物质的一种基本形式，离开了物质的空间都是不存在的；具体的事物在空间上是有限的，由这些具体事物组成的物质世界是无限的；空间作为运动着的物质的存在形式是客观的，作为人类认识空间的手段是主观的；人类社会的实践活动使“自在自然”不断转化为“人化自然”，为人类的发展奠定了广阔的空间条件和基础，要把握社会的人及其活动规律，就必须借助于其得以展现的社会时空的形式（中共中央马克思恩格斯列宁斯大林著作编译局，1995a，1995b）。在这里，空间是具体事物的组成形式，是物质运动的表现形式，是人们从具体事物中分解和抽象出来的认识对象，是绝对抽象事物和相对抽象事物、元本体和元实体组成的对立统一体。列斐伏尔则是从社会学的角度来解读空间，提出人们生存的空间有物质空间、精神空间和社会空间。他认为空间产生于有目的的社会实践，不是社会关系演变的静止“容器”或平台，而是社会关系的产物。他区分了自然空间和社会空间，并将空间理解为社会秩序的空间化。社会关系促使了社会空间的产生，而社会空间又使社会关系在空间中再生产。在这里，空间既是概念化的，同时也是物质化的，既体现社会关系又属于意识形态。

在数学领域，虽然有着向量空间、仿射空间、度量空间、线性空间、欧氏空间、非欧空间、拓扑空间、距离空间等一系列定义，但并没有对空间这一基本概念做出统一确切的定义。数学中的“空间”是定义了数学结构（数学结构是指由遵从一些公理的集合和映射所组成的系统，包括序结构、代数结构、拓扑结构、测度结构及由这些基本结构交错复合派生出的其他结构）的某种对象（函数、图形、向量、状态等）的一个集合。

现实世界是三维的。数学是研究“现实世界的数量关系和空间形式”的科学。初等数学阶段，形成了代数和几何两大领域。这时候，数是常量，形是孤立的、简单的几何形体。以欧几里得《几何原本》为标志，人们已经将角和空间中距离之间联系的法则推广到称为二维或三维欧几里得空间（欧氏空间，也称平直空间）的抽象数学空间中。欧氏几何建立在平面空间结构之上。1637年，笛卡儿发明了现代数学的基础工具之一——坐标系。他将几何和代数相结合，创立了解析几何学，标志着高等数学阶段的来临。这时候，数是变量，形是曲线和曲面，产生了罗氏几何和黎曼几何等非欧几何。非欧几何建立在弯曲的空间结构之上，适用于抽象空间的研究，使得几何研究进入了一个以抽象为特征的崭新阶段。1874年，康托尔建立集合论，标志着现代数学阶段的到来。20世纪以后，现代数学用公理化体系和结构化观点来统观数学，其研究对象是一般的集合、各种空间和流形，这些都能用集合和映射的概念统一起来，数和形已经很难区分。由于现实问题受到多重因素的影响，现代数学研究的空间维度越来越高、变量越来越多，低维欧氏空间—n维欧氏空间—距离空间—拓扑空间，抽象化程度越来越高。《数学辞海》指出“（数学）空间是一个相对概念，构成了事物的抽象概念。事物的抽象概念是参照于空间存在的”。数学中的抽象空间虽然不再具有现实空间的几何直观性，但是能使人们利用几何的概念和思想研究各种各样的现实问题。抽象空间理论已成为研究许多理论和实际问题的重要数学方法。

在物理学领域，时间和空间是最基本的科学问题。每次物理科学理论的重大变革往往以时空观为突破口，并伴随新的时空观到来。1687 年首次出版的《自然哲学的数学原理》，是牛顿重要的物理学哲学著作，也是人类掌握的第一个完整的科学宇宙论和科学理论体系。在该书中，牛顿提出了时空独立于物质而存在的“绝对”时空观，由此确立了经典物理学的时空构架。牛顿认为绝对空间是万物存在的概念化场域，自成均质体系且与外在事物无关；相对空间是可通过具体的外在物体界定的空间，包括它们的运动与相对位置。牛顿之后，物理学乃至数学的空间概念与哲学逐渐分离。

19 世纪末 20 世纪初，电子、X 射线和放射性现象等物理学三大发现，标志着现代物理学的诞生。20 世纪初，黑体辐射“紫外灾难”“迈克尔逊-莫雷实验结果和以太漂移说矛盾”两个物理现象不能用经典物理理论加以解释，催生了普朗克量子物理学、爱因斯坦相对论的建立。爱因斯坦指出空间和时间不可能脱离物质而独立存在；空间、时间随物质分布和运动速度的变化而变化；时空作用于物质，物质又反过来作用于时空；由于物质的存在，时间和空间会发生弯曲。这种由相对论理论导致的新的时空观就称为“相对论”时空观。“相对论”时空观揭示了时间、空间之间的内在联系，显示出时空结构、时空特性对于物质及其运动的依赖性，引起人类的时空观、宇宙观的深刻变革，开拓了利用相对论研究宇宙问题的新领域。随着量子场论的发展，量子理论中微观粒子的波粒二象性、几率性的因果关系和测不准关系的存在，极大地影响了人类对时空本质的认识。对量子场论的研究使人们认识到：不仅空域具有量子化的结构特征，时域也具有量子化的结构特征。量子化的时域与量子化的空域以某种（或者某些）确定性的关系非线性地纠缠在一起，形成了一个量子化的时空结构，又称“量子化”时空观。当前，现代物理学正以相对论和量子场论为基础，向微观、宇观甚至渺观、胀观及多学科交叉的复杂领域进军。

总之，随着科学技术的发展，人们对空间的探测越来越深入、越来越精确。人类的时空观经历了从“原始空间观”到“朴素空间观”再到“绝对时空观”“相对时空观”“量子时空观”的深刻变革，人们对空间的认识也从“直接空间经验”“空间概念”向“哲学空间”“社会空间”“抽象空间”“时空结构”等演进。人们对空间的认识也越来越深刻。

吴国盛教授在《希腊空间概念》一书中指出：空间经验是全人类普遍具有的，表现了人们对现实世界中多种多样具体的空间关系的意识，包括前后左右上下内外等方位经验和远近高低等距离经验；空间概念则是对各种空间经验的抽象概括和统一解释。古希腊哲学提出人类具有三种空间经验：处所经验、虚空经验和广延经验。处所经验反映的是物与物之间的相对关系，是空间关系论的经验来源，对应关系空间观；虚空经验反映的是某种独立于物质之外的存在，是空间实体论的经验来源，对应实体空间观；广延经验反映的是物体自身的、与物体不可分离的空间特性，是空间属性论的经验来源，对应属性空间观。朴素的古希腊空间概念就是建立在这三种经验基础之上的。在数学和逻辑实证的基础上，空间概念在古希腊三种空间经验的基础上增加了背景观念和几何化特征。从背景角度看，空间被想象成某种与物体不同的东西，虽然是独立的，但又是所有物体运动的参照背景。从几何学角度看，空间则被想象成纯几何化广延。事实上，在人们日常生活中，欧氏几何更适用。欧氏空间适合用来处理宏观问题，而非欧空间更适合处理微观或者宇观问题：罗氏几何更符合宇宙世界或者原子核世界的实际；黎曼几何更适合用来研究地球表面航海、航空等问题。

20世纪90年代以来，人流、技术流、物流、信息流、资金流在全世界范围内自由流动，经济全球化势不可挡，人类社会进入“全球流动时代”。空间问题也成为了现代科学研究的热点问题。2001年，剑桥年度主题演讲邀请了8位科学家和人文艺术学者，从大到天体物理的宇宙空间、小到大脑的内部空间等不同尺度和角度，展现了不同学科对空间的认知与理解，反映了空间问题的重要性及其引起的广泛、深入思考（弗兰克斯·彭茨等，2011）。面对日新月异的空间问题，地理学和地图学概莫能外。但是，当前地理学对空间问题的研究仍大致停留在牛顿和康德所处的时代，更多关注地球表层自然空间的研究，更多强调空间的绝对性。如何面对信息时代的挑战，科学认识和系统重构地理空间理论和方法，明确提出地学学科解决方案，成为地理学和地图学迫切需要解决的问题。

2. 地理空间

长期以来，地理学作为一门研究地球表层自然要素与人文要素相互作用与关系、空间分布规律、时间演变过程和区域特征的科学，面对的是复杂的地球表层巨系统，是由大气圈、水圈、岩石圈、生物圈与人类圈所构成的统一整体，是由各种自然现象、人文现象交叉组合在一起的复杂体系（郑度和陈述彭，2001）。但是随着全球流动时代和ICT时代的到来，地理学的研究对象、研究主题、研究范式都发生了巨大变化。新时期的地理学正在向地理科学演进，研究主题更加强调陆地表层系统的综合研究，研究范式经历着从地理学知识描述、格局与过程耦合，向复杂人地系统的模拟和预测转变（傅伯杰，2017）。

地理学研究的空间称为地理空间。地理空间是物质、能量、信息的数量及行为在地理范畴中的广延性存在形式。地理空间研究是地理学的基本核心之一。从地理学三大分支学科来看，自然地理学侧重自然空间的研究，与传统地理空间范围最为接近。20世纪60年代，人文地理学实现社会学转向，重点关注社会空间。自Goodchild（1992）提出地理信息科学的概念之后，地理信息科学在为社会各行各业服务的过程中逐步成为一门边缘交叉学科，主要研究如何应用计算机技术对地理信息进行处理、存储、提取及管理和分析等基本问题。随着地理信息网络化应用的普及，海量的地理信息在网络空间进行存储、处理、传播和应用。地理信息科学演变成一门从信息流的角度研究地球表层自然要素与人文要素相互作用及其时空变化规律的科学，地理信息空间成为地理科学的重要研究对象。目前，地理空间研究重点呈现出由传统自然空间向人文社会空间、从现实物理空间向虚拟网络空间转向的趋势。

（1）自然空间。近代以前，地理学的研究对象实际上就是自然空间。它是由岩石、土壤、水、大气、生物等要素有机结合而成的自然综合体。从地理圈层的角度而言，包括岩石圈、水圈、大气圈和生物圈，也就是下至莫霍面，上至大气圈对流层。人们对自然空间的认识，深受物理学空间概念的影响。从亚里士多德的“朴素空间观”到牛顿的“绝对空间观”再到爱因斯坦的“相对空间观”逐步深化。自然空间有绝对和相对之分。绝对自然空间是指实在、客观并界定了的地球表层现象的几何范围；相对自然空间指个人或群体所感知到的各地理事件之间或地理事件各方面之间的几何关系（地理学名词审定委员会，2007）。随着空间探测技术和立体交通体系的发展，人类的自然空间观发生了明显的转变与重构。传统自然空间观中的区域、尺度、距离等核心概念发生了明显的变化。空间区域从行政区域的概念扩展到跨区域、跨省、跨国家、全球化等经济活动概念（如中原城市群、西部大开发、“一带一路”、亚太经济合作组织、世界贸易组织）或者北约、华约等政治活动概念。空间尺度不再局限于宏观，而是向微观（如室内空间、车道、消防设施等）和宇观（如月球、太阳系、银河系等）拓展。空间距离不仅仅是物理距离的概念，而是与可达性、出行方式、出行时间密切相关。人们对自然空间的关注，不再局限于地理实体如何在空间上分布，而是更加关注地理现象的内在演化机理和发展变化趋势，更加关注如何在统一的空间框架中对各种现象进行描述、解释和预测。宇宙空间、宇宙起源、宇宙演化成为自然空间新的研究热点。

（2）社会空间。与自然空间相比，社会空间更加强调地理空间的社会性。1893 年，法国社会学家涂尔干在其博士论文《社会分工论》中提出社会空间的概念，用于研究社会分异。在涂尔干看来，社会空间是独立于自然环境的社会环境或者社会群体，是一种社会分类系统的空间模型，不仅是社会生活的反映，还是社会生活的重要组成部分（埃米尔·涂尔干，2000）。20 世纪 20 年代，以帕克（Park）和伯吉斯（Burgess）等为代表的美国社会学芝加哥学派引入生态学概念，认为不同社会群体往往居住在城市的不同区域，同一社会群体则因收入、种族和家庭背景等接近而居住在一起，进而建立了同心圆、扇形结构等城市社会地理经典模型（Park et al.，1925）。20 世纪 50 年代，法国地理学家索尔提出，任一社会群体都拥有反映其价值、喜好和愿望的社会空间；社会空间内部依据居住在其中的人们的空间感受可划分为不同的区域；社会空间的密度折射出不同群体之间的互补性和交互度。在此基础上，1952 年，洛韦把社会空间解释为一种结构：在这一结构中，个人的评价和动机能够与公开表达的行为和环境的外部特点相关联（王晓磊，2010）。洛韦提出，社会空间由主观部分和客观部分共同组成：客观部分是指群体居住在其中的空间范围，群体的社会结构和组织受生态学和文化等因素制约；而主观部分则是指由特殊群体的成员感知到的空间。20 世纪 70 年代，法国马克思主义哲学家列斐伏尔提出社会空间是社会的产物，社会空间是由人类的劳动实践活动生成的生存区域。在提出“空间的生产”这一概念后，他进一步把空间生产的过程区分为“空间实践”、“空间的再现”和“再现的空间”三个环节，把社会空间历史地划分为“绝对空间”、“神圣的空间”、“历史性空间”、“抽象空间”、“矛盾性空间”和“差异性空间”六种样式（Lefebvre，1974）。80 年代，法国社会学家布尔迪厄在比拟地理空间的意义上使用“社会空间”一词来表示个人在社会中的位置所构成的“场域”（Bourdieu，1985，1989）。“场域”即在不同位置之间存在的客观关系的网络或构型，从某种意义上讲，社会空间就成为彰显社会成员身份和地位的坐标系。美国学者 Soja（1980）提出了社会空间辩证法（socio-spatial dialectic）的概念，认为城市发展存在着一个连续的双向过程，即人们在创造和改变城市空间的同时又被他们所居住和工作的空间以各种方式控制着。在此基础上，Wolch 和 Dear（1989）指出社会空间辩证法的核心思想是：社会关系形成社会空间；社会空间制约社会关系；社会空间调解社会关系。

20 世纪 80 年代，社会空间的概念与相关理论开始引入中国（曾文和张小林，2015）。我国学者针对改革开放以来社会经济转型过程中的诸多社会现象与问题，围绕社会空间结构与过程这一主线，在城市社会（居住）空间分异、社会网络空间分异、居民日常活动空间和城市生活（空间）质量等方面开展了大量的研究。社会空间已成为社会学、心理学、哲学、地理学、城市规划等学科的重要研究内容。不同学科、不同时期人们对社会空间拥有不同的理解。社会学和心理学更加强调社会关系的空间化隐喻。哲学更加强调社会关系和社会空间的双向相互作用。对于地理学和城市规划来说，社会空间更加强调社会群体这一概念，侧重于研究人类各社会群体活动的空间结构、空间过程及其机理。总之，社会空间与人类社会实践活动密不可分，是“人与自然”“人与人”之间相互改造、相互制约的结果。社会空间不是一成不变的，而是动态变化的。

（3）地理信息空间。自20世纪60年代加拿大地理学家Tomlinson博士首次提出了地理信息系统（GIS）以来，地理信息数字化建设如火如荼。伴随着数字地球、数字城市、智慧地球、智慧城市的推进，地理信息呈几何级指数增长，尤其是随着ICT、传感设备和智能终端的广泛应用，人类进入移动互联时代。网络时刻记录着用户的兴趣点、社交关系及体验评价；移动手机等智能终端实时定位用户的空间位置，时刻记录用户的联系对象；传感器、公交IC卡等信息终端设备也在不断获取居民活动的位置、图像及声音信息（甄峰等，2015）。移动支付、移动定位、移动导航无处不在。人们的社会生活方式和日常行为模式发生巨大变化。人、地理实体、地理事件、地理信息资源依托网络实时互联。地理信息的获取方式和应用模式发生深刻变革。地理信息系统呈现出网络化部署、大数据分析和智能化应用的趋势。网络通过地理信息将现实世界抽象化、虚拟化，并以空间的流动性和时间的瞬时性取代现实世界的空间稳定性和时间前后承续关系。地理信息空间成为地理学的研究热点，其本质是人类借助网络、计算机、移动终端等媒介并整合多种信息与通信技术所构建的虚拟空间、人造空间。与传统地理空间相比，地理信息空间中没有重量、没有实体、本体与化身分离、时空分离、同时异位，传统的时空观念、距离、边界、区域、尺度、维度等概念皆需重构（Bainbridge，2007）。借助移动终端、计算机、智能设备等，人们可随时随地进入地理信息空间了解环境信息、产生地理行为，随时随地生产大量地理信息并将其存储到网络中。Morley 和 Robbins（1995）提出网络为人类提供了一个新的“无空间和无地域”的社会空间；在这里，人们能够相遇并相互影响；这样的虚拟地理学与传统地理学几乎没有相似性。Starrs（1997）强调网络提供了一个认识“信息怎样对空间产生影响”及“信息如何变成真实地点”的新领域。蒋录全等（2002）提出，近年来出现的城市及区域问题不仅是指现实世界中特定尺度内的物理系统问题，还包括超越尺度、距离及区域的信息系统的问题。

传统地理学以“人地关系”为中心，其研究的空间，无论是自然空间还是社会空间，都属于物质性的现实空间。地理信息空间作为自然空间和社会空间的映射，作为现实空间的数字孪生，呈现出虚拟性的一面。基于与自然空间、社会空间的实时交互和深度融合，地理信息空间对现实世界中不同空间尺度范围的人类活动过程产生了较大的影响。换言之，地理学开始从以“人地关系”研究为主向重构“行为、空间和信息”的“人地网关系”转变。如何综合运用信息通信、计算机、空间挖掘、大数据、人工智能等新一代信息技术和方法，探索自然空间、社会空间、地理信息空间的相互影响、相互驱动和相互改造的内部机理，面向实际地学问题构建人地网复合模型，迫切需要准确把握地理空间的特点规律。

3. 从空间到地理空间

客观性、物质性是空间的根本属性。无论是马克思主义哲学时空观，还是物理学的绝对时空观、相对时空观、量子时空观，都强调时空不能独立于物质而存在。空间是人们对现实世界的认识和抽象。不同的学科从不同的应用需求出发，对现实世界进行了各种各样的抽象，形成了数学空间、哲学空间、物理空间、赛博空间、地理空间等一系列空间概念。

地理学是一门经世致用的学科。ICT时代，地理空间是地球表层内一切人、事、物、信息资源存身的处所，是信息、空间与人类行为互动的场域，是自然空间、社会空间和地理信息空间的深度融合，如图 1-1 所示。从数学空间、哲学空间、物理空间及信息空间、网络空间等其他空间到地理空间，体现了从现实空间世界到抽象空间世界、从一般理论到具体科学的认知过程。哲学空间为地理空间提供了认识论基础。数学空间为地理空间提供了抽象空间理论支持和几何化特征。物理空间直接推动地理空间的产生和发展。网络空间、信息空间等其他空间的研究为研究地理空间提供了参考和借鉴。在地理空间内部，自然空间、社会空间、地理信息空间通过显性或者隐性的位置关系相互关联；自然空间、社会空间相互作用；地理信息空间实时记录和真实映射自然空间、社会空间，并通过社会空间反作用于自然空间。

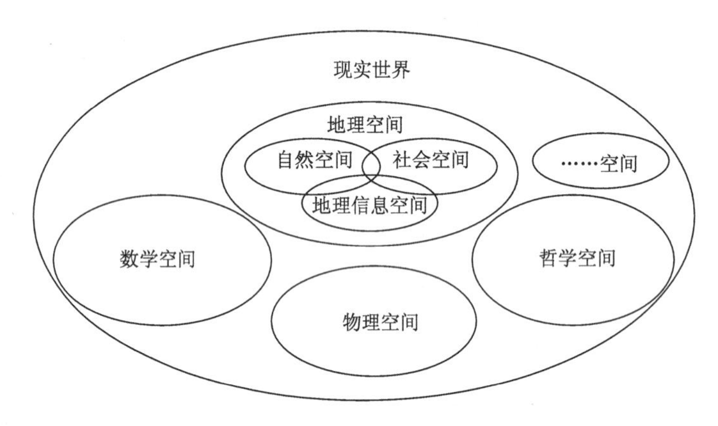

图 1-1　地理空间相关概念之间的关系

与其他空间相比，地理空间具有空间性、社会性、动态性、尺度性、多样性等显著特征。

1）空间性

地理空间与数学空间、物理空间、哲学空间等其他空间的显著区别在于其空间相关性。无论是自然空间、社会空间还是地理信息空间都显性或者隐性地与空间位置相关联，呈现出明确的空间特性。地理实体、地理事件、地理现象都是在特定的空间内发生；各类社会关系也在一定的空间内存续；依托网络存在的地理信息所描述的特定位置的自然现象和社会现象，很大程度上也对该处的人类行为产生作用。此外，由于人类积累了丰富的空间经验甚至具备了一定的空间概念，人们往往习惯基于几何化方式认识周围环境，利用可视化方式再现地理空间，采用抽象化方式进行空间分析、空间推理。距离、方位、区域等空间观念已深入人心。因此，无论是地理空间本身，还是地理空间认知、地理空间应用也都具有明显的空间性。然而，社会空间的“模糊性、主观性”和信息空间的“无空间、无地域”等特征，也为地理空间内部互动带来了困扰。如何基于新一代信息技术，尤其是人工智能技术，自动实现不同位置、不同尺度、不同来源的空间映射，既是多源空间融合的前提，也是基于地理空间解决现实问题的基础。

2）社会性

地理空间既是人类社会实践活动的对象，又是人类社会实践活动的产物。列斐伏尔认为，自从人类社会出现以后，只要人类活动涉及的地方就不存在自然空间，而成为人类实践活动的社会空间（Lefebvre，1974）。人类通过社会实践活动赋予自然空间社会性，而社会空间作为社会生产和社会关系的产物，天生具有社会性。信息社会，互联网、物联网无处不在；智能手机、穿戴设备、监控设备、RFID 设备每时每刻都在产生海量地理信息。地理信息空间随时随地记录人们的社会活动和空间行为。这些带有人们活动内容的地理信息详细地记录着人们如何互动、信息如何流动、场所如何变动。地理空间研究进入流动空间时代，具有明显的社会导向和现实导向。现实世界几乎不存在不具有任何社会属性的地理信息。

3）动态性

地理空间的动态性体现在两个方面：一方面是空间本身的动态变化；另一方面是不同子空间之间及其内部要素之间的互动、联动。地理空间内部各要素随着时间而进行着各种各样的演变。自然空间的动态变化主要体现在地表环境、地球环境的动态变化。全球观测网、各类传感网为观测这种变化提供了技术支持。社会空间的动态变化则主要体现在个人日常行为、社会群体事件、国家发展战略、全球经济与政治变化等各个方面。地理信息空间的动态变化则体现在地理信息的网络流动、多源地理信息的综合应用等。地理空间各子空间的互动体现在人、信息、现实世界之间基于不同尺度、不同位置的互动。地理信息空间实时记录自然空间、社会空间地理信息的动态变化；社会空间中的社会群体利用地理信息空间提供的动态信息去认识周围环境、改造自然空间；自然空间则根据当时的生产力条件反过来制约和限制社会空间。

4）尺度性

尺度是客体在容器中规模相对大小的描述（王家耀和陈毓芬，2000）。地理学是一门研究空间分异的科学。地理空间的尺度性体现在研究对象尺度和数据尺度两个方面。根据研究目的的不同，自然空间可以区分为小尺度空间（如城市的尺度、生态系统的尺度）和大尺度空间（如国家尺度、全球尺度）。社会空间的尺度体现在“个人—家庭—社区—城市—区域—国家—全球”，或者“宏观—中观—微观”等不同层次。地理信息空间的尺度则体现在地理信息对地理现象的抽象程度及对其空间属性和语义属性描述的详细程度。例如，同样一条道路，根据研究目的不同，可以抽象为单线路，也可抽象为双线路；既可简单记录其名称、里程，也可详细记录路面材质、路面宽、铺面宽、限高、限重、曲率半径等。此外，地理空间的演变规律往往也与时空尺度相关联，受到时空尺度的制约。在某一尺度适用的规律放到更大或更小尺度可能会产生变异性。例如，在对某一区域开展社会（居住）空间分异研究时，某社区被判定为低收入聚居区，但在具体分析该社区内部时，并不是所有个体都是低收入者，即存在“生态学谬误”问题（曾文和张小林，2015）。

5）多样性

地理空间的多样性主要体现在数据来源、数据处理和数据表达几个方面。随着传感器、智能设备、互联网的广泛应用，卫星、无人机、视频监控、通信基站、智能 APP 等都成为地理空间数据的主要来源；地图、GIS、影像、数据库、知识库等都可以成为地理信息的载体。空间分析、大数据分析、空间挖掘、知识发现都可以用于地理空间数据处理；文字、图表、图形、影像、公式、视频、音频、知识地图、知识图谱、思维导图等多种可视化方式都可用于地理空间数据表达。与传统地理空间研究往往侧重空间关系、空间结构描述不同，面向社会问题的地理空间研究往往需要综合考虑“人地网”各相关要素的多维属性和丰富语义关系。地理空间不再是对现实空间的描述、复制，而是面向特定社会问题对现实空间的抽象、重构。

1.2.2　知识与空间知识

1. 知识

1）基本概念

美国未来学家奈斯比特在《大趋势》一书中指出，“我们淹没在信息中，但是却渴求知识”，就是因为“失去控制和无组织的信息在信息社会里并不构成资源，相反，它成为信息工作者的敌人”。21 世纪是信息化的世纪，更是知识经济的时代。知识经济的显著特征在于知识成为生产力的关键要素，相关产品和服务日益信息化、知识化（张晓林，2001）。在知识经济时代，知识已成为继物质资源、人力资源之后重要的社会生产资源，是社会发展的驱动力和社会财富的源泉，更是各行各业人员取得竞争优势的核心能力。但是，在日常生活中，知识却是一个模糊的概念，不同行业和不同领域的人们往往对知识具有不同的认识和定义。

在信息技术领域，知识与信息和数据完全不同。数据是对个体相关属性进行度量和统计的事实集合，常表现为数字、文字、图形、图像和声音等形式，也可以是计算机代码。信息是对客观事物存在及其变化情况的反映、刻画、描述、标识和度量。信息的接收始于对数据的接收，信息的获取必须通过对数据背景的解读。信息是一种客观存在。信息可以认为是关于数据含义的描述，反映数据和数据之间的联系。数据只有转换为信息，才能被人们理解和接受。知识不是数据和信息的简单累加，而是人们在改造世界过程中所获得的认识和经验的总结，是人类智慧的结晶和人类文明的载体。从其基本作用出发，知识被认为是一种能够改变某些人或某些事物的信息（Nonaka and Takeuchi，1995）。知识往往表示互相联系的一种模式，通常为所描述的或将要发生的事件提供一种高层次的预测。在给定情景下，知识与信息的区别在于它拥有更多与经验、认知相关的要素。拥有知识就意味着可以运用知识去解决问题，拥有信息却不一定能够解决问题。可执行能力是知识的一个必备要素。数据、信息、知识三者的相关关系如图 1-2 所示。

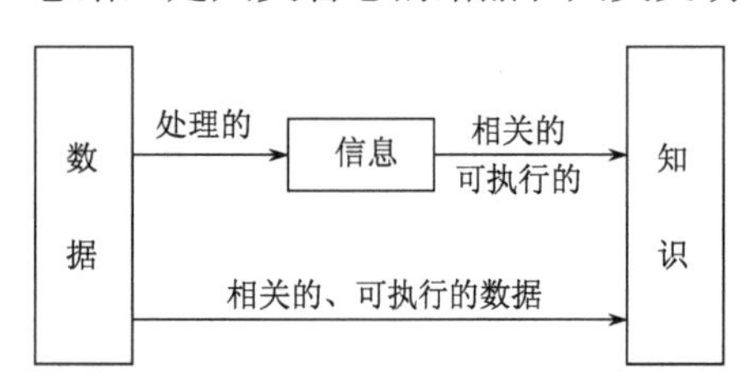

图 1-2　数据、信息、知识三者的相关关系

在图书情报领域，事实、数据、信息、知识、情报形成一个完整的信息链。其中，事实是人类对周围环境及社会活动的客观映射。数据是对事实的符号化记录，是事实的数字化、编码化、序列化、结构化。信息是被赋予意义的数据，是数据在信息媒介上的映射。知识是对信息加工、吸收、提取、评价的结果。情报则是运用知识解决问题的能力，是更高层次的知识或者智能。信息链的下游是面向物理属性的，上游则是面向认知属性的。

在哲学领域，对知识的探索自古有之。柏拉图将知识定义为“经过证实的正确的知识”，并认为知识的最高层次是智慧。康德在《纯粹理性批判》中指出，普遍的必然性知识是由世人的经验和世人的认识能力共同构成的。人类的知识有两个基本来源：一个是接受表象的能力，即感性能力；另一个是通过这些表象认识一个对象的能力，即知性能力。通过感性能力，一个对象被给予人们，也就是直观；通过知性能力，该对象在人们的心灵中被思维，形成了概念和概念的关系。只有这两种能力相互结合，才能产生出知识。马克思主义哲学认为知识的本质在于它从社会实践中来。社会实践是一切知识的基础和检验知识的标准，无论什么知识，只有经过实践检验证明是科学地反映了客观事物，才是正确可靠的知识。恩格斯在《自然辩证法》中指出："无数杂乱的认识资料得到清理，它们有了头绪，有了分类，彼此间有了因果关系，知识变成了科学。"

总之，知识是人们在社会实践中积累起来的经验。从本质上说，知识属于认识的范畴。陆如铃院士提出："从数学的观点看，知识是什么？知识是用来消除信息的无结构性的（一个物理量）。"无序的信息经过人们认知处理并被集成到其认知结构中就形成了结构化的、连贯的知识。知识构成了人们进行各种认知和决策的基础。一个人的大脑中存在着数学、哲学、地学、语言学等多个领域的知识。知识可以看作现实世界在不同学科认知领域的映射，知识概念模型如图 1-3 所示。其中，U 代表不同学科，V 代表表示知识的属性值。对于同一区域，面向不同的现实问题，不同的学科往往有不同的认识、不同的研究方法和不同的解决方案，进而产生了不同的学科知识。但在现实生活中，人们解决日常问题往往依靠自身知识的综合运用。

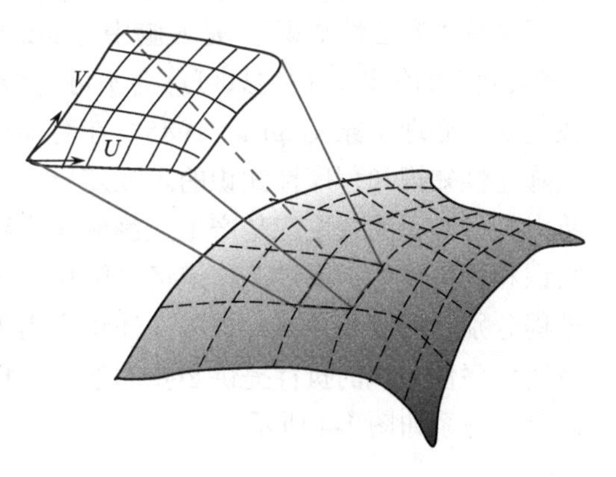

图 1-3　知识概念模型

2）知识的分类

分类是以事物的本质属性为依据，把一个属概念划分为若干个种概念的思维过程。知识的分类就是根据不同的研究视角、研究目的及对知识的认识水平，采用比较的方法，将人类的全部知识或者某一领域知识划分为不同类别，进而形成统一的知识体系。知识的分类是寻求知识的出发点，有助于人们更加深入地认识知识。按照知识的使用范围和限制条件，知识可分为公共知识和个体知识。

Barlow（1968）在其出版的《公共知识的状态》一书中，首次使用了"公共知识"一词，并将其界定为"可以被所有人分享的知识，在某种意义上是一个中立的公共参照框架"。公共知识来源于科学知识和日常生活知识，是能够明确表达且以特定符号记录在相关载体、可被特定范围社会成员公开获取和有较少使用限制的知识，如社会常识、企业知识、部门知识、本地知识等。按照使用情境不同，公共知识又可区分为一般知识和专门知识。其中，一般知识独立于其产生、使用的情境，或者说这种情境能为大家所共享，往往表现为一种社会文化、风俗习惯，如人们的时间观念、空间概念；专门知识具有高度的情境相关性，它的产生与应用植根于某种特定的环境，一旦脱离了这种环境，这种知识就会部分或者全部失去其意义，如数学、物理学、地理学等学科的基本原理、计算方法等。一般知识和专门知识在特定条件下可以相互转化。被社会成员广泛掌握的专门知识可以转化为一般知识；而社会成员运用一般知识解决实际问题的过程，往往也会产生专门知识。

个体知识是个人所拥有的能力、信息与知识的总和（保罗·S. 麦耶斯，1998）。人并不是生而知之，必须在家庭、学校、社会等不同场合，通过不断从公共知识中学习来实现对周围环境的基本认知，进而获取社会化生存所必需的基本知识和技能。皮亚杰从心理学的角度探讨了知识的创建机制，尤其是个体知识的产生过程，认为知识是个体在与环境交互作用的过程中逐渐建构的结果。现代认知心理学研究提出，个体知识可以分为陈述性知识和程序性知识。其中，陈述性知识也称为"描述性知识""事实性知识"，是个体对有关客观环境的事实、背景与关系的知识，可以回答事物“是什么”、“为什么”及“怎么样”等问题，往往采用语言表达或视觉化呈现的方式来进行描述。它主要用来描述或者识别客体和事件。程序性知识又称“方法性知识”，是人脑中存储的运用知识解决问题的方法、步骤、程序、操作，即“怎么做”的知识，往往只可意会不可言传，但对知识的掌握和应用起到了极其重要的作用。现代认知心理学家 Gagne（1985）在对知识本质的研究中指出：过去人们研究知识本质只重视陈述性知识和程序性知识的表征差异，而忽视了陈述性知识和程序性知识二者间的联系；两大类型知识的关系应是产生式镶嵌在命题网络之中。约翰 • 安德森（2012）提出，陈述性知识和程序性知识通过工作记忆（脑执行区）为中介相互作用。陈述性知识进出工作记忆的过程分别是提取和存储；程序性知识进出工作记忆的过程分别是匹配和执行。陈述性知识为激活程序性知识的执行提供必要的条件；程序性知识促进陈述性知识内部的重构与改组。知识分类体系如图 1-4 所示。

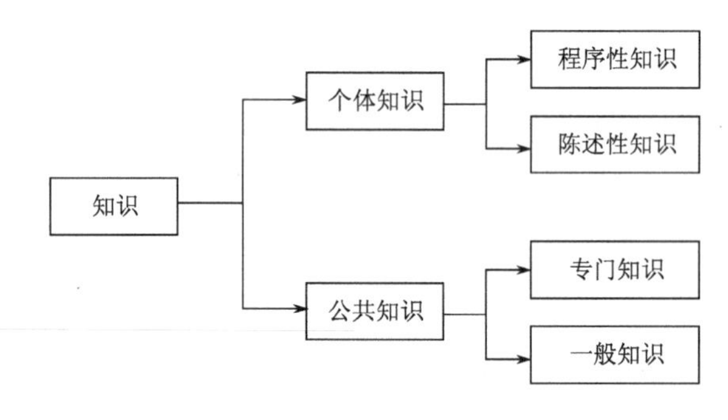

图 1-4　知识分类体系

事实上，知识的分类不是泾渭分明、一成不变的。其内部组成时刻在进行着合成、转化。专门知识一旦为大多数人接受和掌握，则成为社会文化的一部分，转化为一般知识。例如，20 世纪末的互联网技术，现在已经成为“互联网+”的社会生产、生活理念，为社会普通大众所掌握、接受。个体知识中的陈述性知识大部分来源于公共知识，与公共知识有着很大的相似度；个体知识中的程序性知识一旦经过编码化、形式化表达出来，就转换为陈述性知识；个体的陈述性知识一旦为大多数人掌握，就可转化为公共知识。科学知识的发展实际上就是知识不断产生和积累的过程，是“个体知识—公共知识—个体知识”循环转化、往复运动的结果（Alavi and Leidner，2001）。相对于“只可意会不可言传”的程序性知识，经过编码化、形式化表达出来、脱离了“人”的主观思维而独立存在的客观性知识更容易传播、共享和重用，对于个体成长、社会进步和人类文明发展具有更加重要的意义。

3）客观的知识

传统哲学认为物质第一性，意识第二性，整个世界可以分为物质世界和精神世界。英国哲学家波普尔是当代进化认识论的创始人之一。他在创建进化认识论的过程中提出了三个世界的本体论理论，也称为“世界三”理论，即可以区分出下列三个世界或宇宙：第一，物理客体或物理状态的世界；第二，意识状态或精神状态的世界，或行为的动作倾向的世界；第三，思想的客观内容的世界，尤其是科学思想、诗的思想和艺术作品的世界（波普尔，1987a）。他说“我指的‘世界三’是人类精神产物”，即“自在的理论及其逻辑关系的世界，自在的论据的世界，自在的问题情境的世界”。“自在的”知识，即“客观意义的知识是没有认识者的知识，也即没有认识主体的知识”（波普尔，1987b）。因此，世界三既不是客观物质世界，又不是主观精神世界，而是脱离了主体而存在的人类创造性思维活动的产品，即“客观精神世界”或“客观知识世界”。

波普尔的“世界三”理论是基于对存在领域的物质和精神的二分原则的。其从认识论的角度出发，将精神世界按照意识本身的机制状态和意识的结果区分为“世界二”和“世界三”。“世界二”和“世界三”的区分，实质上是把人类的主观经验等知识和科学文化等知识加以区分，把人们的主观思维过程和理论加以区分，有助于澄清认识论问题。波普尔“世界三”理论的积极意义在于它高度肯定了人类知识的重要性，知识在某种程度上获得了近似于物质世界和精神世界的本体论地位。

依据“世界三”理论，波普尔将知识按其基本形式区分为：主观知识（因为主观知识由生物体的倾向构成，所以称其为生物体的知识）和客观知识（即客观意义上的知识，它由人们的理论、推测、猜想的逻辑内容，如果愿意的话，还可以加上遗传密码的逻辑内容构成）（波普尔，1987b）。二者既相互转化，又共同作用于实践，形成个体成长史和人类文明史。波普尔提出对人类的认识真正具有决定意义的是客观知识。与主观知识不同，客观知识的“客观性”在于主体间的可检验性。

从空间的角度来看，客观知识一旦以书籍、文档、程序、规章制度、流程、器物等载体的形式呈现，就存在于社会空间和信息空间；一旦被人们掌握用来解决现实问题，就体现在社会空间和自然空间。严格来说，脱离了“人”的主观思维的客观知识并未脱离物质世界而存在，而是物质世界的有机组成部分。但与物质世界的其他事物相比，它又有以下明显的特征。

（1）社会性。知识是个人的还是社会的？脱离了“个人”的客观知识有没有社会性？毋庸置疑，任何时代的知识都反映了当时的科技文明和社会生活。如果把手机、电脑时空穿梭到秦汉，哪怕有再多的说明书、科学书籍，也不可能被当时的人们理解和接受。每个人也不是天生就具有了知识，而是后天通过家庭、学校、企业、社会等各种途径不断学习获得的。一个从小不与任何人接触的孩子，哪怕拥有全世界最新、最全的图书馆，也不具备学习、掌握和应用客观知识的能力。按照波普尔“世界三”理论，脱离了主体认识的客观知识只有通过人的精神世界（主观认识）才能作用于物质世界。而社会人只有持续学习客观知识，逐步提升个人运用知识的能力，才能在完成个体知识更新的同时实现知识的创新，最终产生被社会接受的客观知识。因此，客观知识的产生和应用都离不开社会。客观知识的社会性，确保了客观知识在社会情境中的传播、共享和重用。

（2）层次性。按照知识的抽象程度，客观知识可以划分为不同的层次。①事实性知识，主要指一般知识及专门知识中关于事物具体细节的知识；②概念性知识，主要指通过分类概括和思维推理形成的专门知识中的原理、概念、理论、模型、结构等知识；③策略性知识，主要指做事方法，研究方法和技术应用方法等知识。客观知识越抽象，知识数量越少，专业性越强，往往知识价值越高。

（3）不确定性。波普尔认为，无论主观知识还是客观知识，它们都是不确定的。因为它们或是猜想，或是假设，都要接受严格的批评、检验。可检验性与可反驳性是知识具有科学性的标准。客观知识的不确定性主要体现在知识本身、知识编码和知识应用上。在客观知识世界里，除了数学、逻辑学等纯演绎的知识有较明显的确定性外，经验知识、其他学科知识，尤其是程序性知识，本身都具有某种程度的不确定性。此外，不同学科、不同地区、不同人员由于社会文化不同、思维方式不同、认知习惯不同，对于同一事物的知识编码形式也不尽相同。同样一座大山，文学家用语言文字描述，美术家用画笔描绘，地理学家用等高线表达。此外，对于同一个问题，解决方案往往不唯一，所用到的知识也不尽相同。

总之，随着信息技术与横断科学的发展，客观知识世界的数量、形式日趋丰富多样。如何基于新一代信息技术，科学地把握客观知识的特点规律，有意识地开展知识编码、知识推理、知识学习、知识管理等相关应用研究，对于促进知识的传播、应用、创新具有重大的意义，有利于促进社会群体知识素养与知识水平的提高。

2. 空间知识

1）基本概念

在国民经济建设和社会发展的实践活动中，人们日常生活所接触和利用的现实数据大约有 80%是与地理参考相关的（如地理坐标、通信地址、邮编、电话号码等），其中包含着大量的各种形式的信息（Maceachren and Kraak，2001）。

空间数据是人们据以认识自然和改造自然的重要数据，涉及空间实体的属性、数量、位置及相互关系等的空间符号描述。空间数据不仅是空间信息的载体，还是形成认知基元——空间概念的基本要素。如前所述，空间概念是人们在长期认识世界和改造世界的过程中形成的对地理事物的概念化认识，如方位、尺度、距离、区域等。它反映了地理事物、地理现象、地理过程的本质属性，是认识地理事物的起点，是区分不同地理事物的依据，也是进行地理思维的基础（姜竹丽，2001）。

空间信息是有意义的空间数据语义。空间数据是客观对象的表示，空间信息则是空间数据内涵的意义，是空间数据的内容和解释。空间信息有助于人们对地球表面客观环境的理解和认识。

空间知识是一个或多个空间信息关联在一起形成的有应用价值的信息结构。空间知识直接与现实或虚拟世界有关的不同分类模式联系在一起，称为论述的论域，简称论域。随着地理科学的发展以及跨学科应用，与50年前相比，空间知识的概念已经从最初的“地理事实的集合”发展到“对各种地理事物、地理现象、地理过程及其性质进行地理思考的结果”（常表现为地理空间分布格局和地理时空演变规律），也就是从“知道的状态”（know what）向更深层次的“知道怎么做”（know how）转变。为了区分事实性知识和程序性知识两种层次的空间知识，邸凯昌（2001）提出一个原则：对事物属性的具体描述是信息（事实性知识）；对数据进行处理、与相关数据比较得到的结论性、概括性的描述，如果在某一领域有应用的价值，那么就是该领域的知识（程序性知识），若无应用价值，则不认为是知识。

从空间数据到空间知识体现了人们对地理空间不同抽象程度的概念化认识。空间数据主要以数据、文字、图形图像等形式表达地理事物的属性、数量、位置等基本特性；空间信息是从空间、时间和特征三个维度对地理事物集合进行描述；而空间知识则是对地理空间分布格局和地理时空演变过程的刻画。从空间数据到空间知识，人们对现实世界的认识逐渐从个体向群体过渡、从数据向概念过渡、从物理域向认知域过渡。在客观空间知识内部，从事实性空间知识到程序性空间知识，也是从具体到抽象的不断演化。与空间信息、空间数据相比，空间知识更加强调地理原理、地理方法、地理规则等对地理空间的深层次认知，更加符合人类的认知习惯，更加有助于人们进行日常地学决策。

2）空间知识构成

随着ICT、大数据、空间数据挖掘和空间知识发现等技术的广泛应用，大量地理信息在网络空间实时流动。“什么时候”“哪些人”等时间因素和社会因素也成为海量空间知识的重要来源。为了实时解决人们时刻面临的“我在哪”“到哪去”“和谁去”“怎么去”等一系列地学决策问题，必须对空间知识进行深入研究。

与其他学科相比，地理学家具有独特的地理思维和空间分析能力，因此可以解决一系列地学问题。地理学家在回答“是什么”、“在哪里”、“怎么样”、“怎么形成”和“为什么”等一系列现实问题的过程中形成了大量的空间知识。一般而言，“是什么”和“在哪里”的问题确认并构建了地理学科的基础；“怎么样”的问题强调产生价值观、信仰和感受的过程；“怎么形成”的问题是在现象的相互关系中加入时间的背景；“为什么”的问题是在寻找地理学认识时的分析和解释（雷金纳德·戈列奇和罗伯特·斯廷森，2013）。

空间知识是现实世界在地学领域的映射，是关于现实世界性质、状态及其关联关系的抽象描述。空间知识是从空间数据、空间信息中提取、挖掘出来的可供用户直接使用的知识，凡是与空间位置有关的知识体系都属于空间知识的范畴（李德仁等，2001）。与其他学科知识相比，空间知识明显具有空间位置指向和几何化特征。空间知识常体现为空间能力、空间概念和空间模型。

空间能力往往与空间认知、空间定向、空间关系、空间分析、空间转换、空间概念、空间想象、空间思维、空间推理等因素密切相关（Eliot and Hauptman，1981；Lohman，1979；Self and Reginald，1994）。空间能力主要包括以下几个方面：①几何思考能力；②空间想象能力，例如，对复杂空间关系、虚拟网络空间的想象能力；③在不同尺度上对地理现象空间模式的认知能力；④不同时空的基准转换能力；⑤空间定向和距离估算能力；⑥空间网络结构理解能力；⑦空间关系识别能力；⑧复杂地理现象、地理特征的空间分类能力和空间可视化能力；⑨三维空间到二维空间的投影变换能力；⑩空间定位能力及多种空间要素的空间综合分析能力。

空间知识始于空间概念。空间概念是表达空间知识的基本元素。它概括了人们对地理空间的基本认识，为空间数据、信息的获取和解释提供了认知框架。空间概念往往对应于一组或者一类地理事物，可由一系列属性项描述地理事物的不同特性。

空间概念与处所经验、虚空经验、广延经验、背景观念和几何化特征等紧密相关。处所经验反映了物体“在哪里”及物体与物体之间的空间关系；广延经验反映了物体“是什么”，具有哪些基本属性；虚空经验反映的是物体的空间格局；背景观念则反映了物体“怎么样”的运动过程；几何化特征则为空间思维提供了基本框架。

从最一般的意义出发，空间知识由以下三类要素构成。

（1）陈述性要素。这类要素又称为地标或者路径知识，是关于地理实体位置、属性及其作用的客观记录。描述性要素是对地理实体、客观模式进行识别的基础。

（2）关系性或者结构性要素。这类要素又称为区域或者结构性知识，是从宏观尺度和更长时间周期观察地理实体演化、地理实体空间关系、地理区域结构等时获得的。这里的关系不同于属性数据的数理统计对象，描述了空间概念及其属性之间的相互作用，可分为层次关系和链接关系。关系可以具有是否可选、是否可传递等属性。这类要素具备分类分级、知识网络、多维认知等特点。

（3）程序性要素。这类要素又称为程序性或者策略性知识，是地理实体和地理事件联系的必要条件，更是空间能力的具体体现。通过程序性规则可将不同的陈述性要素、不同的结构性要素组成更为复杂的知识结构。这类知识结构对于运用空间知识解决复杂地学问题具有重要意义，往往以空间规则或者空间模型的形式呈现。空间模型是具有确定关系的概念集合。稳定的、可重用的空间模型可进一步作为概念进行使用。

3）空间知识的用途

地理实体之间、地理实体内部属性之间、地理实体构成的地理环境与生活在其中的人类之间存在方方面面的关系。经过分析、计算、思考、推理等一系列归纳演绎而获取的空间知识，有效表征了地理实体的本质特征及其时空变化规律，是人们对于地理环境的深层次认知结果。空间知识的核心问题是如何将人脑中形成的地理概念、原理、方法等关于地理世界的知识利用现有的信息技术以计算机可理解、可阅读、可计算的方式进行重构，以实现空间知识支持下的智能空间信息检索、集成、挖掘、表达、推理及智能地学决策。

空间知识在任何地区、任何文化中都普遍使用。这是因为它更加契合人的知识结构和认知习惯，有利于提高人们的地理思考和地理推理能力，便于人们快速、准确地认识所处的复杂环境。空间知识的具体作用过程可以采用20世纪80年代布鲁克斯提出的“情报认知范式”加以说明，即

$$K[S]+\Delta K \to K[S+\Delta S] \tag{1-1}$$

式中，ΔK 为地理空间知识；$K[S]$为人们原有的知识结构；$K[S+\Delta S]$ 为人们在经过分析、学习吸收 ΔK 后形成的新知识结构；ΔS 为学习吸收 ΔK 时的知识结构变化。

从空间定向、位置记忆、最短路径选择等日常空间行为决策到边界确定、行政区划划分等国家政策制定，空间知识应用领域非常广泛。基于空间知识，人们可以快速判定地理目标的位置，识别地理实体的形态特征和属性特征，理解地理实体出现、进化和消亡的原因，识别地理实体之间的相互关系，认识周围环境，进而形成强大的空间思维能力。地理实体之间的空间关系（如土壤和植被）、地理实体所属的区域和类别（城市功能区、文化区）、地理实体影响的范围（城市土地价值与人口密度）、地理实体空间出现和分布的相互关联的程度（专业运动团队和大城市）等知识，便于人们认识周围环境（如天气、星球、岩石、河流、植物、动物及空间分布在世界中的任何事物）、了解人类历史和政治、分析突发事件、选择旅游目的地和最佳路线等；地理实体的空间关系知识、空间分类规则、空间聚类规则、空间分布规律、空间演变规律便于人们准确把握地理事物分布的规律和地理事物间的相关关系，并可在另外的复杂环境中快速认知类似地理实体，实现空间知识迁移；地理实体的空间特征规则及地理概念、地理规律等原理性知识便于人们把握地理事物或现象的实质，在心象空间对同一事物进行一维、二维、三维、旋转、位移的变换，增强地理思考和推理能力。

4）空间知识的特性

波普尔提出“世界三”理论之后，在其著作《客观知识》中主要致力于第三世界理论的客观性、自主性及实在性等基本特征的论证，为他的客观主义知识论奠定了本体论基础。依据“世界三”理论，空间知识也是客观知识世界的组成部分，具有客观知识特有的客观性、自主性和实在性。承认空间知识可以脱离于人们的意识而独立存在，为空间知识在不同领域的传播、共享提供了知识论基础。

与其他知识相比，空间知识由于地理实体自身的空间性、多维性、多尺度性、不确定性等特点，与空间认知、地理思维、地图表达有着本质的联系。深入理解空间知识的特性，有助于空间知识的跨领域传递、共享和重用。

（1）时空相关性。地理实体都是在特定的时间和空间内分布。关于地理实体的空间知识与其他知识相比，具有明显的地理位置特征和时间特征，也即时空相关性。把握空间知识的时空相关性，能够增强人们对地理实体和地理现象的关联关系、进化、变迁的理解。

（2）多源性和多样性。空间知识是通过对现有空间数据、信息进行深入分析和挖掘而获得的。其数据来源既可以是野外利用各种测量仪器直接测绘的数据、不同遥感平台/不同传感器采集的不同分辨率的遥感图像数据、不同比例尺地图扫描矢量化数据、不同领域空间数据库数据，也可以是网络上与位置相关的文本、照片、图片、视频等空间信息。空间知识的获取方法、表示方法多种多样，这使得空间知识常采用规则、公式、文本、框架等多种样式进行形式化表达。

（3）尺度（粒度）性。与地理实体分类分级相一致，地理空间知识也具有尺度特性，也即在不同的尺度空间，常呈现出不同的知识粒度。某些空间知识只有在特定的尺度空间才能得以体现。空间知识为在从个体到全球空间的不同尺度上理解人地关系提供了一个完整的基础。空间知识粒度的粗细直接影响着空间信息的精度和不确定性。

（4）多维性。空间知识既包含地理实体所处时间、空间相关的知识，也包括与其各自内部属性相关的知识。这样一来，地理空间知识既有（x，y，z，t）时空维度，又有 n 维属性空间维度。同一地理实体在不同的维度上呈现出不同的规律性。这些规律性对于不同的用户、不同的用途重要性不同。例如，同一座城市在空间位置、文化、经济等维度常呈现出不同的重要性。

（5）系统性。任何一个地理实体都不是孤立存在的。自然界与内置其中的“人”相互作用，共同形成了一个复杂的巨系统。空间知识体现了人们所处环境中的地理实体在空间范围的分布特征。其系统特性更多体现在“人地”关系。这里的“地”包括自然环境、人造环境、人的行为环境、政治环境、社会人文环境、认知环境等。空间知识能帮助人们从系统的观点认识地理实体的空间分布、相互作用、空间关系及其演变规律，进而构建和谐的“人地”关系。

（6）不确定性。空间知识除了已经明确表达的显性知识，还有大量通过地理思考和推理而尚未表达的隐性知识。除了明确的文字叙述，空间知识还常表现为程序、模型、流程、规则等形式。与其他知识一样，空间知识存在一定的不确定性，只有在特定的场景下才能够使用。

1.2.3 知识地图与知识图谱

1. 知识地图

1）知识地图的起源

1980 年，英国情报学家布鲁克斯援引波普尔的“世界三”理论，以《情报学的基础》为总标题发表了一组论文，提出了知识地图的基本思想。布鲁克斯从哲学、类与个体的反映、客观地图与主观风景画、变化中的“范式”等四个层面对情报学的理论和方法进行了深刻思考，并提出了“知识地图”这一布鲁克斯情报学的核心思想：情报学不仅要表示文献之间的关系，还要进一步分析文献中的逻辑内容，找出对人们创造和思考造成影响的知识结点及其关联，然后像地图一样把它们直观地标示出来，展现知识的有机结构。他认为人类的知识结构可以绘制成以各个单元概念为结点的学科认识图（Brookes，1980a，1980b）。在“认识地图”中，大部分知识存在于链接知识结点的知识源中；知识结点的关联更多的是从知识利用的角度出发的关联，而不是知识本身的内在联系。而其之所以称为“地图”，主要是因为将不同来源知识间的多维关联关系网络“投影”到二维的平面，并用“地图”的形式加以可视化描述。知识地图概念模型如图1-5所示。

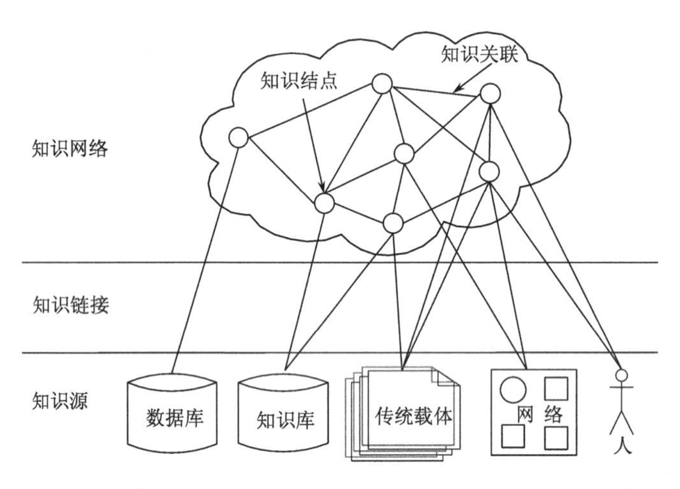

图1-5　知识地图概念模型

布鲁克斯通过关系索引将科学计量学中由目录耦合与同被引确立的文献网变成了情报学中由知识单元直接连接的概念网，开始从内部微观结构构建知识体系。在知识地图中，每个知识单元就像一个结点或地址，通过相应的关系与其他结点联结，形成一个有机整体。通过知识地图，人们可以获取所关注领域的知识体系和动态结构，可以很方便地获得学科研究前沿、研究热点、研究空白和研究进展，可以清楚了解到不同学科的交叉领域，使跨学科、跨领域合作成为可能。

知识管理领域的知识地图不同于布鲁克斯提出的“知识地图”概念。作为知识管理技术之一的知识地图是对数据库或知识库中的知识、信息进行预处理，通过人工或机器的方式从中提取相应的主题词或关键词（每个词及其代表的文献作为一个结点），并运用超文本技术，按照一定的规则在这些结点之间建立相应的超文本链接，使用户在命中某一文献后能根据链接提供的线索，进一步访问知识地图建设者认为可能相关的其他文献。与布鲁克斯向用户提供知识结点之间关联关系是一种知识组织的理想状态不同，知识地图技术建立的仍是文献之间（最多是信息之间）的联系。它遵循了布鲁克斯“知识地图”的思想，但它提供的不是知识之间的联系，所以并不是严格意义上的知识地图（乐飞红和陈锐，2000）。

2）知识地图的基本概念

目前知识地图还没有统一的概念。不同的学者从不同的角度对知识地图进行定义。概括来讲，主要有以下几种观点：①从知识地图具体表现形式提出的“分布图说”“知识指南与目录说”。陈立娜(2003)认为知识地图就是企业知识资源的总分布图；Davenport和Prusak(1998)认为“知识地图，不管它是否真的是张地图、知识的黄页簿，还是精心建立的数据库，都只是告诉人们知识的所在位置，并不包含其中的内容。构建知识地图包括确定组织中的重要知识，并通过一些列表或者图形来说明哪里能够找到这些知识”。②从知识地图研究内容出发的“关系说”。Vail（1999）将知识地图定义为“可视化地显示获得的信息及其相互关系，促使不同背景的使用者在各个具体层面上进行有效的交流和学习知识。在这样的地图中包括的知识项目有文本、图表、模型和数字”。③从知识地图功能来讲的“导航说”“工具说”。Duffy（2000）认为知识地图是使用户找到其寻求的答案导航系统；王君和樊治平（2003）认为知识地图是一种有效的知识管理工具，它将组织内部各种知识（显性知识和隐性知识）有效管理起来，便于组织人员快速获取和高效共享知识。④从知识地图构建技术角度出发的“管理技术说”。王茂林和刘秉镰（2010）认为知识地图是一种知识库管理系统技术与互联网技术有机结合的新型知识管理技术，是利用现代化信息技术制作的企业知识资源的总目录及各知识条目之间关系的综合体。

综合上述观点，可以得出以下结论：①知识地图只表示知识的来源，而不显示知识的具体内容。②知识地图既揭示组织内部的显性知识也揭示其隐性知识，不仅可视化显示知识的来源，也显示知识之间的关系。③通过构建知识地图不仅可以发现组织急需的知识（空白知识），也常常可以发现新知识。

为了从认知角度描绘科学知识网络的结构特征及其演化规律，构建“知识单元”之间的语义关联结构，人们提出了知识网络的相关概念。1985年，现代认知心理学家Gagne（1985）在对知识本质的研究中指出：陈述性知识和程序性知识这两类知识的关系是产生式嵌入到命题网络之中，共同构成“知识网络”。知识网络作为两类知识在人的大脑内系统化的存储方式而存在。在管理学领域，知识网络的概念最早由瑞典工业界于20世纪90年代中期提出。Beckmann（1995）认为知识网络是进行科学知识生产和传播的机构和活动。在这里，知识的运用没有予以考虑。Kobayashi（1995）认为公司是知识网络的结点，主要通过研发活动扩大其知识存量，知识通过渗透对市场结构产生影响。1999年，美国科学基金会提出：“知识网络是一个社会网络，能提供知识、信息的利用。”赵蓉英（2007）从情报学的角度出发，认为知识网络也可具体表述为：以知识元素、知识点、知识单元、知识库作为“结点”，以知识间的关联作为“边”或“链”而构成的网络。从构成知识网络的结点形态看，知识网络主要有如下三种情形（Wang，2003）：①人、企业等知识主体之间的网络。②知识与人之间的网络。③知识与知识之间的网络。

与管理领域知识地图技术相比，知识网络与布鲁克斯“知识地图”的思想更为接近。概念地图、主题地图和语义网都可以看作知识网络的一种。但是知识网络比概念地图、主题地图含义更丰富。由知识结点及其关联构成的可视化网络都可认为是知识网络，而不必关注这些知识结点是不是概念类型、属不属于相同主题等。知识网络试图以知识结构中的知识关联作为切入点，通过模拟知识本体的网状结构和知识关联的相互作用进一步构建客观知识网络，从而实现从主观知识网络（知识本体网络）到客观知识网络的映射，最终通过对知识内容的组织来实现知识共享的最大化。

3）知识地图的研究进展

知识地图的雏形——美国捷运公司最早的知识地图，是一张充满知识资源的美国地理地图。它是带有索引号或用其他方式表示层次关系的表格和文件，以及用来表示信息资源与各部门或人员之间关系的信息资源管理表和信息资源分布图（洛埃特·雷迭斯多夫，2003）。它侧重于信息资源与各相关部门或人员关系的揭示，尚未揭示各信息资源款目之间的关系。

早期的知识地图就是表达科学技术知识或一般知识资源地理分布状况的地图。美国国家科学基金会早在20世纪70年代就出版了关于科学基金的地理分布的报告，并论述了科技分布对地区经济的影响。由此，科学研究地理学、高技术地理学作为经济地理学分支，在20世纪80年代得到发展（Scott and Stroper，1986）。

知识地图及基于此思想开发的软件系统被普遍认为是一种有效的知识管理工具。它较早应用在大型企业中，如微软（Microsoft）公司在1995年就开始制作"知识地图"：其采用多级知识评估标准将员工所具备和应具备的技能显性标示出来，共计137项显性知识及200项隐性知识。西门子公司也将"知识地图"作为其知识管理系统的重要组成部分。国际商业机器公司（International Business Machines Corporation，IBM）的"知识地图"将人、场所、事进行关联，记录何时、何地、何人使用哪些知识；设定哪些人被允许读取与使用哪些信息；以使用者的角度来个性化描述和呈现知识。据统计，50%以上的知识管理项目都要用到比目前的企业公共网站复杂得多的"知识地图"。

进入21世纪，知识地图在知识管理和图书情报领域得到广泛应用。国内外学者从类型划分、构建模式、功能结构和商业应用等不同方面对知识地图开展研究。在知识地图分类方面，Eppler（2004）根据其针对六家公司开展的历时两年的研究中经常遇到的"知识在哪儿""质量如何""如何理解其结构""如何应用知识""如何开发知识"等常见问题，将知识地图区分为知识资源地图、知识资产地图、知识结构地图、知识应用地图、知识开发地图等五种类型；谭玉红和吴岩（2005）从具体呈现形式的角度将知识地图划分为仿真知识地图、树型知识地图、异型图；陈强等（2006a）根据知识地图的功能和应用，将其分为企业知识地图、学习知识地图和资源知识地图。在知识地图构建方面，国内外学者提出一系列构建原则和构建模式。为了正确设计开发知识地图，Eppler（2001）提出需要按照以下五个构建步骤进行（又称为五步构建法）：①识别组织内知识密集型的流程、难题或问题；②从上述流程、问题中确定相关知识源、知识资产和知识要素；③以全体组织成员便于访问的方式对这些要素进行编码；④将这些编码信息以专家系统或者文档的形式集成到一个可视化界面，便于用户进行可视化导航和检索；⑤提供知识地图更新方式等。陈强等（2006b）提出知识地图构建是一个动态过程，不断用新知识更新知识地图，主要包括以下四个步骤（又称为四步构建法）：①知识的识别与组织；②知识分级；③建立联系；④地图呈现等。此外，部分学者探讨了构建知识地图的辅助工具和描述语言：辅助工具主要有 Ontolingua Server、OntoEdit、Chimaera等；描述语言比较有名的有Ontolingua、Cyel、OIL、OWL（web ontology language）等（陈强等，2006b）。在知识地图应用方面，知识地图是知识管理系统的重要模块，是提高知识共享效率、组织知识系统协同和实现知识集成创新的可视化工具，主要用于知识检索、知识集成和知识推荐等方面。一些知识密集型企业（如大型药企、开发公司等）基于本体、知识图集、概念聚类、语义Web等信息技术对企业内的知识资产进行梳理、审计、建模、挖掘、管理，进而实现知识在企业内的共享、传递和重用。知识地图也可用来实现图书馆知识资源的可视化配置，直观呈现知识的分布及分布于不同空间的知识资源间的内在联系，进而实现按需参考咨询服务和知识定制服务。

当前，国内外学者对于知识地图的研究大多是从基本概念、分类、构建原则、构建模式、构建方法等方面进行理论层面的探讨，但对于具体领域、具体行业、具体应用的实际研究还比较少，缺乏成熟的商用知识地图开发工具。

2. 知识图谱

1）基本概念

知识图谱是显示知识发展进程与结构关系的系列图，通过挖掘、分析、构建、绘制和显示知识及其相互关联，用可视化的图谱形象地展示学科的核心结构、发展历史、前沿领域及整体知识架构的多学科融合的一种研究方法（秦长江和侯汉清，2009）。它从知识结构入手，将科学领域的知识通过数据挖掘、信息处理、知识计量和图形绘制来进行可视化显示，不仅能展现学科内外知识的现状和发展，更能揭示知识之间的联系及知识的进化规律。知识图谱是知识地图的高级形式。

科学知识图谱（mapping knowledge domain），又称为知识域可视化或知识领域映射地图，是以科学知识为计量研究对象，将复杂的科学领域知识通过数据挖掘、信息处理、知识计量和图形绘制等技术，以可视化的方式显示科学知识的发展进程与结构关系，揭示科学知识及其活动规律，展现知识结构关系与演进规律（梁秀娟，2009；陈悦和刘则渊，2005），是显示知识演化进程和结构关系的一系列图形化的知识谱系（陈悦等，2015）。科学知识图谱的悄然兴起，既是揭示科学知识及其活动规律的科学计量学从"数学表达"向"图像表达"转向的产物，也是知识地图向以"图像展示知识结构关系与演进规律"发展的必然。

随着语义网络概念和技术的发展，互联网上发布了大量链接开放数据（linked open data）和用户生成内容（user-generated content）。互联网已从单纯的文档万维网发展为描述实体及其关系的海量数据万维网（阮彤等，2016）。在此背景下，谷歌公司为实现更智能的搜索引擎，于2012年正式提出了"谷歌知识图谱"（Google knowledge graph）的概念：一种描述真实世界客观存在的实体、概念及它们之间关联关系的语义网络。谷歌知识图谱的主要任务是从百科站点、垂直站点及结构化或半结构化数据等特定网络信息资源中抽取出数十亿计的实体或概念，构建大规模的知识库，进而达到语义级的网络信息资源的组织及检索。谷歌知识图谱本质上是具有有向图结构的一个知识库。其中，图的结点代表客观世界中存在的各种实体或概念，图的边代表实体之间、概念之间、实体与概念之间丰富的语义关系。谷歌知识图谱一经提出，便得到学术界和工业界的广泛认可，并迅速应用于金融、司法、医疗等领域，在智能搜索、智能问答、个性化推荐等方面具有明显优势。

2）理论基础

知识图谱的研究主要集中于三大领域：一是图书情报领域的引文分析可视化、知识地图和知识网络等的研究；二是计算机科学领域的数据、信息、知识与知识域的可视化研究；三是复杂网络系统和社会网络分析的研究（杨思洛和韩瑞珍，2013）。知识图谱的产生有着深刻的理论渊源。

科学知识图谱包含哲学思维、数学思维及视觉思维，以库恩的"科学发展模式理论"、普赖斯的"科学前沿理论"、社会网络分析的"结构洞理论"、科学传播的"信息觅食理论"和知识创新的"知识单元离散与重组理论"作为理论基础（陈悦等，2015）。这些理论基础的意义在于提高图谱的可解读性，增强知识图谱的解译和预测功能。

在科学史和科学哲学领域，美国科学哲学家托马斯·库恩（2003）提出科学发展是"前科学—常规科学—科学危机—科学革命—新常规科学"的一个科学革命的历史过程。科学在未形成统一范式之前处于前科学时期；范式形成之后，进入常规科学时期，人们在科学共同体中按范式解题，是范式积累期；当常规科学发展到一定阶段，出现反常和危机，人们寻求新的范式取代旧范式，导致科学革命的发生；科学革命之后，迈进新范式下的新常规科学时期。科学发展的本质就是“常规科学与科学革命”“范式积累与范式变革”交替运动的过程。库恩的“科学发展模式理论”为科学知识图谱研究提供了哲学基础。

在图书情报领域，贝尔纳在《科学研究的战略》一文中指出：“科学中的总的发展模式还是相当清楚的。这种模式与其说像树，不如说像网。与课题或应用直接相关的科学工作的内容，可以比作网的网眼。各条线的交叉点是经验和思想集合的地方，是中心点，是一些新发现，从这里产生各种各样的应用技术和科学学科。”加菲尔德（Garfield，1955）提出将引文索引应用于文献检索与分类工具的思想，认为可以将一篇文献作为检索字段从而跟踪一个观点（idea）的发展过程，进而打破分类法和主题法在检索领域的垄断地位，打开了从引文角度研究文献及科学发展动态的新领域。1965 年，在贝尔纳和加菲尔德研究的基础上，美国科学家普赖斯（Price，1965）在其著名的《科学论文的网络》一文中提出：“参考文献的模式标志科学研究前沿的本质。”这句话是融合贝尔纳的创意、加菲尔德的发明和普赖斯的见解的结晶，标志着“科学前沿理论”的确立。普赖斯研究了科学论文之间的引证和被引证关系，以及由此形成的引证网络。在此基础上，根据网络分析的原理，他提出了能指明科学前沿的定量模型。普赖斯“科学前沿理论”开启了以引文分析和网络分析为基础的科学计量学新方向，为科学知识图谱绘制提供了数学基础。

在社会学领域，1973 年，英国社会学家格兰诺维特（Granovetter，1973）提出社会网络“弱连接优势理论”：与一个人的工作和事业关系最密切的社会关系并不是“强连接”，而常常是“弱连接”；信息在“强连接”群体中高速传播，在“弱连接”关系中高效传播。“强连接”指的是社会群体之间频繁互动、关系密切。与之相反，“弱连接”往往是那些“彼此认识但并不熟悉”的社会关系。“强连接”构成社会圈子，“弱连接”形成社会网络。在此基础上，美国社会学家伯特在《结构洞：竞争的社会结构》一书中提出了“结构洞”理论：在社会网络中，某些个体之间存在无直接联系或关系间断的现象，好像网络结构中出现了洞穴，这就是“结构洞”；而将无直接联系的两者连接起来的第三者拥有信息优势和控制优势。伯特认为，个人在社会网络所处的位置比社会关系的强弱更加重要；个人或组织要想在竞争中保持优势，就必须建立广泛的联系，同时占据更多的结构洞，掌握更多信息。“结构洞”理论为科学知识图谱发现研究前沿和研究热点提供了可视化理论基础。

在信息科学领域，信息觅食理论（information foraging）是 1993 年人机交互研究过程中形成的一个重要概念。该理论由美国帕洛阿尔托研究中心的 Pirolli 和 Card（1995）提出，它以野生动物觅食来类比分析人们在网络环境中的信息搜寻行为，通过建立模型来模拟用户的信息检索过程，并对信息获取效率进行定量计算，以期用最小成本获取最大收益。在信息觅食过程中，用户逐步形成了对目标问题的整体性认识，并以此来评价搜索出来的信息内容。为了解释知识创新过程，我国科学计量学家赵红州和蒋国华（1984）提出了“知识单元离散和重组理论”：“任何一种科学创造过程，都是先把结晶的知识单元游离出来，然后再在全新的思维势场上重新结晶的过程。这种过程不是简单的重复，而是在重组中产生全新的知识系统，全新的知识单元。”信息觅食理论、知识单元离散和重组理论为探索知识演变路径、阐释科学发现的宏观和微观机制提供了方法论支撑。

随着信息技术的迅猛发展和广泛应用，人类先后经历了以文档互联为主要特征的“Web

1.0”时代和以数据互联为特征的“Web 2.0”时代，正在迈向基于知识互联的崭新“Web 3.0”时代（Sheth and Thirunarayan，2013）。知识互联的目标是建立一个人与机器都可理解的万维网。“链接数据”“数据网络”“语义网络”“人工智能”成为 Web 3.0 的典型标志。互联网数据的生成、存储、传播、应用发生着巨大变革。为全面、精准和高效地获取知识并推动知识创新，谷歌知识图谱以本体建模为手段，通过领域概念术语的规范化，推动知识全面共享，借助于语义网络分析理论挖掘并发现新知识，应用语义网知识库关联方法实现海量知识的分布式存储。作为大数据时代的产物，大数据理论以及关注数据规范性和关联性的本体理论和语义网理论为谷歌知识图谱提供了强有力的理论支撑。

2008 年，维克托·迈尔-舍恩伯格和肯尼思·库克耶（2013）在《大数据时代：生活、工作与思维的大变革》一书中极具前瞻性地指出：大数据带来的信息风暴正在变革人们的生活、工作和思维，大数据开启了一次重大的时代转型。大数据理论的核心思想有三个：一是数据并不存在抽样，而是采用所有数据；二是放弃对因果关系的追求，取而代之以关注相关关系；三是不再强调精确性，而是关注效率。也就是说只要知道“是什么”，而不需要知道“为什么”。这颠覆了千百年来人类的思维惯例，对人类的认知和与世界交流的方式提出了全新的挑战。大数据理论为谷歌知识图谱智能化应用提供了理论支持。

本体（ontology）是一个来自哲学领域的基本概念，用来描述事物的本质。古希腊哲学主要研究本体论问题，即探求包括人在内的世界万物的本原和本质规律。古希腊哲学家亚里士多德将本体定义为研究“存在”的科学：一方面研究存在的本质；另一方面研究客体对象的理论定义，关注现实世界的基本特征和抽象本质。为了解决知识表示和知识组织问题，本体被引进人工智能领域，称为信息本体。研究表明，1984 年，本体已在科学与技术领域出现，1991 年被明确提出并给出定义（史忠植，2004）。目前，Studer 等（1998）提出的本体定义得到普遍认可，“本体是明确化、形式化、规范化的共享概念模型”。Fensel（2001）认为本体概念包含四层含义：概念模型（conceptualization）、明确化（explicit）、形式化（formal）和共享（share）。其中，概念模型指通过对客观世界中一些现象的抽象得出的相关概念构成的独立于具体环境状态的模型；明确化指使用的概念及其在使用时所受的约束和限制等，都具有明确的定义；形式化指本体能被计算机识别和处理，具有准确的数学描述；共享指本体中体现的是相关领域中获得普遍认可的概念集合和知识，针对的是信息群体而不是个体。本体理论为谷歌知识图谱提供了概念模型和逻辑基础。

语义网（semantic web）是通过概念及其语义关系来表达知识的一种网络图（通常为单向无环图），是关于知识结点及其关系的链接表示。从图论的角度来看，其实质就是带有标识的有向图。1998 年，万维网之父 Tim Berners-Lee 提出语义网的概念，为机器阅读网络数据提供了一个通用框架。“Semantic”就是用更丰富的方式来表达数据背后的含义，让机器能够理解数据。“Web”则是希望这些数据相互链接，组成一个庞大的信息网络。语义网为谷歌知识图谱把人对实体世界的认知通过结构化的方式转化为计算机可理解和可计算的语义信息提供了方法论支持。

3）知识图谱的研究进展

知识图谱是一个内涵非常丰富的概念，它广泛应用于社会各个领域。不同时期、不同学科往往赋予其不同的含义。广义上来讲，生物的基因图谱、教育教学中的认知地图、探索太空的天体图、描绘环境的地形图、模拟人脑的神经网络图等都是对于相关学科知识的可视化呈现，也都属于知识图谱的范畴（杨思洛和韩瑞珍，2013）。鉴于此，本节主要从图书情报领域和信息技术领域考察知识图谱。

知识图谱的起源最早可追溯到文献计量学和科学计量学的诞生时期。在共被引或书目耦合分析之前，手绘“知识图谱”已经出现。1938 年，Bernal 制作了早期科学图谱；1948 年，Ellingham 手工绘制了反映自然科学和技术各分支相互关系的一幅精美地图，该图以距离相似性隐喻为前提，将相似概念放在一起，并用方位概念表示分子的其他关系（Hook，2007）。

Price（1965）建立引文网络模型，指出引证网络类似于当代科学发展的“地形图”。通过科学地形图，人们可以清晰发现各个国家、各类期刊、各国科学家、各种科学论文等在科学领域上所处的位置、相互联系和相对重要性。从此，分析引文网络成为一种研究科学发展脉络的常用方法，知识图谱进入科学知识图谱时代。“科学知识图谱”是“跟踪科技前沿、选择科研方向、开展知识管理并辅助科技决策”的重要方法和工具，以助益科技活动、强化知识管理等方式有力地促进了旧范式突破和新范式诞生，从而积极推动科学发展的进程（刘则渊等，2005）。

Small（1981）采用共引聚类分析的方法描述了 1975～1978 年的社会科学引文索引，并根据期刊子集关注度权重识别出信息科学文档群落，进而分析出信息科学的研究结构及其与社会科学的关系；White 和 McCain（1998）通过作者共被引图谱将信息科学的研究分成“领域分析”与“信息检索”两大研究领域，并探讨了范式转移问题。

从 20 世纪末开始，随着计算机网络技术的迅猛发展，专门搜索网上学术信息的学术搜索引擎网站快速涌现。通过引入复杂网络系统和社会网络分析方法，它们基本具备个性化、智能化学术数据挖掘分析能力，拥有多种知识图谱可视化表达功能。例如，ResearchIndex、中国知网可以图表形式显示某一主题文献（或某一作者、某一机构所发表文献）的时间分布；微软学术、百度学术、谷歌学术等则在多方面应用知识图谱，如合作关系图（co-author graph）、学术引用图（citation graph）、领域趋势图（domain trend）、学术地图（academic map）等。

Havre 等（2002）用“主题河流图”（theme river）的可视化方法来描述某一学科主题随时间的变化。其中，主题河的流向表示学科主题随时间变化的情况，主题河的构成用来显示可选主题内容，主题河的宽度代表学科主题在不同时间段出现的频次。

2003 年 5 月 9～11 日，在美国加利福尼亚大学尔湾分校举办的主题为“知识域可视化”的会议共发表了 20 多篇介绍知识图谱研究的成果。该次会议用“知识域可视化”描述了为了加强知识显示和导航而进行的记录、挖掘、分析、整理等一系列过程（Shiffrin and Börner，2004）。Börner 等（2003）认为知识可视化是将非空间数据转换为空间图的过程，便于人的认知与理解，可明晰学科知识模式与趋势，并发现隐藏的结构。其应用领域包括对学术团体及其关系网络的研究，学科的发展和演变，研究主题的扩散，以及作者和机构之间的相互关系。

陈悦和刘则渊（2005）将“科学知识图谱”的概念引入了国内。科学知识图谱结合应用计量学引文分析和共现分析、图形学、可视化技术、信息科学等学科的理论与方法，图形化地展示各领域的学科结构、各学科的研究内容、学科间的关系、识别和分析学科的发展新趋势以及预测前沿等。

Taylor 等（2008）基于 1450～1900 年世界上 1000 位著名科学家的履历数据，用城市网络中科学实践的地理变化来描述“现代科学崛起”的过程，绘制了四大知识图谱：16 世纪主要集中在意大利的帕多瓦、意大利的中部和北部；17 世纪扩展、穿越阿尔卑斯山，成为多中心的网络；18 世纪变化、解体成为以巴黎为中心的松散网络；19 世纪发生重大变化，形成以柏林为中心并以德语为主导。科学实践的地理变化反映了现代世界体系形成的核心进程。

Garrido 等（2011）通过分析 2004～2009 年关于欧洲卫生系统研究的论文关键词，以地图可视化的方式展示了欧洲卫生系统现状，并针对各国的具体情况进行了分析和建议。

Pino-Diaz 等（2012）认为知识工程和信息制图的主要目标都是从大型数据库中发现和表达新知识，在科学技术、知识管理、商业智能等领域有着广泛的应用前景。该文提出了一个可视化评价战略研究网络的新方法，并将其应用于“西班牙对保护区的研究”。它通过二维图和三维图的形式表达战略知识，形成了国际和国内两个知识图谱，提出可以运用知识图谱评价知识、促进知识发现和辅助知识决策。

2013 年，谷歌收购自然语言处理技术公司 Wavii，将后者技术与谷歌知识图谱整合。2015 年，谷歌推出医疗版知识图谱。国内相关企业迅速基于语义网技术建立了类似知识图谱，如搜狗知立方和百度知心。2017 年，百度公司提出知识图谱（包括需求图谱、用户画像等），是百度整个人工智能当中非常基础的构件，也是其优势所在。构建知识图谱的过程，实质就是让机器形成认知能力，代替人去了解和认识现实世界。而机器认知正是未来人工智能的重点发展方向。

当前，世界范围内知识图谱的构建工具有 Pajek、Citespace、UCINET、Bibexcel、Gephi、VOSviewer、VantagePoint、Network WorkbenchTool、Sci2 Tool、In-SPIRE、SciMAT、Histcite 等。高质量大规模开放知识图谱包括 DBpedia、Yago、Wikidata、BabelNet、ConceptNet、Microsoft Concept Graph 及中文开放知识图谱平台 OpenKG。

4）从知识地图到知识图谱

知识地图、科学知识图谱、谷歌知识图谱都可理解为知识结点及其关系的图形化表达，因而也可统称为知识图谱。知识图谱相关概念结构如图 1-6 所示。从时间序列来看，科学知识图谱出现最早，知识地图次之，谷歌知识图谱出现最晚；从研究内容来看，知识地图不仅表示编码化的客观知识源，还要描述隐性知识的拥有者——人；科学知识图谱的研究内容则是大量研究主题相关的各类科学文献，其问题空间和求解空间多集中在特定科学领域；谷歌知识图谱的描述对象则是互相链接的网络信息资源。从研究方法上，知识地图多采用词表索引、数据库等信息构建技术，缺少成熟的商用软件；科学知识图谱则采用共词分析、引文分析和社会网络分析等科学分析方法，有 Citespace、Pajek、UCINET 等一大批商用软件支持；谷歌知识图谱则是基于语义网络，采用信息抽取、数据挖掘、机器学习等技术方法，自动或半自动构建知识库，目前拥有一大批成熟知识库支撑。从表现形式上，不同类型的知识地图呈现方式差异非常大，如 V 形图、鱼骨图、图表、地理图等；科学知识图谱则大多呈现为网状，或者表现为时间序列；谷歌知识图谱则是以知识卡片的形式在搜索结果界面呈现。从应用目的来看，知识地图是为用户找到解决问题的知识提供线索；科学知识图谱为用户发现领域研究热点、研究趋势提供工具；谷歌知识图谱为用户智能检索行为提供方案。从应用领域来看，知识地图主要应用于知识管理和图书情报领域；科学知识图谱主要应用于科学计量学和文献计量学领域；谷歌知识图谱主要应用于信息技术领域。

知识地图、科学知识图谱、谷歌知识图谱既有多种维度的区别，又有天然的联系。知识地图常用来组织知识密集型组织或企业内部知识资源，基于文献资源库的科学知识图谱可用来丰富完善知识地图的显性知识节点；基于网络信息资源库的谷歌知识图谱可为知识地图提供显性知识、隐性知识及其链接，完善知识地图的知识结构。知识地图反过来可为科学知识图谱和谷歌知识图谱提供社会网络关联关系，以丰富相应的相关计量关系和实体语义关系。在学术领域，科学知识图谱可为谷歌知识图谱提供客观世界中的相关概念、实体之间丰富的语义关系。谷歌知识图谱为科学知识图谱提供丰富的社会网络关系及文献资源。知识地图、科学知识图谱、谷歌知识图谱交互关系如图 1-7 所示。

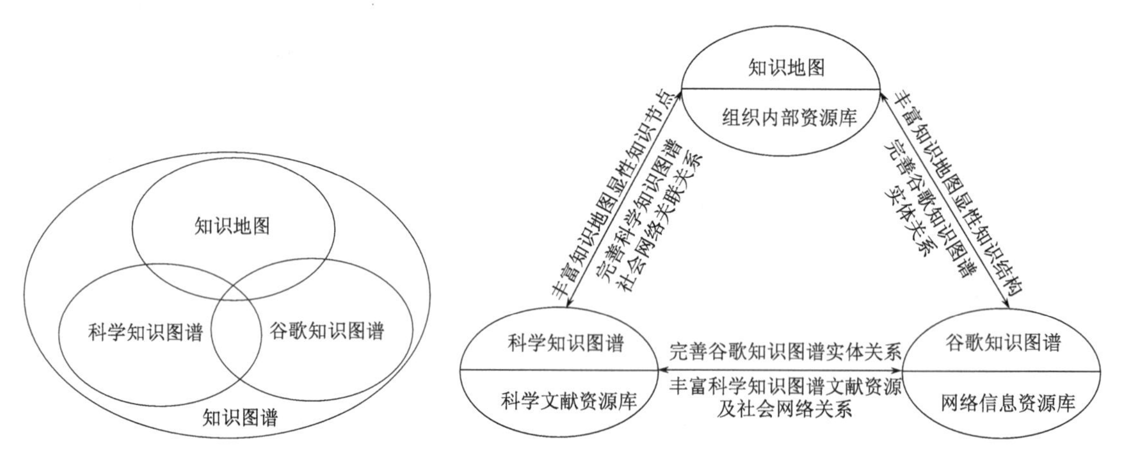

图 1-6　知识图谱相关概念结构　　图 1-7　知识地图、科学知识图谱、谷歌知识图谱交互关系

1.2.4　地图与空间知识地图

1. 基本概念

1）地图

地图既是制图人员空间认知的结果，也是地图用户认知空间的工具。不同时期、不同学者从不同的角度给地图下了定义。王光霞等（2014）鉴于当前地图信息源、制图技术、地图表达内容、地图表现方法都发生巨大变化的实际情况，提出“地图是根据特定需求，采用一定的数学框架，以图形符号、三维模型、图像或数据形式，抽象概括表达或记录与空间有关的自然和社会现象的分布情况和联系及其发展变化规律的工具”。

2）地理行为决策

20 世纪 20 年代，行为科学萌芽于美国。它利用社会学、心理学等来研究人们的社会行为、产生行为的原因以及如何调整人们之间的关系。1954 年，行为决策理论之父 Edwards（1954）发表了“The theory of decision making”一文，标志着行为决策已经成为心理学一个重要的研究主题，并促进了行为决策理论（behavioral decision theory）的发展。

随着心理学、社会学、行为科学和哲学的感应、行为等概念不断引入地理学，20 世纪 60 年代中期，行为地理学逐渐成为人文地理学的一个重要分支。它从人类行为的角度出发，重点考察人与周围环境的关系。行为地理学认为，人们的决策行为是包括自然、经济和社会诸多因素在内的地理环境影响的结果。当前行为地理学的研究方向，主要是从分析人们对环境的地理物象、信息的处理与知觉的判断等知觉过程出发，研究人们的知觉、判断等感应过程对决策行为的影响，也就是特定地理环境对决策行为的影响（王恩涌等，2000）。而地理行为决策一般包括环境感觉、环境知觉、环境认知，进而形成地理物象（心象地图）和空间图示（认知地图），在对其进行评价判断的基础上产生决策，进而发生地理行为。其中，经历、动机、情感、知识结构等个人因素和地域文化、社会文化等社会因素作用于地理行为决策全过程。当评价决策结论不满足地理行为决策需要时，评价决策返回到地理行为决策初始状态，开启新一轮地理行为决策过程。地理行为产生全过程如图 1-8 所示。

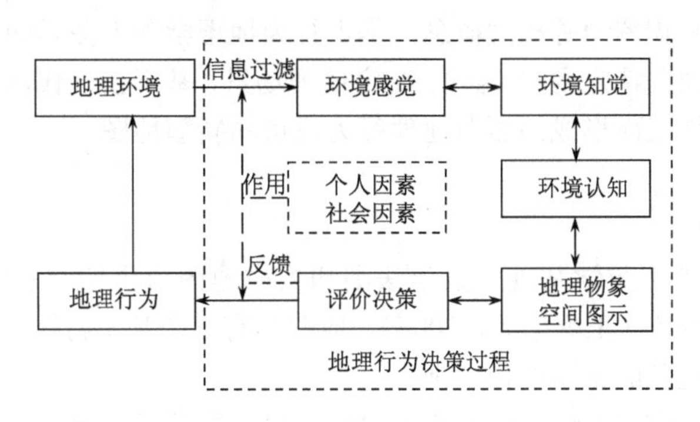

图 1-8 地理行为产生全过程

3）面向地理行为决策的空间知识地图

1967 年，美国地理学者普雷德在《行为与区位》一书（Pred，1967）中将决策者的决策行为描述为关于决策者的信息占有量和信息利用能力的函数，进而创立了普雷德行为矩阵模型，如图 1-9 所示。行为矩阵由“信息水平”轴（表示决策时决策者所占有信息的数量和质量）和“信息利用能力”轴（表示决策时决策者运用所占有信息的各种能力）构成。所有决策者都可映射到行为矩阵中。决策者在行为矩阵中所处的位置越接近于右下方，其采取的决策行为越与最优行为（决策者处于行为矩阵右下角时所产生的决策行为，这时，决策者完全掌握了环境的一切信息，拥有最佳的信息利用能力）相近。

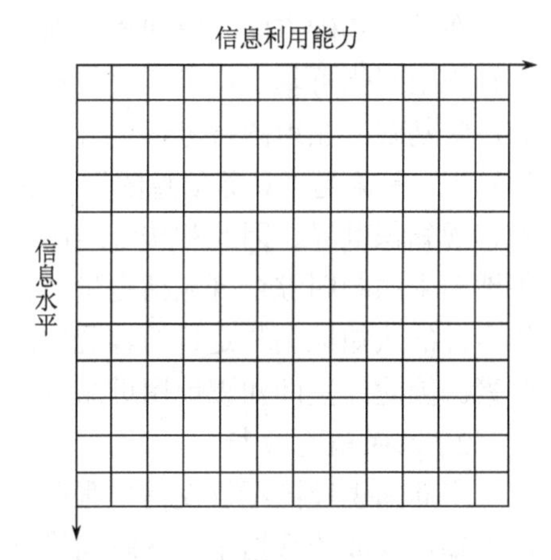

图 1-9 普雷德行为矩阵模型

现实生活中，人们既不可能完全占有有关环境的所有信息，也不可能具备利用这些信息的所有能力。因此，人们往往是以地理行为发生的时空背景为前提，以达到或超过用户某种最低限度为条件进行地理行为决策。地理行为决策不仅仅与周围环境等时空信息要素密切相关，也与用户的知识背景、经历阅历、性别情感、空间思维、空间推理等社会能力因素密不可分。与传统地图主要从宏观角度刻画自然空间不同，面向地理行为决策的空间知识地图需要从用户行为的微观角度出发，面向用户知识结构和知识背景重新认知并可视表达与用户行为场景密切相关的自然空间、社会空间和信息空间。

空间知识地图有广义和狭义之分。广义上讲，包括传统地图、GIS、地理信息图谱、地理知识图谱在内，一切描述和刻画地理空间，基于统一数学基础采用地图符号语言表达的地图，都属于空间知识地图的范畴。狭义空间知识地图是面向具体地理应用场景和地理决策行为，将与空间位置直接或者间接关联的数据、信息、知识及其相互关系基于一定的数学基础可视化表达在地图上，是地理空间和知识空间的一体化描述，是空间数据、空间信息和空间知识的地图形式化表达。其根本目的是通过从数据、信息、知识三个不同层次对地理空间进行刻画，从而更深刻地揭示地理空间中蕴含的潜在时空规律，促使空间知识在不同领域的传播、共享、重用和创新，进而满足人们实施行为决策的需求。本书中，空间知识地图特指狭义空间知识地图。

借鉴知识地图、知识图谱等相关概念，基于行为地理学和地图学的基本理论方法，本书提出空间知识地图是面向特定用户（群）、特定地理场景，基于新一代信息技术对时空数据及时空行为数据进行深加工而形成的面向地理行为决策的新型地图。

2. 特征分析

1）地图特性分析

地图是根据构成地图数学基础的数学法则和构成地图内容地理基础的综合法则将地球表面缩绘到平面上的表象（王家耀等，2006）。地图具有三个基本特征：精确的数学法则、严密的地图符号法则、规范的制图综合法则。

与传统地图相比，空间知识地图的研究对象不仅仅局限于自然空间，还包括社会空间和信息空间，不仅仅是地理环境某一时刻的具体空间形态，还是地理环境空间格局演变及其过程机理的解释；空间知识地图应用不仅仅作为地理环境的载体而存在，更是作为面向地理行为的智能空间分析工具和跨领域的地理环境研究工具而存在；空间知识地图不再是仅作为地理学的第二语言而存在，而是在知识层面作为跨领域、跨行业共享重用的普适性语言而存在。

在数学基础方面，空间知识地图涉及的知识都显性或者隐性地与地理空间位置相关，通过知识空间化可基于位置属性与精准的数字地球模型（地理实体或现象）相挂接，具有明显的数学基础；在地图符号表达方面，空间知识地图采用多种可视化手段以地图的形式表达空间知识，无论是“具象信息图”还是“抽象信息图”，都是采用图形符号语言来表达现实世界和客观知识世界，因此和传统地图一样具有严密的地图符号法则；在制图综合方面，空间知识地图中的制图综合既包括定量的数据综合，也包括定性的知识综合。空间知识地图可以看作定性的认知地图和定量的客观地图的集合。无论是认知地图还是客观地图都具备地图的三要素。因此，空间知识地图毋庸置疑属于地图学的研究范畴。

2）相关概念分析

空间知识地图不仅仅是一张图。从数据的角度来看，空间知识地图可以看作地理信息和地理知识构成的数据集。从时间维度来看，空间知识地图通过时间感知数据展现事物的变化轨迹，揭示内在变化规律，实现了对地理实体成因、现状、趋势等因果关联的一体化描述，为决策者提供科学严谨而又动态直观的辅助决策环境。从空间认知的角度来看，空间知识地图是地学人员对地学现象进行空间思维、空间分析、空间推理而形成的关于地理实体本质特征和内在规律性的空间知识，实现了对地理环境的高度概括，更具有可执行性。从知识形成过程来看，其不仅仅是知识成果的可视化表达，还实现了数据、信息、知识的有机关联，形成了一条包含数据获取、数据建模、数据分析、知识识别、知识表示、知识表达、知识服务等环节的完整的信息链。通过面向用户对地理环境进行不同层次的抽象，空间知识地图有效解决了不同类型地图用户信息需求差异的问题。

空间知识地图中既包含了翔实的空间数据、信息，又蕴含了丰富的空间知识。基于知识图谱的知识组织更符合人们定性推理的思维习惯；基于空间数据、空间信息的定量空间分析功能使得人们的空间决策行为有了严格的科学依据。空间知识地图实现了定性空间推理和定量空间分析的有机结合，为解决复杂地学问题提供了一种有效途径。为更好地理解和区分空间知识地图及其相关概念，笔者从表达内容、位置相关、表达形式、服务方式等角度完成了地图、知识地图、知识网络、空间知识地图对照表，如表1-1所示。

表1-1 地图、知识地图、知识网络、空间知识地图对照表

对照角度	地图	知识地图	知识网络	空间知识地图
表达内容	关于地理实体及其空间关系（侧重于空间分布）的信息	对人类思维具有影响的核心知识结点（不包含具体的知识内容，只标明知识来源）	描述科学知识网络中的描述性知识、程序性知识及其关联（包含知识的具体内容）	关于地理实体时空动态语义（实体状态、变化原因）和内在时空规律性的地理信息和地理知识
位置相关	与空间位置直接相关	与空间位置无关	与空间位置无关	与空间位置直接相关或者间接相关
表达形式	地理空间信息可视化	地图形式化	知识空间化	知识可视化 知识空间化
服务方式	信息服务	知识服务	知识服务	空间知识服务

3）空间知识地图特征分析

与传统地图相比，空间知识地图的用户不再是静态的“空间理性人”，而是动态的“空间行为人”(正在面临地理行为决策的具有相似认知结构和社会文化背景的用户群甚至是特定个体)。人们的行为决策大多是在知识层面进行的。地理行为决策更是一个实时的、动态的综合过程。因此，空间知识地图更加强调用户视角，不仅要充分考虑用户知识背景、认知习惯和社会文化等要素，还要让用户实时参与到制图过程。空间知识地图更加强调过程导向，不仅强调微观场景（如立交桥、大型停车场）的精细化表达，更加强调相关社会环境的可视化表达。空间知识地图更加强调知识应用，不仅强调空间知识智能化获取传输，更加强调知识的空间化、动态化和适人化表达。与传统地图以地理空间形态描述为主、在宏观层面服务政府规划和决策不同，空间知识地图更加强调在微观层面为个人或特定群体的地理行为决策服务，其主要特点是语义性、知识性和多重性。

（1）语义性。语义是数据的一种含义，是人类对客观世界本质特征与规律正确认识和理解后形成的一种概念。空间知识地图除了刻画地理实体的空间状态以外，更侧重从其属性出发对地理实体的因果、类属、组合等语义关系的描述。这种对地理实体的语义描述更加符合人们对地理世界的认知习惯，可以以不同的形式表达不同层次的含义。语义描述既可以是对单一地理实体的属性刻画（如某座建筑是历史遗迹，一段河流是主干还是支流），也可以是对成对出现的地理实体的关系说明（如房子和通向该房子的道路，湖泊是城市的水源地），还可以是具有共同属性和含义的地理实体分类分级（如河网、高速道路网、铁路网的分类）。语义使得空间知识地图对地理实体关系的描述更加完备，在制图综合和数据更新方面有着潜在的应用价值。

（2）知识性。空间知识地图强调利用统计分析、空间分析、空间数据挖掘和知识发现等技术方法对地理数据、地理信息和地图产品进行深入加工处理，强调对地理实体隐含的、潜在的、丰富的地学知识的可视化、空间化表达。与刻画地理实体（现象）空间形态的普通地图相比，其表达的地理实体的时空动态语义和内在规律性更抽象、更概括，是地学人员进行深层次认知、思考、思维甚至推理的结果，含有大量的地理概念、地理命题和地理知识。这种抽象的知识对于人们认知地理环境，进行空间决策、解决地学问题具有强大的支撑作用。

（3）多重性。空间知识地图是地图学发展到个性化、知识化、智能化阶段的必然产物。其不仅要动态表达地理实体的历史、现状和未来，还要面向不同的应用和不同的尺度对地理实体进行不同程度的抽象和概念化，采用符合用户认知习惯的可视化方式进行多重表达。

1.3　空间知识地图地位与作用

1.3.1　空间知识地图与社会

地图是一门古老而又充满活力的科学。地图产生于人类社会实践，又服务于人类社会生活。早在文字发明之前，人类就有了地图。世界现存最古老的地图绘制在一块大约 4500 年前的陶片上，刻画的是巴比伦时代的世界。地图在人类文明发展过程中具有不可替代的作用。从原始狩猎到分封诸侯，从行军布阵到政治外交，地图都发挥着不可替代的作用。王家耀（2015）指出，地图是国际上三大通用语言（音乐、绘画、地图）之一，是人类文明史上的伟大创举，也是不同时期、不同地域、不同社会文化的载体。地图更被认为是改变世界的十大地理思想之一（苏珊·汉森，2009）。

进入 21 世纪，信息企业集成地理空间信息成为一种趋势。谷歌、百度、微软等信息企业通过在线地图的形式实现了地图数据、卫星数据及公众标注信息的有效集成，并通过应用程序接口（application programming interface，API）的方式提供各式各样的地图服务。人们通过互联网几乎可以获取任何关注事件的位置信息、时空特征信息。这些信息不仅包含地理空间信息，还包含地理实体之间、人与人之间、事件与事件之间丰富的关联关系，基本满足了人们初级的地理空间信息需求。地图融入社会生活的方方面面，旅游地图、餐饮地图、购物地图、特产地图、房产地图进入人们的视野，尤其是手机地图和车载地图等移动地图的普及，导航定位、位置共享更是成为人们典型的地图应用场景。

网络化给人们利用信息的行为带来个性化、多元化和便利化，人们对信息服务的要求越来越高。人们需要借助地图实施导航定位、出行购物、社交休闲、餐饮住宿等一系列日常地理行为决策。凡是与空间定位有关的问题，都可以通过地图得到答案（高俊，2000）。数字地图生产和地图服务的发展，使得人们对基础地图的认识进一步扩展：基础地图应该是一个面向不同用户、不同用途和不同尺度的可定义、可选择、可组合、可互操作的通用基础地理数据框架。移动互联时代，用户使用移动搜索是要马上办一件事，需要立即产生结果：吃饭吃什么？超市买什么？基于智能终端的地理位置定位，使得基于搜索获取信息向直接获取定制服务的方式转变。地图应用从信息价值向服务价值转变，服务的最佳体现就是知识。无线网络传输速度和移动智能终端屏幕，也决定了地图服务必须知识化。

为顺应这种趋势，地理信息产业人员一方面在更广泛和更丰富的资源条件下向用户提供个性化、定制化的地理信息产品及相关服务；另一方面则重新审视地图用户需求和用图场景的变化，充分借鉴知识图谱、知识可视化、人工智能等领域的最新成果，利用本领域的空间思维、空间分析和地图可视化等核心能力对现有信息资源进行“深加工”，力求从知识层面寻求地理信息服务新的突破口和生长点，为不同领域人员的地学决策问题提供知识服务。这就要求空间知识地图必须准确把握时代脉搏，深入挖掘空间认知、空间思维、空间分析和空间表达等专业能力，充分发挥服务社会生产、满足日常生活的基本功能，在地图的跨领域应用和知识化服务方面发挥自身的作用。空间知识地图必须重点关注人员流动、人员交互、信息流动、知识流动等社会空间和信息空间领域，为不同领域、不同知识背景用户的瞬时地理行为决策提供知识化地图服务和智能化地图应用，甚至可以成为人们认识和研究地理环境、表达领域知识的有效手段和工具。

1.3.2 空间知识地图与地理

地图是地理学的第二语言。很长一段时期，地图作为地理著作的插图而存在，地图成为地理学家进行地理科学研究的独特视角和专门工具。地理学也一直为地图学的发展和进步提供持续动力。蔡运龙等（2012）在《地理学：科学地位与社会功能》一书中指出，地理学的科学功能就是通过建立普遍法则，将关于各种已知事物的认知联系起来，进而形成知识体系，可为进一步揭示、解释和预测未知事物提供理论支撑，为解决现实问题提供科学依据。

人们的行为都是在一定的时空范围内发生的。在ICT时代，数据获取、信息传输、数据处理等智能设备和技术的广泛运用，无形中增加了“人”（含类人脑、智能体等）的行为决策能力。环境感觉更多由雷达、摄像头等传感器来代替人工测量等手段，获取的环境信息更全面、透彻、实时，解决了长期困扰地图学的动态数据源问题。环境知觉和环境认知等由深度学习、大数据分析等人工智能运算代替人脑处理，获取的地理物象更加全面客观。充分利用知识图谱、知识可视化等表达手段，使得充分顾及用户及其群体行为习惯的空间图示更加客观、适人。与此同时，ICT的广泛应用，也引发了人类交流方式与社会关系的根本变化，产生了海量的、高质量的时空大数据，为研究人们的地理行为决策提供了强有力的数据支撑。

面对时空行为大数据制图和实时地理行为决策，空间知识地图不得不又一次向地理学寻找理论支撑。发轫于20世纪60年代的信息与通信地理学，主要研究ICT的地理特征及其社会内涵，特别关注信息与通信在空间中的组织与生产，ICT的空间动力，ICT对区域经济、人类交流与移动、社会关系与社区、空间与地方表征的影响，互联网和网络空间的空间维度，网络空间与传统地理空间的相互作用，以及其他与ICT有关的人文地理学议题（孙中伟和王杨，2013）。发源于行为科学的行为地理学，主要研究人类在地理环境中的行为过程、行为空间、区位选择及其发展规律。行为地理学主要是研究人类在环境感觉的基础上所产生的内在行为（心理行为）和外在行为（表现行为或社会行为）之间的关系，侧重于探讨人类的环境知觉、环境认知、地理物象、物象评价和外在行为等的机制作用和过程。正是由于这些机制作用和过程，人类才形成了一定的行为空间和区位选择。行为地理学把传统地理学的人地关系研究拓展到人类对不同地理环境的认识过程和行为规律的研究，从本质上揭示人与地理环境的空间关系实质，以弥补传统的人文地理学研究人文事件空间分布规律的缺陷和不足。

1.3.3 空间知识地图与地图学

地图学是一门古老的科学。它与最古老的天文学、地理学和几何学几乎同时诞生，并伴随世界文明一同发展。19世纪，随着自然科学的发展，地图学逐步与测量学、地理学分离，成为一门独立的完整的学科（陈昱，1980）。

空间信息技术的发展，使得人们对所处环境认识也更加全面和深刻。人类的认知范围已从地表空间扩展到地下空间、海洋空间、大气空间、太空空间甚至月球等其他星球空间；从欧氏地理空间拓展到网络虚拟空间、电磁空间、知识空间、社会空间、社交空间等非欧空间。事实上，对人们日常地学决策行为具有重大影响的不仅仅是客观的地理空间，还包括生理学、教育心理学、环境规划等相邻学科人员构成的社会空间。不同学科人员从自身学科的交叉发展和应用需求出发，提出了主观地图并取得了一系列进展。主观地图是一种思维地图，可认为是以一定的符号形式，经过概括综合来反映人脑空间信息映射的地图（马耀峰，2005）。其特征主要在于高度的抽象化和直观、简洁的符号化形式。生理学研究发现，在人脑中存在环境认知地图，由大脑中的海马神经元决定；教育心理学认为概念地图是知识的视觉化、图形化表征，许多学科利用它来表征和组织学科领域知识；规划环境领域提出认知地图是基于拓扑关系的环境映射。认知地图、概念地图、心象地图、虚拟地图是主观地图的不同表现形式。认知地图偏重于反映人们对客观世界的认知概况；概念地图强调了人的学习、解决问题的思维过程和结果；心象地图强调空间环境信息在人脑中的思维反映，强调了自我意识、主观意识、思想倾向、偏好等；虚拟地图则强调对客观知识的视觉化描述。与传统的客观地图偏重于对客观空间信息的直观精确表达相比，主观地图更偏重于对客观世界认知信息在人脑中映射的表达和显示。

如何实现不同空间的信息叠加、融合，如何将主观地图纳入地图学的研究范畴是地图学发展过程中必须解决的问题。地理科学的核心能力就是将发生的各种现象与所处的空间位置相关联。作为地理学“第二语言”的地图，在图层叠加和视觉表达方面具有天然优势。如何利用地图的形式去认知和表达非欧空间，建立欧氏空间和非欧空间的相互关联、叠加，是实现地理信息多维图解的必然途径，更是地图学新的研究领域。

ICT 时代，面向地理行为决策的空间知识地图，将地图对象空间从传统的以自然空间为主拓展到自然空间、社会空间和网络信息空间并重，这必然要求在理论基础、概念建模和地图表达等方面对传统地图学进行重塑。事实上，地图学发展过程中的每一次变革都离不开科学技术的推动。空间知识地图的研究更是涉及地理科学、思维科学、认知科学、人工智能、计算机科学、情报学、人体科学等诸多学科和技术。

空间知识地图可以有效解决不同领域人员对相同地理实体感知和认知的差异性问题，显式表达地理时空数据所蕴含的学科知识，实现地学知识在不同领域的传播、共享、重用和创新，提高非地理空间领域人员运用地学知识解决其面临的空间决策问题的能力，最终提供面向用户不同程度知识需求的地学知识服务。开展空间知识地图研究的意义主要有以下几点。

1. 拓宽地图学的研究范围

通过开展空间知识地图研究，使得地理空间、赛博空间、社会空间、知识空间等一系列与空间位置相关的信息和知识都纳入了地图学的研究范围。通过对地理空间实体及其关联的翔实描述和深刻分析，面向不同地图用户提供了不同抽象程度的空间信息和空间知识支持。从某种意义上说，空间知识地图的提出，使得地图学领域的普通地图和专题地图的界限变得越来越模糊：空间知识地图更多地可以看作其他领域知识与地理空间知识的融合叠加平台，地图也只有地理空间领域的空间知识地图和融合其他领域知识的专门知识地图之分。此外，空间知识地图为实现基于同一比例尺地图数据的多尺度表达进行了有益的探索。

2. 丰富地图的表达方式

与传统地图相比，空间知识地图不仅仅表达地理空间，还要表达深入分析地理空间形成的知识空间。知识的空间化表达是传统地图很少研究的领域。因此，需要在现有影像地图、二维地图、三维地图等表达体系的基础上，借鉴非空间数据的地理信息技术和知识可视化的研究成果，研究适合人们认知的不同类型的空间知识可视化方法，丰富传统地图学的地图符号体系。知识地图、概念图表、逻辑示意图、区域拓扑图、主题地图都可以作为地图的有效表达方式。侧重于知识关联的知识网络更有利于人们的空间认知，可以有效提高人们基于地图进行定性推理的能力。

3. 提供空间知识发现的新途径

现有空间数据挖掘大多是针对属性数据库的分析，难以发现具有时空规律的知识。空间知识地图将海量的地理空间信息按照不同的坐标框架体系进行可视化表达，用形象直观的方式展现数据不同属性空间的分布规律，便于人们充分利用自身的空间认知和思维能力分析视觉感知结果进而发现新知识。这种知识抽象程度更高，更能反映地理实体的内在规律性，更符合人们的认知习惯，是基于空间数据挖掘、统计分析、知识检索等方式所获取的知识无法比拟的。

4. 促进空间知识在不同领域的传播、共享和重用

空间知识地图通过知识可视化表达和知识服务，便于在不同领域人员之间传递、共享和重用知识，提高了其他领域人员应用地学知识和技术解决本领域面临的地学问题的能力。这使得地图可以广泛应用到室内空间导航、机场航班管理、电力资源管控、地下管网表达等诸多方面。

第 2 章　空间知识地图建模与表达相关理论和技术

空间知识地图是地图学发展到人工智能时代的必然产物，主要解决社会大众及类人智能体的地理行为决策问题，需要在地理空间认知、知识空间化表示、知识可视化表达、空间知识信息化传输及智能化应用等方面开展一系列探索性研究，涉及地理科学、认知科学、思维科学、信息科学、心理科学、计算科学、行为科学等诸多学科领域。其中，行为环境是空间认知的对象，空间认知是空间知识组织的基础，空间知识的有序组织是空间知识表示的基础，并决定了空间知识的表示方法（龚咏喜等，2016）；空间知识表示是知识空间化的前提，知识空间化是知识可视化表达的基础，并决定了知识可视化的表达方式。总之，空间知识地图涉及空间行为、行为空间、空间认知、信息传输、知识表示、知识表达、知识管理、知识空间化及知识可视化等一系列基础理论和关键技术。

2.1　行为地理学理论

2.1.1　理论基础

人们在某时某地或者借助某些设施只能完成特定的空间行为。人的空间行为既是对于某种环境刺激所产生的外在反应，又是各种时空因素制约下的必然结果。环境刺激既可能来自于外部现实环境，也可能来自于个人内生需求。时空制约因素既包括来自自然环境方面的地形地貌、水域、海拔、温度、湿度等因素，更包括来自社会制度、历史传统、风俗习惯及社会关系等的社会环境因素。

空间行为和空间决策始终是地理学持续关注和研究的对象。空间决策是空间行为的前提，空间行为是空间决策的结果。正确的空间决策受到个人知识背景和瞬时信息的共同作用，往往建立在认知地图（心象地图）客观性的基础之上（王家耀和陈毓芬，2000）。在面对某一具体地学决策情境时，地理学长期关注“认知地图如何影响人们空间选择和空间决策过程，如何影响人类空间行为产生并付诸实施”。然而，传统地理学对于人类时空行为的研究，往往把人类行为看成是相对稳定且可重复发生的一系列事件，认为人类行为具有客观性和稳定性，更多地关注地理环境的影响和制约。其将行为主体定义为“经济人”“理性人”（占有所有信息，拥有最佳信息利用能力，也就是处于普雷德行为矩阵模型右下角），将决策目的定义为寻求时空行为最优化。在地理意义上，这种最优化更多地体现在空间行为决策过程中一味追求空间距离最短。事实上，人们的行为决策往往并不是一味追求空间最优，更多的是在时空、社会等诸多因素制约下的一种“满意化行为”。人们进行行为决策时，仅仅取决于该决策是否达到或者超过一定的门槛或者阈值，而不是一味追求最优（Simon，1956）。

20 世纪 60 年代，伴随着计量革命与行为革命浪潮的兴起，地理学研究，尤其是人文地理学研究，开始逐渐追求社会化转向。行为地理学因此而兴起，强调在综合考虑时空环境因素制约条件下人的行为研究，强调在协调时空环境和时空行为关系时突出认知和决策因素的作用。其研究对象是人类空间行为的决策及认知过程，更加强调空间过程的成因及后果（柴彦威，2014）。

早期的行为地理学研究更多停留在人类行为特征的汇总层面，更加强调个人对于物质环境的选择和偏好。20 世纪 80 年代以来，在结构化理论的影响下，尤其是心理学、认知科学、地理信息科学等相关学科理论和技术的引入，行为地理学转为强调环境的作用，更加关注时空因素综合制约下的日常化、结构化行为，无意识的、非探索性的、反复空间的经验行为开始成为行为地理学的研究焦点（冈本耕平，2000）。

进入 21 世纪，随着 ICT、智能设备、移动位置服务、地理信息技术的迅猛发展与广泛应用，高精度微观时空行为数据开始批量生产。基于网络空间进行的人类活动（如微信视频、网购、外卖等）受到时空因素的制约逐步减少。人与环境的相互关系研究逐渐转向“人—网—地”的互动研究。人们的行为越来越受到来自社会制度、历史文化传统及人与人相互关系等各种社会因素的制约，人们的心理动机变得越来越复杂。如何面向人类活动所处的具体社会-物理情境，构建空间行为决策与空间位置、人之间的社会关系、个人知识背景等关联的决策模型，成为新时期行为地理学和地图学研究的热点。行为空间和空间行为更是成为行为地理学的核心研究问题。

2.1.2　行为空间

行为空间一般是指人类活动的地域界限，既包括人类直接活动的空间范围，也包括人类间接活动的空间范围（王恩涌等，2000）。人类直接活动的空间范围又称活动空间，是人们日常空间行为所直接接触的空间，如居住空间、工作空间、购物空间、旅游空间等。人类间接活动空间是指人们通过交流间接了解的空间，例如，通过网站、微信、QQ 等所认识的空间，通过书籍、报纸、杂志、电视、广播等传统媒介所了解的空间。直接活动空间与人们的日常空间行为密切相关，间接活动空间则激发人们的空间探索欲望，进而产生空间迁移行为。行为空间研究主要涉及时间与空间的问题、选择和制约的关系、活动和移动的问题（柴彦威和塔娜，2013）。

行为空间的研究往往从现实环境开始。在地理学领域，环境往往用与场所属性有关的变量以及由这些场所的相对空间位置衍生的变量来描述（Berry，1964）。行为主义研究者更加关注场所属性的认知和空间关系的研究。行为地理学则更加关注协调现实环境和人们空间行为关系时空间认知因子和空间决策变量的作用。按照英国地理学者 Kirk 和 Berlin（1963）的观点，物理事实世界和社会事实世界中的各类事实只有经过层层“价值过滤”进入行为环境，才能对人类决策（D）产生作用，才具有价值，如图 2-1 所示。这里的行为环境特指个人内在的或感知的环境，构成了行为决策或区位决策的基础。现象世界（现实世界）在行为环境里被映射为一组概念类型，并由处于特定文化背景的个人赋予意义和价值。行为

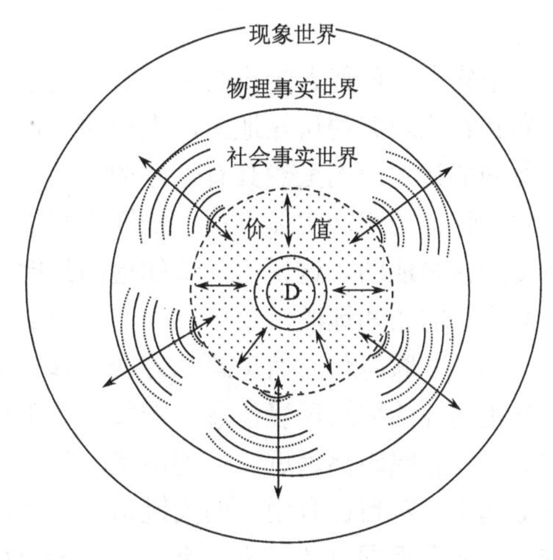

图 2-1　Kirk 和 Berlin 的决策者行为环境研究模型（Kirk and Berlin，1963）

环境与地理环境或现象环境互为对照。

行为环境研究的结果是形成特定人群的行为空间认知。行为空间认知既可能来自空间层面，也可能来自非空间层面（雷金纳德·戈列奇和罗伯特·斯廷森，2013）。在空间层面，行为空间认知往往被描述成一系列满足特定行为决策需要的列表（如工作地点附近停车场所、可预订饭店等）或者认知地图。在非空间层面，行为空间认知则是由构成行为环境的不同类型实体的多尺度属性空间形成的不同层次概念体系。行为空间认知使得人们可以对物理事实世界和社会事实世界的各类事物进行定位和排序。这正是进行空间决策并产生空间行为的前提和基础。

2.1.3　空间行为

为了进一步研究行为空间，必须更加深入研究人类的空间行为。与动物行为完全是受环境刺激产生的动物本能反应不同，人类的空间行为带有明确的目的指向性和特定的时空制约性。事实上，人们的日常空间行为，既受到地形地貌、气候气象、通行能力等客观自然环境的限制，也受到民族宗教、社会经济、历史文化等无形社会环境的制约，更受到个人认知偏好、经历阅历、瞬时情感等个人主观因素的制约。人类的空间行为可以看作自然环境、社会环境与个人认知三者相互作用的结果。

空间行为是人类对行为空间长期认知结果（认知地图）与受到环境刺激产生的个人内在生理和心理变化（瞬时信息）相互结合产生的外在反应，涉及感觉、知觉、认知、心象、决策、行为等地理行为全过程。根据不同的目的指向性，空间行为大致可分为政治决策行为、消费行为、城市生活行为、区位行为、危害适应行为、闲暇与娱乐行为、病态行为、迁移行为和选举行为等。

行为地理学对于空间行为的研究往往从个体层次的微观层面和汇总层次的宏观层面两个维度展开。二者分别对应于不同个体获取的瞬时信息和不同群体形成的认知地图。移动互联时代，高精度的海量时空行为大数据为二者的研究提供了海量的、多维度的数据支撑。

事实上，任何人的头脑中都具有关于不同行为空间的认知地图。离开这些具有特定空间方向和物象距离的认知地图，人们的一切空间行为都将难以进行。对于同一行为空间，不同个体间的认知地图虽然具有一定的个人差异，但往往具有空间结构的相似性以及反映行为空间主要特征的空间实体类型。长期共同生活在同一行为空间中的社会群体，往往具有更高相似度的认知地图。这说明，认知地图是客观存在的；经过一定程度的汇总，可以形成适应大多数个体的认知地图。

移动互联时代，信息瞬息万变。基于地理信息空间，人们可以快速获取海量的带有明确目的指向性的周边环境信息。例如，基于百度地图周边服务，可快速获取特定位置周边的不同饭店。按照距离远近、人均消费、美食类型可形成一系列饭店列表。如何从这些海量信息中筛选出“对自己有用”的关键信息，进而选择出适合个体的饭店，必须基于时空行为大数据建立面向不同群体、不同个体的决策模型。

因此，面向不同的行为空间、不同的空间行为，必须系统研究行为空间的构成要素和空间行为的形成机制，进而形成科学化和规范化的认知地图表达和空间行为决策模型，为人类行为决策提供强有力的数据、信息和知识支撑。

2.2　空间认知与信息传输理论

2.2.1　地理空间认知

1. 认知和认识

认知心理学是心理学的一个重要学派。认知和认识是心理学领域的两个基本概念。认识在我国心理学领域应用广泛、历史久远。认知最初仅被看作记忆过程的一个特殊环节，等同于记忆过程中的再认环节。《辞海》把认知看作“人类认识客观事物，获得知识的活动”。把认识概括为“人脑对客观世界的反映，包括感性认识和理性认识”。二者既具有共同性也具有差异性。共同性表现在二者都可以用于表征个体心理反应活动的过程和结果，原则上都适用于表征个体的感性反映活动及其结果。差异性体现在认识概念包含的范围较认知概念更为广泛：认知概念反映的范围仅仅包含个体的感性反映成分，相当于哲学中的感性认识和感性知识；认识概念反映的范围同时包含感性反映成分和理性反映成分，既包含感性认识和感性知识，也包含理性认识和理性知识。因此，认知概念更加关注动物、类人智能体（尤其是人）的知识获取、处理，更适宜于表征机械反应活动、动物的简单反应活动和人类感性反应活动的过程及结果。而认识概念虽然也可用于表征认知概念表征的基本含义，但是更适宜于表征人类高级心理反应活动过程及结果，特别是创造性的高级心理反应活动过程及结果。

随着认知心理科学和信息加工科学的兴起，认知这一概念逐渐得到人们认可。1986 年，荆其诚和张厚粲在其翻译出版的《人类认知：思维信息加工理论》一书中完全运用认知及与此相关的术语系统，表征与“cognition”相关的一切术语。朱智贤主编的《心理学大词典》和陈立主编的《心理学百科全书》均认为二者渊源相同，意义相容，都表示“人脑反映客观事物的特性和联系，并揭露事物对于人的意义与作用的心理活动”。

认知是人们根据视觉、听觉等感知到的信息与刺激来推测和判断客观事物的心理过程，是在过去的经验和对有关线索进行分析的基础上形成的对信息的理解、分类、归纳、演绎及计算。认知既包括内在心理结构和过程，涉及感知、注意、思考和推理、学习、记忆及语言和非语言交流；也包括外在象征结构和过程，例如，辅助内在认知传输的空间分析结果的地图形式化表达或书面规则。目前，研究人员越来越多地研究情感在认知过程中的作用。伴随着认知心理学在我国的兴起和传播，认知概念含义诠释呈现出日益多样性和不确定性的特点。有人把认知看作信息加工的过程；有人把认知看作问题解决或思维的过程；有人把认知看作个体以已有知识结构接纳吸收新知识，使旧知识得到改造和发展的过程。现代认知心理学则更加强调认知的结构意义。

2. 地理空间认知

空间认知心理学主要研究大脑如何进行处理加工空间信息的问题，是心理学、生理学、计算机科学和地理学结合的产物。地理空间认知（geospatial cognition），也称为空间认知，主要涉及地理空间参照、地理概念、空间关系、不确定性及认知相关的空间知识表达（如自然语言形式和可视化图表形式）和空间行为（如寻路和导航）等主题。地理学开展空间认知研究主要基于三个方面的考虑：一是关于空间和场所的空间认知正是对于“人-环境”或“人-地”关系这一地理学永恒主题的表达；二是地理学家试图利用空间认知去改善对传统地学现象的解释，例如，人们到何处购物多大程度上取决于个人对距离购物地点的远近及道路连通情况的认识；三是通过空间认知，正确把握人们对地图或者地理信息产品所表达空间关系的认识过程，有助于改善相关产品设计和使用体验（Montello，2001）。除了地理学家和地图学家之外，空间认知还被建筑师、规划师、心理学家、哲学家、计算机科学家和生物学家等广泛使用。与其他学科相比，地理空间认知更加关注地球表面与人类日常活动密切相关的宏观空间，如人们的迁徙、旅行、定居、工作、餐饮等。

空间认知是关于空间结构、空间实体和空间相互关系的知识、心理或认知层面的描述，也是对空间和思想的内部化反映和重构（Hart and Moore, 1973）。空间认知是研究人们对周围地理事物的位置、形状、空间分布、相互关系及其动态变化认识过程的一门科学，不仅关注地理事物和事件的空间分布，还关注与其空间属性相关的丰富的地理语义。这里的空间属性包括地理对象的形状、长度、大小、距离、方向、模式等（Montello，2004），是空间知识的重要来源。空间认知研究知识获取、存储、检索和应用的全过程，有助于正确认识人类空间知识，形成机理，有助于最大程度发挥空间知识在人类行为决策和地学分析中的潜力，对于空间知识获取、传递和共享具有重要的指导作用，属于思维过程的研究范畴。

在现代地理学中，空间认知研究最早出现在 20 世纪初的地理教育工作中。20 世纪 60 年代，行为地理学家开始关注空间认知问题，研究人类对自然灾害的反应问题（White，1945；Saarinen, 1966），提出人类推理和决策的理论和模型（Cox and Golledge，1969）。Wolpert（1964）揭示了移民模式下的决策过程，标志着行为地理学的确立。1960 年，美国学者凯文·林奇借助认知心理学和格式塔心理学的方法，在城市设计领域首次提出城市意象五要素，即道路、边界、区域、节点和标识物五类。行为地理学在理论建构和问题解决的过程中进行了多学科交叉集成研究，有效提高了行为决策过程中认知的科学性和行为结果预测的准确性。

1992 年，Goodchild 提出地理信息科学的概念。作为一门交叉学科，地理信息科学越来越受到人们的重视。地理空间认知作为地理信息科学的理论基础更是得到人们的广泛关注，成为地理信息科学的一个重要研究领域。认知科学、行为地理学、地图学结合本领域应用开展了大量的研究。1995 年，美国国家地理信息与分析中心（National Center for Geographic Information and analysis, NCGIA）发表了“Advancing Geographic Information Science”报告，提出地理信息科学的三大战略领域：地理空间认知模型研究、地理概念计算方法研究、地理信息与社会研究，分别对应人类如何对地理空间进行概念化和推理、地理概念如何被形式化和计算实施，以及地理信息的社会应用和服务（Goodchild et al.，1999）。1996 年，美国大学地理信息科学研究会（University Consortium for Geographic Information Science，UCGIS）将空间认知作为其长期研究计划之一（UCGIS，1996）。为了支持 NCGIA 继续推动和发展地理信息科学，自 1997 年开始，美国国家科学基金会（National Science Foundation，NSF）连续 3 年资助 Varenius 项目。该项目在认知方面的优先研究方向包括：地理特征的形式化概念，动态现象的认知和表达，空间知识的多重模式和参考框架，地理实体的本体、心象地图、空间关系的形式化等。2000 年 Raper 的《多维地理信息科学》和 2002 年 Peuque 的《空间和时间的表征》先后出版，对地理信息科学背景下的认知研究作了综述，涉及范围非常广。地理信息科学被认为是地理学、制图学、测量学、数学、计算科学、心理学、哲学、语言学、经济学、社会学等领域智能内容和方法的集成。Montello（2009）提出，人文学科和认知科学在目标、基础概念（本体）和方法（认识论）方面有明显差别，虽然人文学科提出了关于空间、场所、思想和行为的丰富的、有价值的思考，但是并不能与认知科学相提并论；在分析认知研究现状的基础上，提出近期空间认知领域为：GIS 中人的要素、地学可视化、导航系统、认知地理本体、地理和环境的空间思考和记忆、地理教育的认知问题。地理信息科学认知的进一步研究包括：推荐的方法（眼动记录、功能性磁共振成像）、理论方法（情景认知、演变认知、认知神经系统学）、具体问题（用户如何将不确定的元数据运用到推理和决策过程、K-12 空间思考教学过程中 GIS 的作用、过度依赖导航系统的不利因素）。具身认知是心理学中一个新兴的研究方向。鉴于具身认知与地理空间认知关注主体的相似性，林珲等（2020）提出虚拟地理环境空间认知包含三个层次：①基于多维表达与多通道感知的地理相似性认知，强调人的感知性和融入沉浸感，使人能够以自然的交互方式获得类似于真实地理环境的信息；②面向现象演变的地理过程认知，将具有地理参考的地学过程模型植入认知环境中，通过传感器网络提供数据以模拟地理现象的实时变化，为地理空间认知研究重现真实的地理空间环境；③基于认知心理学与社会情感计算的行为认知与分析，在认知环境中，通过认知实验研究人的行为，并进行模拟分析。

总之，随着地理信息及其相关理论、技术的普及，地理空间认知的研究越来越深入，越来越具体。其他学科的研究成果和研究思路，对空间认知的研究具有明显的借鉴意义。

2.2.2　地图空间认知

自 20 世纪 60 年代以来，行为科学和认知科学中的一些其他学科也都为空间认知问题贡献了自己的研究思路和方法。其中，心理学中的感性心理学、认知心理学、发展心理学、教育心理学、工业/组织心理学和社会心理学的子领域都对人类如何获得和使用关于现实世界的空间和非空间信息的问题进行了研究。尤其是实验地图学和行为地理学的兴起，如何利用地图去认知环境和传递空间信息这一思维过程引起了地图学者的兴趣；人工智能时代，时空行为大数据的涌现又使得准确记录和正确认识人们空间行为的过程成为可能。

为了弄清“地图是人类认知环境空间的结果又是依据的信息加工机制”和“地图设计制作的思维过程”，高俊（1992）将认知科学引入地图学，提出了地图空间认知理论：人们认识自己赖以生存的环境，包括其中的各事物、现象的相关位置、依存关系及它们的变化和规律。地图空间认知主要研究如何设计地图才能达到最佳的传输结果，地图用户如何利用地图获取空间信息及如何利用获得的信息来认识地理空间环境并指导人们的空间行为。在高俊提出地图空间认知理论之后，先后对地图空间认知在地图设计专家系统、地理信息系统及作战虚拟环境仿真中的作用进行了系统研究。许多地图学者也先后阐述了各自的地图空间认知观点，主要包括地图空间认知理论框架研究、虚拟地形环境中的空间认知研究、地图空间认知实验研究、电子地图空间认知研究、网络地图空间认知研究、移动地图空间认知研究、地图空间认知理论在旅游、城市环境等领域的应用研究等。

地图空间认知涉及认知制图和心象地图两个重要概念（王家耀和陈毓芬，2000）。认知制图就是从大量的外部环境信息获取到大脑的采集、编码、使用和存储的一系列心理转换过程。认知制图的转换过程并不限于特定的感觉通道，而是多种感觉通道的融合。其制图对象不仅包含自然环境，还包括社会、政治、经济、文化等人文环境，人们大脑中存储的环境记忆、空间概念、空间认知方法等精神环境，以及对人们记忆和体验环境产生影响的其他环境。认知制图被看作空间认知的一部分，而空间认知又是人类环境认知的关键环节。认知制图在人们形成空间概念和空间能力，进行空间行为决策的过程中发挥着重要作用。

认知制图的结果称为认知地图或者心象地图。心象地图是一个复杂的概念。它不仅仅反映现实世界存在的各类具体事物，而且还反映人类大脑中存在的过去的、想象的、虚构的信息。它不仅仅反映地理事物的空间属性，也反映地理事物属性蕴含的语义和价值。它与现实世界中的地理事物不是一一对应的欧氏投影关系，而是对现实世界的一个不完整的、歪曲的、多尺度的描述（雷金纳德·戈列奇和罗伯特·斯廷森，2013）。心象地图反映了个人的空间认知能力和空间知识储备。它混合了个人不同时段、不同方式所获取的信息，由一系列不同细节层次的知识结构构成。这些知识结构不是一成不变的，而是随着年龄、受教育程度和个人经历、阅历而不断发展变化。Farling 等（1979）提出心象地图是长期储存的日常物质环境中物体与现象相关区位的信息。Lieblich 和 Arbib（1982）将心象地图看作一部图集而不仅仅是一幅地图。Golledge（1985）提出“为了完成特定任务能够从心象地图集中激活单幅心象地图”。

心象地图通常被认为是人们对现实世界感知的心象图示，可以看作个人头脑中具有的外部环境知识的储备。心象地图本质上是人们认识现实世界的个人模型，是人们认识和改造周围环境的一种工具，在人们的行为决策过程中具有重要作用。哪怕是上班、上学、购物甚至给陌生人指路，都需要心象地图这一大脑中空间信息记忆的产物的支持。当面对特殊的地理场景时，往往根据个人意愿临时构建特定的心象地图。这一心象地图既包括特定时空背景里一些共同的认识，也包括个性化的空间认知。心象地图的共识部分构成了信息传输的基础，个性化部分则提供了个人独特行为决策的依据。事实上，心象地图不是一个孤立的实体，而是一个有情境的、动态的、在感觉信息和行为之间提供交互机制的实体（雷金纳德·戈列奇和罗伯特·斯廷森，2013）。

为了弄清心象地图的形成过程和作用机制，不同学科的学者做出了积极的探索。1948 年，Tolman（1948）在《鼠脑与人脑中的认知地图》一文中首次提出“认知地图”（也就是心象地图）这一概念，发现动物不使用以前习得的路径也可从起点直接到达目的地的这一自寻捷径现象。Golledge 和 Rushton（1972）引入了利用距离与非距离的多维标度法，来复原潜藏在人们相似偏好和评价下的空间结构。Briggs（1972，1973）提出心象地图在去哪里、走哪条路、以何种方式去等空间问题上帮助人们作出决定，在空间行为决策过程中发挥重要作用。人们进行决策的质量（无论是个体决策还是集体决策）往往与所占有的信息质量相关。Garling 和 Golledge（1989）提出，如果知道人们对不同环境的偏好、感知和态度，那么在规划和政策制定与社会大众需求之间将会更好地找到最佳结合点。王家耀和陈毓芬（2000）提出心象地图的认知过程包括感知过程、表象过程、记忆过程、思维过程四个环节。人在解决问题时，一般并不去寻求最优方法，而只要求找到一个满意的方法。

总之，地图空间认知既包括地理空间信息的认知和地理空间图像的认知，也包括为充分利用计算机强大的计算、绘图功能及制图者丰富的经验、技巧而对制图过程的认知。地图空间认知的研究可以有效改善地图和地理信息科学的可用性、传输效率和认知效果等。

2.2.3 知识地图空间认知

知识地图的空间认知，不仅涉及客观的自然空间，还涉及虚拟的社会空间和地理信息空间，以及面向地理行为决策，聚合自然、社会和地理信息空间信息的行为空间。因此，知识地图的空间认知主要研究作用于地理行为决策的行为环境，包括如何从物理事实世界和社会事实世界经过数据抽取、价值过滤、数据融合形成行为空间，以及如何基于行为空间进行地理行为决策。知识地图空间认知流程如图 2-2 所示。

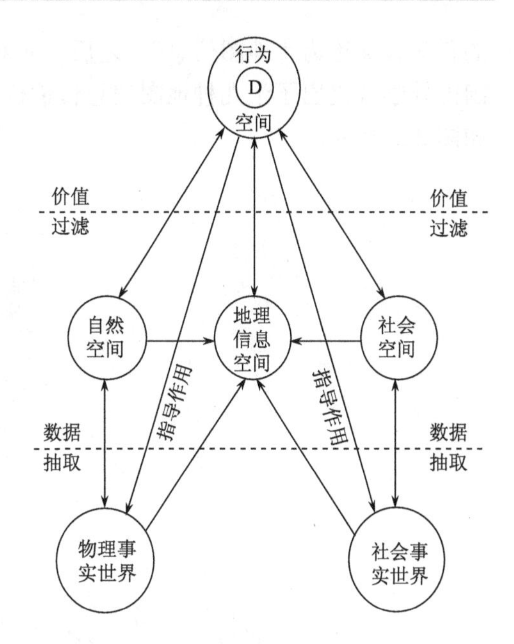

图 2-2　知识地图空间认知流程

知识地图空间认知从物理事实世界和社会事实世界的数据获取开始，面向不同领域和不同应用形成相应的自然空间和社会空间。而地理信息空间既是现实世界的孪生体，又是物理事实世界、社会事实世界、自然空间、社会空间中的各类数据、信息、知识的复合体。面向不同人员、不同地学行为决策需求，实时动态从自然空间、社会空间和信息空间中通过层层价值过滤获取“对自己有用的信息”，形成行为空间。基于行为空间，人们产生地理行为决策并付诸实施，作用于物理事实世界和社会事实世界，最终完成空间认知和地理决策过程。知识地图空间认知通过对现实世界中地理实体属性（位置、大小、距离、方向、形状、模式、运动和物体内部关系等）和知识空间中地理知识属性（位置、关系、距离、表达等）的认知，通过感知、加工、记忆、传递和解译空间信息、空间知识来逐步加深对周围环境的认识。知识地图空间认知既是空间信息加工的过程，又是空间知识处理的过程，可为人们认知空间环境、处理复杂地学问题提供强有力的知识支撑。

与传统地图空间认知强调自然地理空间认知及空间信息的处理、传输相比，知识地图空间认知更加强调与地理行为决策密切相关的自然空间、社会空间和地理信息空间的综合认知，更加强调行为空间构建及地理行为决策。因此，知识地图空间认知的研究对象更加复杂，思维过程更加抽象，思维结果对于现象世界的认识更为深刻。知识地图空间认知结果可为人们认知行为环境、处理复杂地学问题提供强有力的方法论和知识支撑。

综上所述，与地理空间认知和地图空间认知强调自然空间认知及空间信息的处理、传输相比，知识地图更加关注知识空间的认知、空间信息与空间知识的相互转化以及地理知识的传播、共享和重用。知识地图中的知识网络可以看作地图空间认知过程中心象地图的形式化表达。知识网络作为知识的空间化表示，其符号和构图与传统地图具有明显区别，使得空间认知范围从欧氏地理空间扩展到非欧知识空间。基于知识网络的空间认知，虽然仍然需要经历感知、注意（表象）、记忆、思维四个环节，但是其思维过程更加抽象，思维结果对于地理现象的认识也更为深刻。对于空间知识的认知过程，更多是体现人们“创造性的高级心理反应活动过程及结果”的深刻“认识”，为了保持概念的连贯性，知识地图的空间认知仍然使用“认知”这一概念。

2.2.4　知识地图信息传输

地图信息传输理论是地图学的基本理论，主要研究地图信息的传递过程和方法。1969 年，捷克地图学者柯拉斯尼在《制图信息——现代制图学的一个基本概念和术语》一文中首次提出地图信息传输的观点（王家耀和陈毓芬，2000）。柯拉斯尼将地图上的每个符号和符号组合的科学含义称为“地图信息”。之后，面对电子地图、网络地图等不同地图产品和地图应用，国内外学者提出了十几种地图信息传输模型。柯拉斯尼的地图信息传输模型应用更为广泛，如图 2-3 所示。

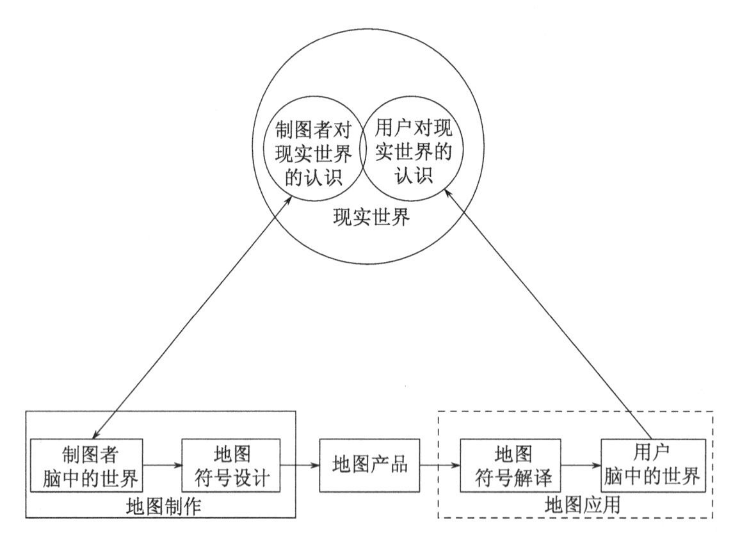

图 2-3　柯拉斯尼的地图信息传输模型（王家耀和陈毓芬，2000）

柯拉斯尼地图信息传输模型将地图制作和地图应用结合成单一过程。与一般信息传输系统类似：制图者对现实世界的认识相当于信号源，用户对现实世界的认识相当于信息恢复；地图符号设计相当于信息编码，地图符号解译（根据图例进行识图）相当于信息解码；地图产品则相当于信息的载体和通道，地图的作用就是完成地图制图人员和地图用户之间的空间信息传输。与一般信息传输系统信息量会因为噪声而产生损耗不同，由于地图用户知识背景、认知习惯等因素，地图传输的信息量不一定会产生损耗，还有可能比实际传递的地图信息有所增加。

移动互联时代，人人都是 VGI 提供者，人人都是制图员，人人都是地图用户，地图制图门槛大大降低，使在线制图、实时制图成为可能。地图的跨领域、跨行业应用成为新常态，地图已成为人们不可或缺的工具。面向多样化、实时化地图应用，仅仅只传递地理空间信息，很难进入用户行为空间和决策过程。为从知识层面满足用户地理行为决策需要，实现知识在不同领域的传递、共享和重用，知识地图的信息传输必须面向地图应用，着眼人们地理行为的全过程。知识地图信息传输模型如图 2-4 所示。

与传统地图信息传输相比，知识地图信息传输在传输内容、传输形式、传输效率等方面有明显差异。在传输内容上，传统地图主要传输制图者对现实世界（尤其是自然空间）的认知结果，更多侧重地理实体及其空间格局，是对地理空间数据、地理空间信息和地理事实知识传输；知识地图主要传输面向用户地理行为决策所构建的行为空间认知结果，涉及与地理行为决策过程相关的自然空间、信息空间、社会空间及知识空间，更加强调地理事实知识和地理程序知识的传输。在传输形式上，传统地图更多采用地图符号设计的方式进行地图信息的编码和解译；知识地图则面向用户知识背景和认知习惯采用数据可视化、信息可视化和知

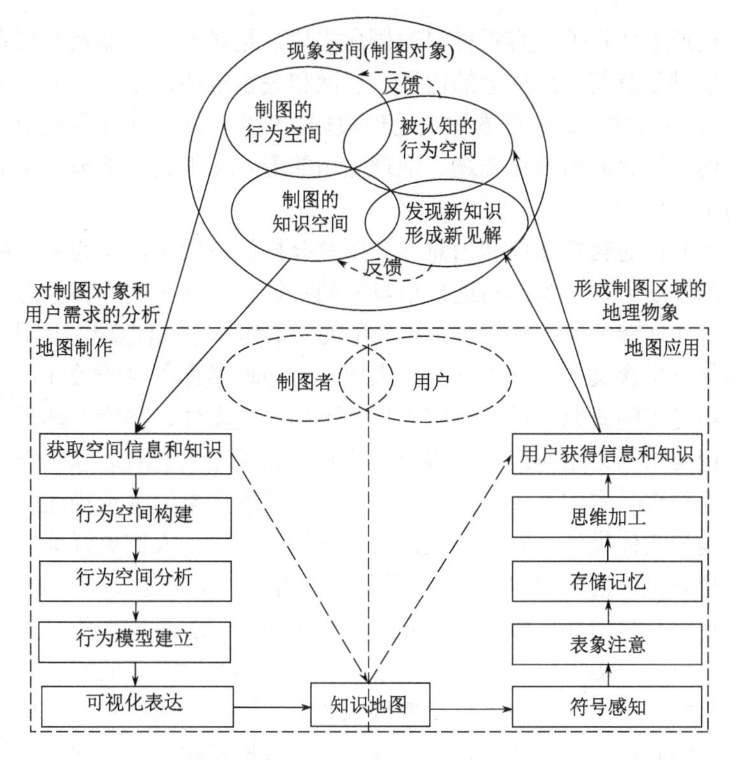

图 2-4　知识地图信息传输模型

识可视化等方式，对地理行为决策所需的空间数据、空间信息、空间知识进行可视化表达。知识地图的符号解译不仅仅局限于识图用图，还涉及空间知识学习和空间工具应用。在传输效率上，传统地图必须经历地图制作、地图产品和地图应用全过程；而知识地图制作过程中，地图用户参与地图制图全流程，地图用户和制图人员界限模糊，地图制作与地图应用不再泾渭分明，一旦用户获取的信息和知识满足其行为决策需要，则可不再继续后续制图过程（如图 2-4 中虚线箭头所示）。在产品形态上，传统地图必须遵循相应的图式规范；而知识地图产品可能仅是制图中间成果，在形式上、内容上与传统地图产品存在明显不同。

2.3　地理本体与知识表示技术

2.3.1　地理本体

1. 基本概念

随着科技的进步，不同学科领域的交叉应用越来越普遍。交叉学科已经成为我国第 14 个学科门类。为了实现知识在不同领域的传播、共享、重用和创新，迫切要求人们将本领域数据、信息、知识进行本体重建、计算机存储和网络化共享。地理信息科学领域概莫能外。地理信息科学主要描述客观世界的物理结构。本体论则关注人们所描述客观世界的概念结构。为了更好地理解现实世界，必须实现二者的有机结合。地理信息科学领域引入信息本体便产生了地理本体的概念和理论。

地理本体是将表示地理实体及其关系的数据、信息和知识通过概念化处理、明确化定义和形式化表达等一系列处理后，抽象成由达成共识的地理对象及其关联关系构成的概念体系的理论和方法。地理本体是关于客观世界的概念描述，是对地学现象及其关系本身的认知和表达，侧重于地学对象及其关系概念的内涵、层次和关系描述，是一个概念体系，具有一定的扩充性（吴立新等，2006）。地理本体是地理数据、信息、知识在计算机中重建和表达的基础。地理本体为地理概念的明确化描述、地理知识的形式化表达、地理应用的知识化服务等提供了强有力的基础。

黄茂军（2005）在对哲学本体和信息本体研究分析的基础上，认为空间特征是地理本体区别于其他本体的本质所在，提出与地理信息空间特征相关的空间本体概念（与空间位置，空间形状和大小等几何特征，以及空间关系等相关的本体），指出地理本体具有哲学本体、信息本体和空间本体三重含义。哲学本体突出表现在对地理事物本身的关注，主要涉及地理概念、类别、关系和过程的研究。地理时空本体、不确定性本体、尺度本体是哲学本体的重要体现。哲学本体论与认知论相对应，地理空间认知理论关注人们对地理事物和地理现象的主观认知过程，而地理哲学本体理论关注对地理事物和地理现象的客观描述。通过哲学本体的研究，尤其是对地理实体类型、实例及关系的本体描述，便于人们更好地认知现实世界，为空间知识地图的建立提供恰当的概念模型，避免现有的数据模型与人类空间认知习惯的差异。信息本体主要通过对共享的地理概念的明确的形式化描述，解决地理信息共享与互操作、基于语义的地理信息集成及地理信息服务等问题。空间本体通过对空间特征的形式化表达，形成位置本体、几何本体和空间关系本体，使得地图形式明确表达的空间结构以一种机器可读和理解的方式进行编码存储。空间本体是进行空间关系推理和空间位置检索的基础。

地理本体按照不同逻辑层次建立地理实体及其关系的概念模型，使得不同领域人员对于地理实体具有一个共同的认知基础。其明确的定义也便于空间知识的形式化描述。知识地图引入地理本体，一方面便于建立一个与人们空间认知习惯相一致的概念模型；另一方面便于知识的明确的形式化描述，通过将通用的静态知识和利用这些知识解决实际地学问题的动态任务相分离，使得知识表达、知识推理、知识检索和知识服务成为可能。

2. 技术体系

随着 3S 技术的普及、网络地图服务的发展及 VGI、Web3.0 的兴起，空间数据、信息、知识、系统、服务得到了前所未有的普及应用。但是，这些服务由于许多是面向特定领域、特定应用的，普遍产生了“可共享不可共用”的问题。地理本体作为一种思想、方法和技术，在现有科学技术条件下为解决该问题提供了一种新的视角和途径。自提出以来，地理本体逐渐成为地理信息科学的研究热点。许多学者面向不同应用，提出了一系列本体分类及构建原则、地理本体的形式化描述、现有地理本体、地理本体的推理机制。

1）本体分类及构建原则

从本体建构和工程应用的角度出发，许多专家从不同的角度对本体进行了分类。Guarino（1998）依据详细程度将本体区分为参考本体和共享本体或者离线本体和在线本体。其中，共享本体（在线本体）常表现为用户之间共享的同义词库，参考本体（离线本体）则包含同义词库所使用术语解释或者使用该词汇表的知识库。依据领域依赖程度将本体划分为顶级本体、领域本体和任务本体、应用本体，这种划分方式也比较具有代表性。顶级本体描述的是独立于特定问题或领域的通用概念，如空间、时间、物质、对象、事件、行为等。领域本体和任务本体通过特例化顶级本体中的术语来描述特定领域的概念，并对领域知识结构和内容加以约束，用来解决一般领域或一般任务和活动中的语义共享问题。应用本体描述依赖于特定领域和具体任务的概念，主要面向特定应用开展研究。本体分类层次如图 2-5 所示，图中箭头表示本体间特例化关系。

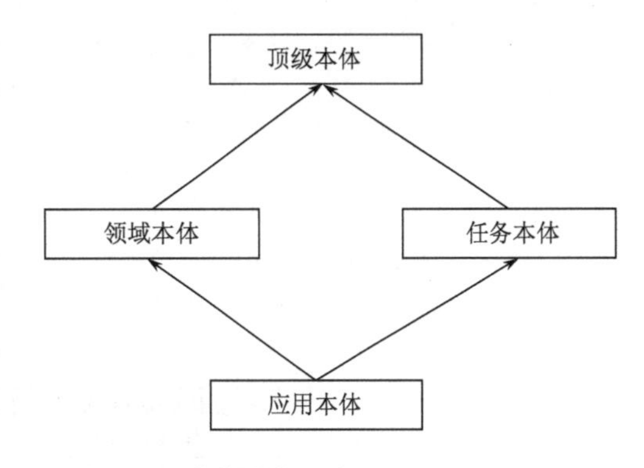

图 2-5　本体分类层次（Guarino，1998）

本体构建是一件费时费力的工作。虽然不同的学者面向具体的应用，研究和设计了大量的本体，但是目前仍没有关于本体构建的通用原则和方法。主要原因在于：不同领域人员对相同的事物认识不同，难以达成一致性共识；由于本体还没有统一的标准，本体的共享和重用还比较少；此外，地理本体的形式化描述能力有限。Grube（1995）提出了本体设计的五条规则。

（1）清晰性（clarity），本体的定义是客观的、独立的，可有效传递所定义术语的预期含义。

（2）一致性（coherence），本体所定义的规则在逻辑上应该是一致的，本体应该认可基于定义所产生的推论。

（3）可扩展性（extendibility），本体应该为一系列可预见任务提供概念基础，以便于人们在不修改现有本体的前提下，可基于现有术语来为特定应用定义新的概念。

（4）最小编码偏好（minimal encoding bias），为便于知识共享，本体的概念化应该在知识层面进行，而不依赖特定的符号编码。

（5）最小本体承诺（minimal ontological commitment），本体应该对所建模对象尽可能少地进行声明，以便本体的使用者可根据需要对本体进行特例化和实例化。

本体构建的常用方法有：Uschold 和 Gruninger 的骨架法（skeletal memodology）、Gruninger 和 Fox 的企业建模法（TOVE-Toronto virtual enterprise）、Holsapple 和 Joshi 的合作方法、Methontology 方法及以及由斯坦福大学医学情报组提出的“七步法”。

空间数据、信息和知识具有明显的层次性、多样性、尺度性和时空相关性。与其他本体相比，地理本体构建流程更加复杂。Staub 等（2008）认为建立一个具有完整性和一致性的地理本体是一件不可能完成的任务：一方面是因为不同领域人员对地理本体的认知和划分不同；另一方面，不同的形式化描述方式结构迥异。虽然目前还无法构建地理信息科学的顶级本体，但是并不妨碍面向特定领域和具体任务构建领域本体和任务本体，更可面向具体应用开发应用本体。经过对现有不同地理本体的梳理分析，不难发现地理本体主要由地理概念、属性、关系、公理和规则及实例等一系列要素构成。地理本体的构建过程就是识别和表达这些要素的过程。地理本体构建基本步骤如图 2-6 所示。

2）地理本体的形式化描述

地理本体尽管本质上可独立于任何一种具体的表示语言，但往往也需要采用某种形式化语言去描述。本体的表示语言有十几种，可分为传统的本体表示语言和可用于网络环境下的本体标记语言两大类（黄茂军等，2004）。传统的表示语言就是在 XML 标准出现以前，各个研究小组开发出来的本体表示语言，主要有一阶谓词逻辑语言知识交换格式（knowledge interchange format，KIF），基于框架的 Ontolingua、OKBC、OCML 等，基于框架和一阶谓词

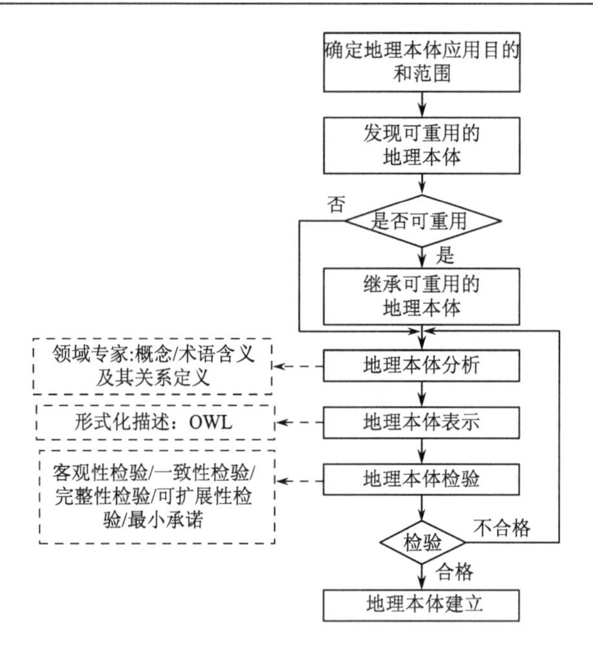

图 2-6　地理本体构建基本步骤

的 FLogic、CycL 等，以及基于描述逻辑的 LOOM 等。本体标记语言是基于可扩展标记语言（extensible markup language，XML）标准开发的语言，主要有 XML、RDF、RDF Schema、OIL、DAML、DAML 与 OIL 结合而产生的 DAML+OIL 及万维网本体语言（web ontology language，OWL）等。图 2-7 是万维网联盟（world wide web consortium，W3C）提出的本体标记语言栈。

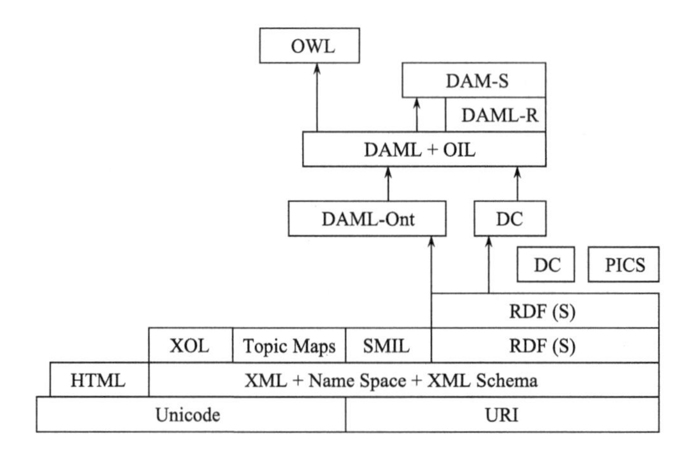

图 2-7　本体标记语言栈

OWL 是一种网络本体标记语言，是 W3C 推荐的“本体语言栈”的一部分，主要用于对本体进行语义描述。OWL 是针对各方面的需求在 DAML+OIL 的基础上进行改进而开发的。它一方面保持了对 DAML+OIL / RDFs 的兼容性，另一方面又保证了更加强大的语义表达能力，同时还保证了描述逻辑（description logic，DL）的可判定推理。因此，W3C 的设计人员针对各类特征的需求制定了三种相应的 OWL 的子语言，即 OWL Lite、OWL DL 和 OWL Full。

OWL Lite 提供给那些仅需要一个分类层次和简单约束的用户，表达能力较弱，支持从辞典（thesauri）和分类系统（taxonomy）到 OWL Lite 的快速转换。OWL DL 用于那些需要最强表达能力和推理系统（支持计算的完全性和可判定性）的用户，包括 OWL 语言的所有成分，但有一定的限制（一个类不能同时是一个个体或属性，一个属性不能同时是一个个体或类），支持已有的描述逻辑商业处理和具有良好计算性质的推理系统。OWL Full 用于那些尽管没有可计算性保证，但有最强的表达能力和完全自由的 RDF 语法的用户。它允许本体增加预定义的（RDF、OWL）词汇的含义，但不能保证该本体可判定推理。OWL 三种子语言的表达能力递增，计算能力依次下降，每个子语言都是上一语言的扩展。

OWL 遵循面向对象的思想，按照 XML 语言格式实现，主要包含类、实例和属性三种基本元素，以类和属性的形式清晰地描述领域内各种概念的含义及这些概念之间丰富的语义关系。相对于 XML、RDF 和 RDF Schema 仅能够表达网上机器可读的文档内容，OWL 拥有更多的机制来表达语义。

由于地理本体的空间特性，OWL 在处理地理本体的空间特征时明显存在不足。黄茂军（2005）借助部分-整体学、位置理论和拓扑学三个理论工具对地理本体概念的空间位置和空间关系进行了形式化描述，并建立了一套公理体系。此外，传统的规则知识表达方法（如基于产生式的表示法、组合表表示法、代数表示法和基于逻辑的表示法等）表达的时空推理规则尚不能很好地使用 OWL 进行描述，与 OWL 描述的地理本体知识交互困难。

3）现有地理本体

（1）开放式地理信息系统协会（Open GIS Consortium，OGC）地理本体。目前，OGC 提出两个用 OWL 表示的本体标准，一个是地理标记语言（geography markup language，GML）本体标准，另一个是空间参考坐标（spatial referencing by coordinates，SRC）本体标准。

（2）基于标准的 OWL 本体。一些 ISO 标准使用 OWL 语言写入地理本体，具体包括：Conceptual schema language（ISO/CD TS 19103）；Geographic information: Spatial schema（ISO 19107:2003）；Geographic information: Temporal schema（ISO 19108:2002）；Geographic information: Rules for application schema（ISO/FDIS 19109）；Geographic information: Methodology for feature cataloguing（ISO/FDIS: 19110）；Geographic information: Spatial referencing by coordinates（ISO 19111:2003）；Geographic information: Spatial referencing by geographic identier（ISO19112: 2003）；Geographic information: Metadata（ISO 19115:2003）；Geographic Information: Metadata application（ISO 19115:2003）。

4）地理本体的推理机制

本体实现了领域知识的分类化和层次化。基于应用本体，用户能够方便地在概念层次上描述信息需求，通过本体推理获得领域中特定形式的知识集合，进而运用本体中的知识来辅助解决语义问题。本体推理实质就是把隐含在显示定义和声明中的知识通过一种处理机制提取出来。本体开发人员可依托本体推理检测本体定义中存在的冲突，消除不一致性，优化本体表达，实现本体融合。知识管理、语义检索、自然语言理解等不同本体用户可应用本体推理获取特定形式的知识集合并用于解决实际问题。

本体推理机是实现语义检索和本体推理的关键技术，主要由本体解析器、查询分析器、推理引擎、结果展现和 API 等五大模块组成，如图 2-8 所示。其中，本体解析器负责读取和解析本体文件，决定了推理机能够支持的本体文件格式。查询分析器负责解析用户的查询命令。推理引擎是本体推理机的核心部件，负责接收解析后的本体文件和查询命令，执行推理流程，决定了本体推理机的推理能力。目前，大部分推理引擎是基于描述逻辑的。结果展现主要面向用户需求实现对推理结果的展现，决定了本体推理机能够支持的文件输出格式，常用的文件格式有 XML、RDF、OWL 等。API 主要面向开发用户，一般包括 OWL-API、DIG 接口和编程语言开发接口三部分。OWL-API 为用户操作 OWL 本体文件提供一种标准接口。DIG 接口为描述逻辑推理机系统向外提供服务提供了一组标准的接口，作用类似于数据库中的 ODBC。常见编程语言接口主要有 Lisp 和 Java 两种，大部分本体推理机系统是采用这两种编程语言实现的。

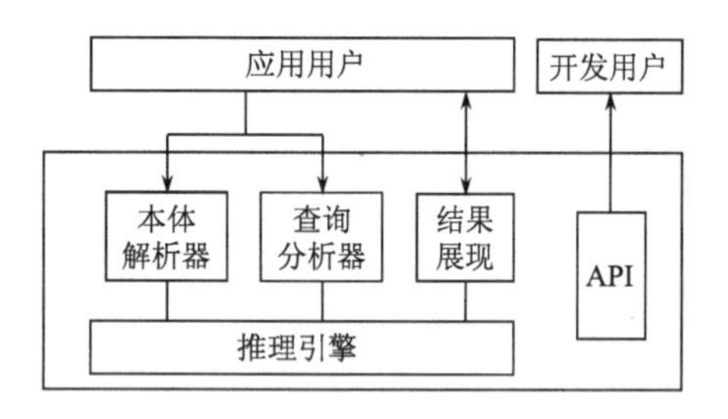

图 2-8　本体推理机系统架构

本体推理常用的方法有：以 Pellet、Racer 和 FaCT++为代表的基于传统描述逻辑的推理方法；以 Jess 和 Jena 为代表的基于规则的方法；以 F-OWL 为代表的基于逻辑编程的方法；以 Hoolet 为代表的基于一阶谓词证明器的方法。下面以 OpenKG（中文开放知识图谱联盟）搜集和整理知识图谱所使用的技术工具 Jena 为例对本体推理过程进行说明。

Jena 是惠普（HP）公司开发的一个基于 Java 的开放源代码语义网工具包，为解析 RDF、RDFS 和 OWL 本体提供了一个编程环境及一个基于规则的推理引擎，可以作为地理本体的推理机使用（丁晟春和顾德访，2005）。Jena 系统架构图如图 2-9 所示，具体包括：用于对 RDF 文件和模型进行处理的 RDF API，可将 RDF 模型转换为一组 RDF statements 集合；用于对 RDF、RDFS、OWL 文件（基于 XML 语法）进行解析的解析器，支持基于 Protégé 构建的本体；支持 MySQL、Oracle、PostgreSQL 和 Microsoft SQL 数据存储的 RDF 模型持续性存储方案，兼容 Linux 和 Windows 系统；用于检索过程推理的基于规则的推理机子系统，包括基于 RDFS、OWL 等规则集的推理，也可自己建立规则，由于这些规则是针对具体本体语言构建的，推理机效率较高；用于对 OWL、DAML+OIL 和 RDFS 等构建的本体进行处理和操作的本体子系统，可为 OWL、DAML+OIL 和 RDFS 提供不同的接口支持；用于 RDF 数据查询的 RDQL 查询语言，可伴随关系数据库存储一起使用，以实现查询优化。

基于本体的语义检索系统的核心技术就是语义推理。其流程是：采用 Protégé 创建 OWL 的本体模型；由 Jena 根据 OWL 本体定义对原始数据进行 RDF 资源标注，形成带有语义信息的数据；结合 Jena 或者其他第三方推理机对本体关系进行推理分析，然后根据推理得出的信息用 SPARQL 语言实现对标注后数据的检索。

当前，地理信息的大众化、智能化应用已成为常态。基于地理本体实现地理信息集成、互操作、语义共享、语义检索等已成为新一代 GIS 的发展趋势。与其他本体推理相比，地理本体推理必须解决以下两个问题：一是地理时空信息的语义关系和时空关系的表达；二是时空推理规则的表达（Stock，1997）。

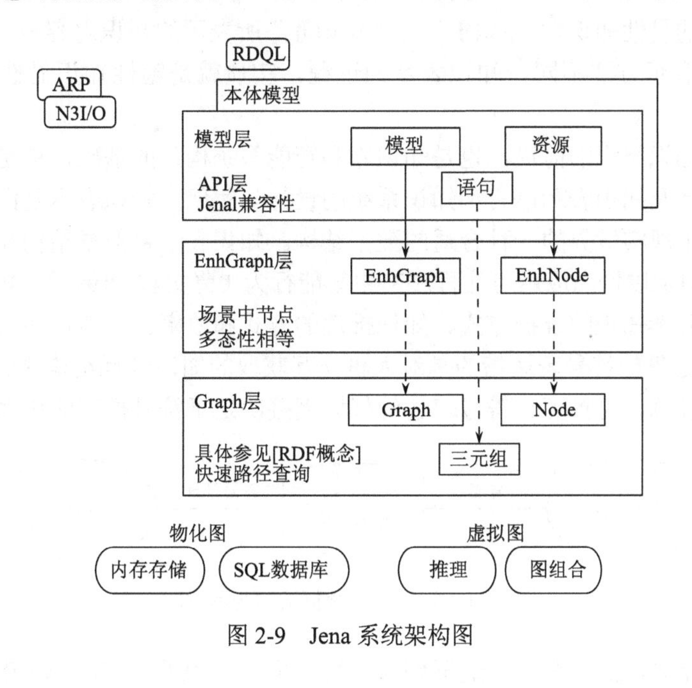

图 2-9　Jena 系统架构图

2.3.2　知识表示

1. 基本概念

知识表示（knowledge representation）将关于现实世界的事实、关系、过程等各类知识编码成计算机可存储、可运算的数据结构，是对知识的一种描述或者一组约定，是知识的符号化、形式化或模型化过程。这里的知识是指以某种结构化的方式表示的概念、事件和过程。不是所有的人类知识都能进行知识表示，只有限定了范围和结构、经过编码改造的知识才能进行知识表示。这些知识大致可以分为四类：现实世界中所认知对象的概念性知识；现实世界中有关认知对象的事件、行为、格局、状态等静态知识；现实世界中所认知对象过程演化规律等动态知识；关于知识应用的程序性知识。知识表示过程示意图如图 2-10 所示。

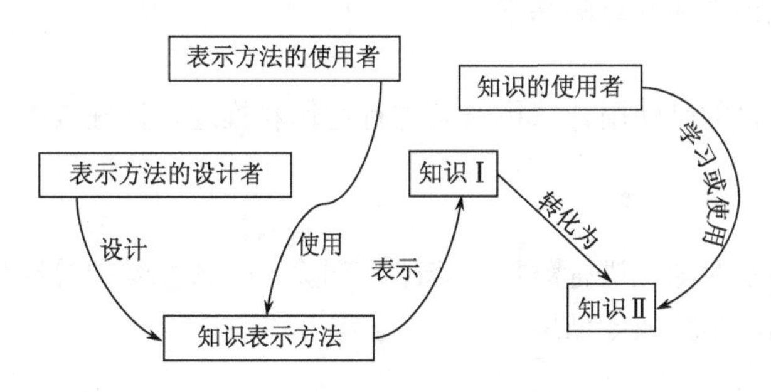

图 2-10　知识表示过程示意图

设计者针对不同领域、不同类型的问题设计各种各样的知识表示方法；表示方法的使用者根据特定应用目的将领域知识选择合适的表示方法编码成人或计算机可存储、可理解、可运算的形式；知识的使用者通过学习使用相关知识，解决各种现实问题。图 2-10 中的“知识

Ⅰ”表示领域内的隐性知识或以其他表示方法表示的知识。“知识Ⅱ”是采用所选择的知识表示方法编码而成的显性知识。“知识Ⅰ”与“知识Ⅱ”所表示的知识内容是一致的，区别仅仅是所采用的知识表示方法不同。知识表示的过程，实质就是隐性知识显性化、显性知识形式化的过程。

知识表示是知识组织的前提，也是知识库和智能系统构建的基础，更是人工智能领域的一个重要分支，涉及知识表示语言和知识系统的设计与实现。知识表示是面向特定领域和特定应用构建的关于现实世界的一种合适的数据结构。知识表示将数据结构和解释过程结合起来，如果在程序中加以恰当应用可让程序产生智能行为（曹文君，1995）。知识表示后的数据结构直接决定了后续知识的维护方式、知识推理的方式和效率。智能化系统框架结构示意图如图 2-11 所示，这里的符号表达指的是对人机交互获取的知识进行结构化表示，进而使得计算机可识别、可计算、可推理。符号表达的好坏直接决定了符号推理的优劣。

图 2-11　智能化系统框架结构示意图

有关知识表示方法的研究可以追溯到人工智能早期。20 世纪 50～60 年代，就先后产生了逻辑知识表示、产生式规则及语义网络等知识表示方法。70 年代，随着知识工程在人工智能领域地位的确立，基于框架和脚本等的知识表示方法广泛用于专家系统开发。90 年代以来，随着互联网的兴起，基于本体和语义 Web 的知识表示方法成为网络时代知识表示的主流方法，出现了很多人工构建的大规模知识库。面向不同的用户和不同的问题，同一知识可以采用不同的表示方法。但不同的表示方法往往产生不同的应用效果。因此，知识表示需要研究表示与控制的关系，与推理的关系及与其他领域的关系，建立知识与其表示方法之间的映射关系。评判知识表示方法是否恰当一般采用以下标准。

1）表示能力强

知识表示需要在语义上能较好地反映领域知识的含义，在语法上能够方便地识别和处理。这是进行计算机识别和计算的基础。

2）推理效率高

知识表示的最终目的是使用计算机对其进行运算和推理。推理效率是知识表示成败的重要指标。

3）维护成本低

知识表示往往涉及对知识进行添加、修改、删除、一致性维护等操作。好的知识表示保证这些操作简单易用，维护成本低廉。

2. 常用方法

目前使用的知识表示方法主要有：自然语言表示、谓词逻辑表示、语义网络、框架、产生式规则、概念图、Petri 网、面向对象等。这些知识表示方法都有其自身的局限性，仅限于表示某些特定领域的知识（张强，2007）。下面简要介绍语义网络表示法、逻辑表示法、产生式表示法、框架表示法、面向对象表示法、描述逻辑表示法、基于 XML 的表示法、本体表示法等常见的知识表示方法。

1）语义网络表示法

知识表示源于 20 世纪 60～70 年代发展的语义网络（semantic network）。1967 年，Quillian（1967）首先提出作为人类联想记忆的一个显式心理学模型——语义网络，随后在他设计的可教式语言理解器（teachable language comprehenden，TLC）中用作知识表示。1972 年，西蒙（Simon）将其用于自然语言理解系统。直到 20 世纪 80 年代末 90 年代初，语义网络才被人们进行形式化，作为基于逻辑的知识表示语言使用。KL-One 是第一个关于语义网络并且基于逻辑的形式化系统。

语义网络是通过概念及其语义关系来表达知识的一种网络图（通常为单向无环图），是关于知识节点及其关系的链接表示。从图论的角度来看，其实质就是带有标识的有向图，能够十分自然地描述客体之间的关系。语义网络利用节点和弧构成的有向图描述事件、概念、状况、动作及客体之间的关系。知识管理领域的知识地图可以看作语义网络的典型应用。

在语义网络中，节点表示各种事物、概念、情况、属性、动作、状态等，可以拥有若干属性（甚至可以是一个语义子网络，形成一个多层次嵌套结构），一般用框架或元组表示，并采用标注的方式来区分节点所表示的不同对象。弧表示节点之间的各种语义联系，既有方向，又有标注。方向表示节点之间的主次关系；标注指明被连接节点之间的某种语义关系。一个最简单的语义网络是一个三元组（节点 1，弧，节点 2），称为一个基本网元。当多个基本网元用相应的语义关系联系在一起时就形成了语义网络。语义网络结构示意图如图 2-12 所示。语义联系反映了节点间的语义关系。由于现实世界中语义关系很复杂，语义联系也是多种多样的。常用的语义联系包括：ISA/AKO 联系（表示事物间抽象概念上的类属关系，体现了一种具体与抽象的层次分类）；Part-of 联系（表示某一事物的部分和整体间的关系，或者表示一种包含关系）；Is 联系（表示一个节点是另一个节点的属性）；Composed-of 联系（表示“构成”语义，是一种一对多关系）；Have 联系（表示属性或事物的“占有”关系）；Located 联系（表示事物间的位置关系）；If-then 联系（指出两个节点间的因果关系，常用于表示规则性知识）。除了 ISA/AKO 联系之外其余语义联系都不具备继承关系。

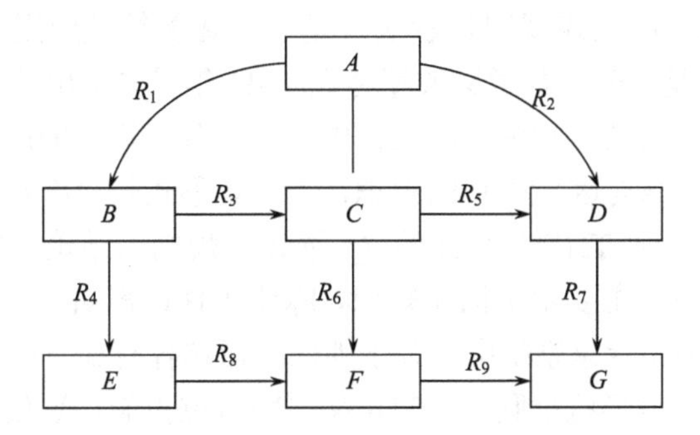

图 2-12　语义网络结构示意图

语义网络是一种结构化的知识表示方法，可把事物的属性及事物间的各种语义联系显式地表示出来。下层概念节点可以继承、补充、变异上层概念的属性，从而实现信息的共享。其最大的不足是没有公认的形式表示体系（语义联系仅依赖于个别开发人员和使用它们的个别系统）。其常见的推理方法是匹配推理和继承推理，这些推理方法也要基于个别实现策略而不是形式语言来实现。通过语义网络实现的推理，不能保证其结果的正确性。

2）逻辑表示法

逻辑表示法是指各种基于形式逻辑的知识表示方法，常用于自动定理证明、问题解答、机器学习等领域，是人工智能领域使用最早和最广泛的知识表示方法之一。它主要利用逻辑公式描述事物的状态、属性、概念等事实性的知识及事物间确定的因果关系，不能表示不确定性的知识。逻辑表示研究的是假设与结论之间的蕴含关系，即用逻辑方法推理的规律（朱习军和李斌，2000）。逻辑表示法主要分为命题逻辑和谓词逻辑。

命题逻辑是数理逻辑的一种，常采用逻辑运算符（联结词）联结原子命题的方式来形成代表“命题”的公式，允许将某些公式建构成类似“定理”的一套形式化“证明规则”。例如，用命题逻辑表示“如果 a 是偶数，那么 $2\times a$ 是偶数”这一知识。首先定义原子命题，P：a 是偶数；Q：$2\times a$ 是偶数。最后用逻辑运算符联结相关原子命题，形成该知识的命题逻辑表示：$P\rightarrow Q$。

谓词逻辑是对命题逻辑的扩充，是在命题逻辑的基础上引入了个体词、谓词、量词及函数符号等基本概念。其中，个体词表示研究对象中可以独立存在的具体或抽象个体，个体的取值范围称为“个体域”或“论域”；谓词是定义在某一集合上的取值为“真”或“假”的函数，用来刻画个体的行为属性或个体间的相互关系；量词表示个体的数量属性；函数符号用来解决命题的符号化问题。基于谓词逻辑，人们可以描述较为复杂的知识、事实，甚至动作。如果谓词 P（$X_1\ X_2\cdots X_n$）中的每个变量都不是谓词，则称它为一阶谓词。在人工智能领域，使用一阶谓词逻辑表示知识较为常用。例如，用谓词逻辑表示“自然数都是大于等于零的整数”这一知识。先定义相关谓词：N（x）：x 是自然数；I（x）：x 是整数；GZ（x）：x 是大于等于零的数。则该知识可表示为：（$\forall x$）（N（x）（GZ（x）$\wedge I$（x）），$\forall$（x）是全称量词。

逻辑表示法是一种典型的事实性知识表述方式，与人类自然语言最为接近，具有自然性、精确性、灵活性和模块性等优点。但由于其将知识表示与知识应用相分离，推理效率较低。为了运用它所表示的知识，人们需要另外开发问题求解程序或者定理证明程序。

3）产生式表示法

产生式表示法又称为产生式规则表示法，是人工智能领域应用较多的一种知识表示方法。“产生式”这一术语是由美国数学家波斯特在 1943 年首先提出的（张仰森，2004）。1972 年，纽厄尔和西蒙在研究人类认知模型的过程中开发了基于规则的产生式系统。

产生式通常用于表示只有因果关系的知识，其基本形式是“IF P THEN Q”。IF 后面的 P 描述了规则的先决条件，而 THEN 后面的 Q 描述了规则的结论。因此产生式表示又称为 IF-THEN 表示。该表示方法主要用于描述知识、陈述各种过程知识之间的控制及知识间相互作用的机制。例如，在地图专家系统中，关于地图投影选择有如下产生式知识：IF 制图区域位于南北纬 30°～60°，区域形状呈圆形；THEN 斜轴方位投影，置信度为 0.95。其中，置信度又称为规则强度，用来度量规则的可靠性。

把一系列产生式放在一起，互相配合，协同工作，以求得问题的解决，这样形成的系统称为产生式系统。一个产生式系统由以下三个基本部分组成：规则库，用于描述知识的产生式集合；综合数据库，又称为事实库，用于存放输入的事实、外部数据库输入的事实及中间结果和最后结果的工作区；推理机，是一个或一组程序，用来控制和协调规则库与综合数据库的运行，包含推理方式和控制策略。

产生式系统常用事实表示静态知识（如事物、事件和它们之间的关系），用产生式规则表示推理过程和行为。通过产生式规则，易于表示启发性知识，特别是直接演绎处理领域特殊问题的信息。由于这类系统的知识库主要用于存储规则，又称为基于规则的系统（rule-based system）。该系统表现形式单一、直观，有利于知识的提取与形式化，其问题求解过程符合人的认识过程，且计算机容易实现，有利于问题求解和专家系统的建立。

4）框架表示法

1975 年，美国著名的人工智能学者 Minsky（1975）在其论文“A framework for representing knowledge”中提出了框架理论，认为其是理解视觉感知、自然语言交流及其他复杂行为的基础。框架理论的核心思想是人们对现实世界中各种事物的认识都是以一种类似于框架的结构存储在记忆中。当面临一个新事物时，人们就会从记忆中找出一个合适的框架，并根据实际情况对其细节加以修改、补充，进而形成对当前事物的认识。

框架表示法是以框架理论为基础发展起来的一种结构化的知识表示方法。在该方法中，框架是一种把认知对象（一个事物、一个事件或一个概念）的相关知识存储在一起的复杂数据结构，是知识表示的一个基本单位。一个框架的主体是固定的，表示某个固定的概念、对象或事件。其下层由若干个“槽”组成，用来描述认知对象某一方面的属性及其与其他相关对象间的复杂关系。每个槽又可划分为若干“侧面”，用于描述相应属性的一个方面。槽和侧面所具有的属性值分别称为槽值和侧面值，既可以是数值、字符串、布尔值，也可以是一个在满足某个给定条件下需要执行的动作或过程，还可以是另一个框架的名称，从而实现一个框架对另一个框架的调用，表示出框架之间的横向联系。无论是对于框架，还是槽或侧面，都可以为其附加上些说明性的信息，一般是指一些约束条件，用于指出什么样的值才能填入槽或侧面中去。

相互关联的框架连接起来组成框架系统，或称框架网络。在用框架表示的知识系统中，事物之间的联系通过在槽中填入相应的框架名来实现，事物之间具体的语义关系则由槽名来指定。为了指称和区分不同的框架及各个框架内的不同槽、不同侧面，需要分别给它们赋予不同的名字，称为框架名、槽名及侧面名。常用的槽名包括：ISA 槽（指出对象间概念上的类属关系）、AKO 槽（表示对象间的类属关系）、Instance 槽（表示 AKO 槽的逆关系）、Part-of 槽（描述“部分”与“全体”的关系）、Infer 槽（标识两个框架所描述事物间的逻辑推理关系）、Possible-Reason 槽（与 Infer 槽的作用相反，用来把结论与可能的原因联系起来），等等。

由以上讨论可知，框架是一种集事物各方面属性的描述于一体，并反映相关事物间各种关系的数据结构。框架表示法能够很好地反映人们在观察事物时的思维方式，能够对知识的内部结构及其相关关系进行形式化描述，主要用于描述事物的内部结构及事物间的类属关系。其最大不足在于对过程性知识的表示能力不够。

5）面向对象表示法

自 1980 年施乐（Xerox）公司推出面向对象语言 SMALLTALK-80 及其环境以来，面向对象技术引起了计算机界的普遍关注，广泛应用于计算机软、硬件的多个领域，如面向对象程序设计方法学、面向对象数据库、面向对象操作系统、面向对象软件开发环境、面向对象硬件支持等。在面向对象方法中，类、子类、具体对象（又称为类的实例）构成了一个层次结构，子类可以继承父类的数据及操作。

面向对象的知识表示方法就是以对象为中心，把对象的属性、动态行为、领域知识和处理方法等有关知识封装在表达对象的结构中。它按照面向对象的程序设计原则形成一种混合知识表示形式。在这种方法中，知识的基本单位就是对象，每一个对象是由一组属性、关系和方法的集合组成。一个对象的属性集和关系集的值描述了该对象所具有的知识；与该对象相关的方法集用来操作属性集和关系集中的值，表示该对象作用于知识上的知识处理方法，包括知识的获取方法、推理方法、消息传递方法及知识的更新方法。面向对象的这种层次结构及继承机制直接支持了分类知识的表示。知识可按类以一定层次形式进行组织，类之间通过链实现联系。

6）描述逻辑表示法

描述逻辑表示法基于框架的系统由语义网络发展而来，它的出现带来了描述逻辑的发展。描述逻辑又称为术语逻辑、分类逻辑或者概念逻辑，是一种基于对象的知识表示的形式化语言。描述逻辑包含概念（一元谓词，表示领域中某类对象或个体的集合）、关系（二元谓词，表示个体之间的二元关系）和构造因子（相当于逻辑运算符，如合取、析取、否定、存在量词等，可以建立复杂的概念和关系）三个成员，是一阶逻辑的一个可判定子集。描述逻辑被认为是对框架系统、语义网络及面向对象表示等已有知识表示工具的逻辑重构和统一形式化。随着对描述逻辑的深入研究，描述逻辑已经广泛应用于软件工程、概念建模、信息综合、查询机制、软件管理和自然语言处理等诸多领域。目前，描述逻辑作为本体语言，在语义网络中发挥了巨大的作用。

描述逻辑的理论基础是一阶逻辑。一阶逻辑是一种形式语言系统，研究的是假设和结论之间的蕴含关系（在数学上被定义为偏序集），可以看作自然语言的一种简化形式，具有很强的表达能力（Roeper，2004）。命题逻辑是最简单的一阶逻辑，可以形式化地表达语义的真假。命题是以逻辑方式对这个世界的表达（有时也被称为陈述），在特定逻辑形式里存在三个真值（真、假、未知）。命题逻辑的基本构件只能是一个个命题，而不涉及个体。因此，它不能深入命题分析实例、类或特征的关系，知识表达能力弱。为了解决该问题，人们提出了谓词逻辑。特征和个体都可以表示在谓词逻辑中。最常用的谓词逻辑是一阶谓词逻辑。它可以更细致地区分语义，不同的谓词可以涉及同一个实体。这样一来，一阶谓词逻辑又由于表达能力过强而导致相关推理算法过于复杂，无法有效控制推理时间。

与传统专家系统的知识表示语言相比，描述逻辑更关心知识表示能力和推理计算复杂性之间的关系。描述逻辑在知识表达能力和推理复杂度之间寻找平衡，能够提供可判定的推理服务。其主要的推理方法包括分类、可满足性问题、包含关系及实例检测。以描述逻辑作为技术思路进行知识表示具有以下优点：为知识表示建立了基于逻辑的形式化手段；为合理、可追溯的推理方法建立了坚固的理论和逻辑基础。

7）基于 XML 的表示法

XML 又称为可扩展标记语言，是标准通用标记语言（standard general markup language，SGML）的一个子集，是一种元语言，用来传输和存储数据。XML 由一系列规范组成，主要包括：文档类型定义（document type definitions，DTD），用来定义元素的类型、属性及它们之间的联系；可扩展样式语言（extensible stylesheet language，XSL），用来对 XML 文档进行格式化；可扩展链接语言（extensible link language，XLL），分为 Xlink 和 XPointer，用来定义 XML 文档的链接和寻址（贾素玲等，2005）。在 XML 中，数据对象使用元素描述，数据对象的属性可以表示为元素的子元素或元素的属性。

基于 XML 的知识表示，采用 XML 的 DTD 来定义一个知识表示的语法系统，通过定制 XML 应用来解释实例化的知识表示文档。知识表示结果以 XML 文档的形式呈现。一个 XML 文档由若干个元素构成，数据间的关系通过父元素与子元素的嵌套形式体现。在知识应用过程中，通过维护数据字典和 XML 解析程序把特定标签所标注的内容解析出来，以“标签”+“内容”的形式表示出具体的知识内容。XML 实现了数据内容和数据表现方式的分离，主要描述数据本身而不是数据显示格式，在分布式知识表达、异构系统知识传递等方面具有明显优势。但是作为一种定义文档结构的描述语言，对复杂对象的描述能力非常有限。因此需要结合具体应用，探索和其他知识表示方法的联合表示。

8）本体表示法

本体能够以一种显式、形式化的方式来表示语义，提高异构系统之间的互操作性，促进知识共享。基于本体的知识表示，可统一应用领域的概念，通过构建本体层级体系来表示概念之间的语义关系，最终实现人类、计算机对知识的共享和重用。本体层级体系由类（classes，通常也写成 concepts）、关系、函数、公理和实例等五个基本的建模元语组成。英文 WordNet 和中文 HowNet 是基于本体技术构建的典型领域本体知识库。领域本体知识库中的知识，不仅通过纵向类属分类，而且通过本体的语义关联进行组织和关联。

知识表示是构建知识库的关键，知识库是智能系统运行的基础。知识表示方法选取得合适与否不仅关系到知识库中知识的有效存储，而且也直接影响着智能系统的知识推理效率和对新知识的获取能力。在实际应用过程中，一个智能系统往往采用多种知识表示方法。

目前，知识表示研究的发展方向是从完整的思维形式及认知模式的角度出发，对不确定、模糊的知识进行定义和描述（如对人脑神经机制、信息传递和细胞触发形式等的研究），进而在本质上考虑形象思维的问题求解过程。随着语义网概念的提出和自然语言处理领域词向量等嵌入技术手段的出现，基于网络的知识表示技术逐渐兴起，出现了一批以维基百科、百度百科为代表的群集智能。大规模知识获取方法取得巨大进展。采用连续向量方式来表示知识的研究成为现阶段知识表示的研究热点。

2.3.3　知识图谱

1. 知识图谱技术

谷歌知识图谱（Google knowledge graph）属于知识工程的研究范畴。1994 年，图灵奖获得者费根鲍姆提出，知识工程就是将知识集成到计算机系统从而完成只有特定领域专家才能完成的复杂任务。1998 年，Web 之父 Tim 提出了 Semantic Web 的概念，希望把传统基于超文本链接的 Web 逐步转化为基于实体链接的语义网，实现从 the web of documents 到 the web of data 的转变。2006 年，以维基百科、百度百科为代表的大规模网络知识资源的出现和以网络爬虫等大规模网络信息提取技术的进步，使得大规模知识获取和大规模领域知识库建设取得了巨大进展。与传统知识库相比，这些知识库的知识大多是自动或半自动获取的，规模动辄数十亿甚至上百亿。知识工程已变为从互联网上自动或半自动获取知识，建立基于知识的系统，以提供互联网智能知识服务。目前，知识图谱是知识驱动的互联网智能应用的基础设施，与大数据和深度学习一起，成为推动互联网和人工智能发展的核心驱动力。

知识图谱技术是指知识图谱建立和应用的技术，是融合认知计算、知识表示与推理、信息检索与抽取、自然语言处理与语义 Web、数据挖掘与机器学习等方向的交叉研究（中国中文信息学会语言与知识计算专委会，2018），大致包括知识图谱构建技术、知识图谱查询和推理技术及知识图谱应用技术。知识图谱以结构化的形式描述客观世界中的概念、实体及其关系。实体是现实世界中的客观事物，概念是对具有相同属性事物的一种概括和抽象。人们通过概念认识客观世界，基于概念实现社会交流。知识图谱将网络信息表达成更接近人类认知习惯的形式，在互联网语义搜索、智能问答、基于知识的辅助决策分析等领域得到广泛应用。

知识表示是知识获取与应用的基础，是知识图谱构建的关键。与传统知识表示方法相比，知识图谱对规模的扩展需求使得知识表示方法逐渐发生了四个方面的变化（中国中文信息学会语言与知识计算专委会，2018）：①从强逻辑表达向轻语义表达转向；②从注重 TBox（某种概念的集合）的概念型知识向注重 ABox（具体的个体概念或者关系）的事实型知识转向；③从以推理为主要应用目标向综合搜索、问答、推理、分析等多方面的应用目标转向；④从以离散的符号逻辑表示向以连续的向量空间表示转向。

2. 知识图谱的知识表示

现实世界拥有不计其数的实体。人的大脑中拥有数以万计的概念。这些概念和实体之间又存在海量的复杂关系。现代知识图谱常常采用三元组的形式表示概念、实体及其相互关系。谷歌和百度的知识图谱都包含超过千亿级别的三元组。阿里巴巴于 2017 年 8 月发布的仅包含核心商品数据的知识图谱也达到百亿级别。现代知识图谱对知识规模的要求源于“知识完备性”难题。冯·诺依曼曾估计单个个体的大脑中的全量知识需要 2.4×10^{20}bit 来存储。这就导致大多数知识图谱都面临知识不完全的困境。再加上知识图谱是语义搜索、智能问答和大数据分析的重要数据基础，与深度学习和机器学习有着深度集成的需要。这就造成知识图谱的知识表示方法主要分为两类：一个是面对知识规模的挑战，弱化强逻辑表示，以三元组为基础的基于符号的知识图谱表示方法；另一个是面对机器学习和深度神经网络的发展，基于向量的知识图谱表示学习。基于符号的知识图谱表示方法主要用来表示显性知识，能处理较为复杂的知识结构，具有可解释性，支持复杂的知识推理。基于向量的知识图谱表示学习，易于捕获隐性知识，易于与深度学习模型集成，但可解释性差，对复杂知识结构的支持不足，不支持复杂推理。目前，基于符号和基于向量的知识图谱表示并存并逐步相互融合。

1）*基于符号的知识图谱表示方法*

目前，大多数知识图谱的实际存储方式都是以传统符号化的表示方法为主，都是对语义网的表示模型进行扩展或删改。语义网以数据的语义为核心，以机器可理解的方式描述网络信息，从而使得高效信息共享、自动信息获取、多源信息集成、机器智能协同成为可能。Tim（2000）为未来的网络发展提出了基于语义的体系结构，如图 2-13 所示。

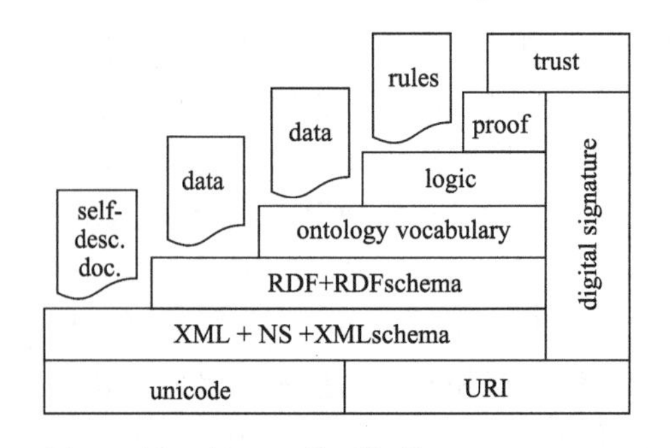

图 2-13　语义 Web 体系架构（Tim，2000）

语义 Web 栈共包含七层，自下而上各层功能逐渐增强。第一层是字符集层，是整个语义网的基础。其中，统一编码（unicode）是一个字符集，负责处理资源的编码。统一资源标识符（uniform resource identifier，URI）用于唯一标识网络上的一个概念或资源，负责资源的标识。第二层是标记语言层，是语义网体系结构的重要组成部分。其中，XML 灵活的结构性、由 URI 索引的命名空间（name space，NS）而带来的数据可确定性及 XMLschema 所提供的多种数据类型及检验机制，使得该层从语法上表示数据的内容和结构，通过使用标准的语言将网络信息的表现形式、数据结构和内容分离。第三层是资源描述框架层，用于描述资源及其类型。其中，RDF 是一种描述万维网信息资源的语言，可以看作一种标准化的元数据语义描述规范。资源描述框架模式（RDFschema，RDFS）使用一种机器可以理解的体系来定义描述资源的词汇，提供词汇嵌入的机制或框架。第四层是本体词汇层，用于对在 RDF（S）基础上定义的概念及其关系的抽象描述。第五层是逻辑层，负责提供公理和推理规则，在下面四层的基础上进行逻辑推理操作。第六层是验证层，根据逻辑陈述进行验证，以得出结论；第七层是信任层，通过 proof 交换及数字签名，在用户间建立信任关系，是语义网安全的组成部分。第二、第三、第四层是语义网络的关键层。其中，第二层为语义网络提供语法支持，第三层为语义网络提供数据支撑，第四层为语义网络提供语义共享。第六、第七层尚处于设想阶段。

RDF 是语义网的核心，也是语义网的数据模型，提供了描述现实世界的基本框架。下面以 RDF 为例简要介绍基于符号的知识图谱表示方法。RDF 在形式上表现为由资源（subject）、属性（predicate）和属性值（object）构成的一个三元组（triple）。这样的一个三元组构成一个逻辑表达式或者关于世界的陈述（statement），实质是一个有向标记图。RDF 三元组示意图如图 2-14 所示。其中，资源是一切可以用 RDF 表示的对象，包括网络信息、抽象概念、现实事物和人等。资源用唯一的 URI 来表示，统一资源定位符（uniform resource locator，URL）是 URI 的子集。属性用来描述资源的特征或资源间的关系，用于定义资源的属性值、描述属性所属的资源形态、与其他属性或资源的关系。属性值既可以是资源的属性取值也可以是另一个资源。〈资源，属性，属性值〉构成一个陈述。RDF 采用陈述的形式描述各类资源。

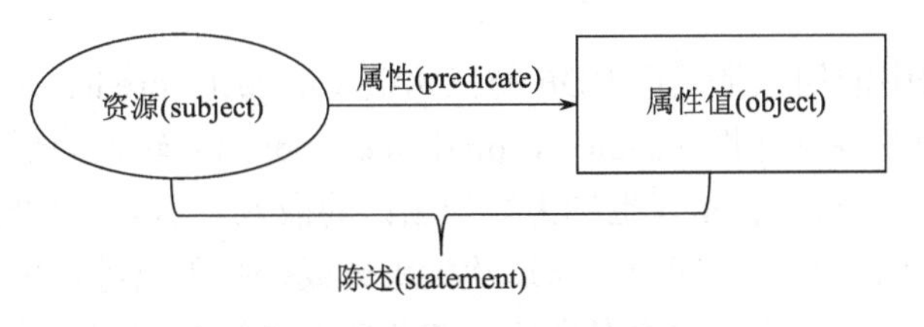

图 2-14　RDF 三元组示意图

RDF 三元组结构简单，嵌套灵活，但缺少类、属性等 schema 层的定义手段。RDFS 是基于 RDF 定义的一种模式定义语言，是基于 XML 对 RDF 的一种实现，是对 RDF 的扩展。RDFS 在 RDF 词汇基础上扩展了一组标准类及属性的层次关系词汇来描述数据的模式层，对 RDF 中的数据进行约束及规范。与面向对象方法不同，RDFS 以属性为中心构建类型系统，根据属性可能归属的类型和取值范围来定义类，支持对现有资源的扩展描述。RDFS 涉及类（Class）、子类（subClassOf）、资源（Resource）、值域（range）、属性域（domain）等概念。其中，rdfs:Class 描述所有 RDF 类型所属的类型。rdfs: subClassOf 描述一个类的子类，形成事物的层次结构。rdfs:Resource 描述 RDF 中的一切事物，所有其他类都是此类的子类，而 rdfs:Resource 本身又是 rdfs:Class 的一个实例。rdfs:domain 用来表示属性的域，即属于哪个类别，是对三元组中 subject 的类型约束。rdfs:range 用来表示属性的取值类型，是对三元组中 Object 类型的规定。RDFS 可以看作一种简单的本体语言，可以描述概念以及概念之间的简单关系，具有有限的表达能力。复杂关系的描述需要依靠 OWL 语言。采用 RDF 表示的知识图谱可以看作以机器能够理解和处理的方式链接起来的海量分布式数据库。

基于符号的知识图谱知识表示易于刻画显性、离散的知识，具有内生的可解释性。对于大量隐性的、不易符号化的知识，基于符号的知识图谱知识表示往往无能为力，而且会受限于知识的完备性，使得知识推理结果不尽如人意，进而催生了采用连续向量方式来表示知识的研究。

2）基于向量的知识图谱表示学习

采用基于向量的方式表示知识由来已久。在自然语言处理领域，词向量的知识表示方式主要有两种：一种是独热表示（one-hot representation），另一种是分布式表示（distributed representation）。独热表示将研究对象表示为只有某一维非零的向量，是信息检索和搜索引擎中广泛使用的词袋模型（bag-of-words model）的基础。在独热表示中，研究对象都是相互独立的，无法刻画研究对象之间的相似性等语义关系。分布式表示是通过训练，将研究对象映射到一个低维向量空间，最终形成一个定长的、连续的低维稠密向量。分布式表示可以根据需要创建多个层次结构或者分段。根据训练方法的不同，分布式表示可分为基于矩阵的分布式表示、基于聚类的分布式表示、基于神经网络的分布式表示。

近年来，以深度学习为代表的表示学习迅速发展，在语音识别、图像匹配等领域取得巨大进展。表示学习，又称为学习表示，是学习特征的技术集合。将要描述的对象表示成便于机器学习的低维稠密向量（也称为分布式表示），可有效解决数据稀疏、计算效率低下等问题。将表示学习应用于知识图谱，就成为了知识表示学习，又称为知识图谱嵌入。知识表示学习是面向知识库中实体和关系的表示学习，通过将知识中的实体和关系投影到稠密的低维向量空间，实现对实体和关系语义信息的向量表示，可以实现实体、关系及其复杂语义关系的高效计算。

当前，知识图谱中的知识常采用 RDF 的三元组（subject，predicate，object）形式进行表示。知识表示学习的任务就是将（subject，predicate，object）转换为低维稠密向量（分布式表示），学习三元组的分布式表示（也称为知识图谱的嵌入表示）。根据知识表示学习得到的分布式表示，人们可以在向量空间中，通过欧氏距离或余弦距离等数值运算的方式，计算任意两个对象之间的语义相似度，进而发现新事实和新关系等新知识。这些新知识往往是隐性的、不易主观发现的。知识表示学习常常用于知识图谱补全、关系抽取、自动问答、实体链接等任务，涉及复杂关系建模、多源信息融合、关系路径建模等一系列问题。

3）知识图谱应用

根据知识覆盖范围和使用方式，知识图谱可分为通用知识图谱和领域知识图谱。其中，通用知识图谱面向全部领域，包含大量现实世界的常识知识。领域知识图谱又称为行业知识图谱，面向特定的行业或领域，包含丰富的领域知识。

知识图谱是一个大规模的知识库，包含海量的实体数据和丰富的语义关系。基于知识图谱进行搜索，可以实现智能语义搜索。谷歌、百度基于知识图谱将搜索结果中的知识点、实体、内容按照语义关系以知识卡片的形式呈现，直接给出满足用户搜索意图的答案。在人工智能领域，基于知识图谱可以实现语音聊天、智能问答等功能，如手机地图的语音导航、智能手机的语音拨号等。在电子商务领域，将用户的网购、浏览等个性化行为特征与领域知识图谱结合，可以实现个性化商品推荐功能。基于知识图谱实现海量常识知识、领域知识、个人知识的语义集成，可有效辅助个人进行各类复杂决策。

2.3.4　知识学习

1. 从本体论到认识论

马克思主义哲学认为，认识是人类在实践基础上对客观事物的特征与联系等能动地、创造性地反映，知识则是人类在长期的改造自然和社会实践中获得和积累的认识成果。由于反映的是客观事物，知识具有客观性；同时，由于知识又是人脑建构起来的主观映象，知识又具有主观性。知识是客观性与主观性的统一。知识具有主观知识和客观知识两种基本形式（形态）。二者既在个人和社会之间相互转化，又共同作用于生产实践，一起形成了个体成长史和人类文明史。在漫长的人类历史长河中，关于知识的生产和学习，先哲们建立了一套完整的理论体系。本体论、认识论和知识论共同构成了这一理论体系的基础。

空间知识的生产与应用是知识地图研究的核心问题。如何认识空间知识是知识地图必须解决的问题。空间知识是怎么产生的？是主观的还是客观的？是物质的还是精神的？如何被人们学习掌握？如何作用于人们的日常行为和现实生活？空间知识发源于现实世界（客观世界）。人们通过精神世界（主观世界）去认识现实世界、产生空间认知。空间认知的结果通过语言、文字、地图、程序等呈现出来，生成空间知识。空间知识被人们正确掌握后，又作用于现实世界和日常生活。空间知识的生产和应用过程就是从现实世界到精神世界到客观知识世界最后再到现实世界的过程。

本体论认为，世界上包括人在内的万事万物都有自己的抽象依据，这是正确认识和区分万事万物的基础。在现实世界中，地理实体是离散的，不同实体之间有明显的界限；地理现象是连续的，在时间上保持一定的持续性。为了正确认识现实世界中的万事万物，人们抽象出了一系列空间概念，基于空间概念产生了丰富的空间知识。本体论是人类社会很早就产生的认识世界的理论，主要研究现实世界的本原和本质规律。

认识论是关于知识和知识获得的理论，是哲学研究的核心课题（王婷婷和吴庆麟，2008）。认识论认为，世界是可以感知的，人们通过主观能动性将对世界的感性认识上升到理性认识，进而把握世界的本质规律，形成客观知识，建立科学理论体系。人类知识的本质和来源是认识论研究的主要目标。在精神世界中，大脑既是认识事物的工具，也是认识结果的载体。人类大脑是生物演化的奇迹。脑科学研究成为生命科学的前沿和热点领域，其终极目标是破解智力起源与意识本质（973 计划十周年脑科学研究专题研讨会，2008）。据估计，人类大脑拥有 1000 亿个神经细胞，每天可处理 8600 万条信息，大脑神经细胞间最快的神经冲动传导速度为 400km/h。人脑通过大量神经元来激活、抑制、存储和处理空间认知结果，形成个人独特的精神世界。基于神经网络这种对离散世界的连续表示机制，人脑具备了高度的学习能力与智能水平（刘知远等，2016）。

波普尔提出“世界三”理论之后，在其著作《客观知识》中致力于第三世界理论的客观性、自主性及实在性等基本特征的论证，奠定了客观主义知识论的本体论基础。依据“世界三”理论，空间知识是客观知识世界的组成部分，具有客观知识特有的客观性、自主性和实在性。承认空间知识可以脱离于人们的意识而独立存在，为空间知识在不同领域的传播、共享提供了知识论基础。

空间知识地图主要研究空间知识如何在不同领域人群之间共享、传递、重用和创新的问题。空间知识来源于现实世界，产生于人类精神世界，存在于客观知识世界。按照波普尔“世界三”理论，脱离了主体认识的客观知识只有通过人的精神世界（主观认识）才能作用于现实世界。因此，空间知识地图表达的客观知识只有被用户理解和领会才能用来解决其面临的地学问题。研究人们对于空间知识的获取、选择、内化、外化的应用过程和认识机理，也是空间知识的学习和应用问题，对于空间知识地图的建模、表达和应用具有重要的指导意义。

2. 认知结构

在心理学领域，学习是指有机体在后天生活中获得个体经验的过程。学习的本质是心理学研究的核心问题。学习的实质就是个体主动构建自身的认知结构。在认知心理学中，认知结构（cognitive structure）通常被定义为“个人在感知和理解客观现实的基础上，在头脑中形成的一种心理结构。它是由个体过去的知识经验组成的”（朱智贤，1985）。不同时期、不同学派心理学家对认知结构有不同的解读。

20 世纪初，格式塔心理学（gestalt psychology），又称为完形心理学，诞生于德国。完形是人脑通过认知活动而逐步形成的关于认知对象的整体性的“完形”。完形的过程，也就是发现某种组织结构“新形式”的过程。格式塔心理学主张研究直接经验（意识）和行为，强调整体观和知觉经验的组织作用，认为整体大于部分之和，主张以整体的动力结构观来研究心理现象。格式塔学习理论认为，学习是有机体建构问题情境的一种功能，是从一个“完形”到另一个“完形”的知觉重组过程，主要由顿悟学习、学习迁移和创造性思维组成。其中，顿悟学习是指人们重新组织知觉环境并突然领悟其中关系而发生的学习；学习迁移就是将已有的经验有变化地运用到另一种情境；创造性思维是指“打破旧的完形，形成新的完形”。通过学习，人们对于现实世界的认知结构逐渐变化。

20 世纪 20 年代，美国心理学家托尔曼根据一系列动物实验的结果，提出了符号学习理论，认为学习是对情境所形成的完整认知地图中符号与符号之间关系的认知过程。认知地图是指在过去经验的基础上产生于大脑中的类似地图的模型（韦鹬和黎奕林，2009）。人类的知识存储在认知地图中。

20 世纪中叶，美国教育学家、心理学家布鲁纳提出了认知结构学习理论。布鲁纳提出，学习的本质不是被动地形成“刺激-反应”的联结，而是主动地形成认知结构。布鲁纳认为，认知结构是指由个体过去对外界事物进行感知、归类的一般方式或经验所组成的观念结构。学习者不是被动地接受知识，而是主动地获取知识，并通过把新获得的知识和已有的认知结构联系起来，积极地建构其知识体系。学习活动包括获得、转化和评价三个子过程。其中，获得强调新知识的获取；转化强调新旧知识的融合；评价强调对知识转化结果的检查，对知识的理性做出判断。

1978 年，美国认知派教育心理学家奥苏伯尔（Ausubel，1978）在其著作《教育心理学：一种认知观》中，提出“有意义学习”理论，即“认知同化理论”。奥苏伯尔提出，新知识的学习必须以已有的认知结构为基础。学习新知识的过程就是学习者积极主动地从自己已有的认知结构中提取与新知识最有联系的旧知识，并且加以“固定”或者“归属”的一种动态过程。认知结构，就是指学生现有知识的数量、清晰度和组织结构，由学生眼下能回想出的事实、概念、命题、理论等构成。不同个体在原有观念的实质内容、稳定性和新旧观念可辨别性方面的差异构成了个人认知结构的三个变量（鞠鑫，2008）。这三个变量决定了新知识的学习效率。

从格式塔学习理论、托尔曼的符号学习理论到布鲁纳的认知结构学习理论、奥苏伯尔的有意义学习理论，再到现代认知心理学，知识结构理论的研究不断进步，对认知心理机制的研究也不断深化（鞠鑫，2008）。

瑞士哲学家、心理学家皮亚杰从心理学的角度探讨了知识的创建机制，尤其是个体知识的产生过程，认为知识是个体在与环境交互作用的过程中逐渐建构的结果。皮亚杰在图示理论研究过程提出了著名的“同化-顺应”理论。该理论被认为在认知结构理论研究中具有划时代的里程碑意义。皮亚杰（1981）指出，刺激输入的过滤或改变称为同化，内部图式的改变以适应现实称为顺应。也就是说知识的学习过程并不是个体被动接受的过程，而是在个体原有认知结构的基础上主动建构的过程。同化是把外界的信息或知识纳入到原有认知结构，使其不断巩固和扩大的过程；顺应是当环境发生变化时，原有认知结构不能再同化新的信息，则必须经过调整建立新的认知结构的过程。

3. 知识建构学习

建构主义（constructivism），又称结构主义，最早由皮亚杰（1981）提出。皮亚杰从认知的发生和发展这一角度对儿童心理进行了系统、深入的研究，提出认知是一种以主体已有的知识和经验为基础的主动建构的观点，这也是建构主义观点的核心所在。在此基础上，社会建构主义的先驱维果茨基（Vygotski，1978）提出“文化历史发展理论”，强调认知过程中学习者所处社会文化历史背景的作用，并提出了“最近发展区”的概念。维果斯基认为，个体的学习是在一定的历史、社会文化背景下进行的，社会可以为个体的学习发展起到重要的支持和促进作用。建构主义认为知识具有建构性，知识不是对现实的准确表征，而是对客观世界的一种解释或假设；知识不能精确地概括世界的法则，也不能提供解决所有问题的具体方法；个人对知识的建构是个人创造有关世界的意义，而不是发现源于现实的意义（陈威，2007）。

建构主义学习理论是认知学习理论的进一步发展。认知结构学习理论认为学习是外界客观事物内化为个人内部的认知结构，强调学习者对外部刺激（即所学知识）的内化吸收。而建构主义学习理论则认为，学习是新旧知识之间通过同化和顺应两种方式而进行的双向相互作用的过程，学习主体的知识是客观和主观的统一。学习不仅是对新知识的理解和记忆，而且还包括对新知识的分析和批判，从而形成自己的思想观点；学习不仅是新知识经验的获得，也是对既有知识经验的改造或重组（彭述初，2009）。知识的学习与传授重点在于个体的转换、加工和处理，而非外在的“输入”。该理论较好地揭示了学习过程中概念如何形成、意义如何构建、学习如何发生等认知规律。

总之，本体论强调了现实世界的客观存在性；认识论解释了客观世界的可认知性；认知学习强调个体对客观世界的认知方式，就是赋予客观对象意义的系统；知识建构学习理论则强调了社会背景、个人知识背景对知识学习的重要影响。知识本身并不能直接解决现实问题。知识只有被人们理解掌握并加以运用，才能辅助人们决策，才能用来认识和改造世界。对于同一地理事物、地理现象，不同社会背景、领域背景、知识背景的人往往赋予其不同的含义。因此，为了更好地实现空间知识的共享和传递，必须认真研究用户、分析用户、区分用户，必须建立面向用户认知习惯和认知结构的概念模型和可视化表达机制。

2.4 知识可视化技术

2.4.1 基本概念

1. 从科学计算可视化到知识可视化

自 18 世纪后期数据图形学诞生以来，抽象信息的视觉表达手段一直被人们用来揭示数据及其他隐匿模式的奥秘。20 世纪，随着计算机和网络技术的迅猛发展，各类信息时时刻画着人类生存环境、记录着人们的日常生活。这些信息种类纷繁复杂、内容日新月异、数量泛滥成灾。为了探索蕴含在信息之间的复杂关系、本质特征和演变规律，人们探索了采用图表、几何化、空间化等方式分析、归纳各类信息，逐步形成了可视化这一融合诸多学科理论和方法的新学科。可视化是将大量的数据、信息和知识转化为一种人类的视觉形式，直观、形象地表现、解释、分析、模拟、发现或揭示隐藏在数据内部的特征和规律，提高人类对事物的观察、记忆和理解能力，形成整体概念（张聪和张慧，2006）。可视化研究大致可分为科学计算可视化、数据可视化、信息可视化、知识可视化四类。

1987 年 2 月，美国国家科学基金会（NSF）召开的一个专题研讨会给出了科学计算可视化（visualization in scientific computing）的定义、覆盖的领域及发展方向。科学计算可视化是指运用计算机图形学或者一般图形学的原理和方法，将科学与工程计算等产生的大规模数据转换为图形、图像，以直观的形式表示出来（潘云鹤，2001）。可视化是一种将抽象符号转化为几何图形的计算方法，既是解释计算机中图像数据的工具，也是基于复杂的多维数据集生成图像的工具。它主要研究人和计算机怎样协调一致地接受、使用和交流视觉信息（Mccormick et al.，2007）。

数据可视化的概念来自科学计算可视化，指的是运用计算机图形学和图像处理技术将数据转换为可在屏幕上显示的图形或图像，并进行交互处理的理论、方法和技术（赵国庆等，2005）。它不仅包括科学计算可视化，还包括工程数据和测量数据的可视化。

1989 年，Robertson 等（1989）首次明确提出了“信息可视化就是计算机支持的、交互的抽象数据图像化方法，从而帮助用户增强识别信息的能力”。1999 年，美籍华人陈超美率先出版了该领域的第一部专著《信息可视化》(2004 年再版)，创办了国际期刊《信息可视化》并任主编。进入 21 世纪，信息可视化（information visualization）在医药、生物、工业、农业、军事、金融、网络通信、电子商务等多个领域得到广泛应用。信息可视化是可视化技术在非空间数据领域的应用，可以增强数据呈现效果，让用户以直观交互的方式实现对数据的观察和浏览，从而发现数据中隐藏的信息特征、关系和模式（杨思洛，2015）。根据数据类型的不同，信息可视化可分为一维信息可视化、二维信息可视化、三维信息可视化、多维信息可视化、时态信息可视化、层次信息可视化及网络信息可视化。目前，信息可视化呈现如下四个发展趋势：从以结构为中心的可视化研究范式向潜在现象的动态属性可视化研究转变、向信息可视化技术与分析科学结合转变、向以用户为中心转变、向可视化技术产品化与商品化转变。

知识可视化是在科学计算可视化、数据可视化、信息可视化基础上发展起来的新兴研究领域。2004 年，Eppler 和 Burkhard（2004）第一次提出了知识可视化（knowledge visualization）

的概念。知识可视化是指能用来构建和传递复杂观点和内容的所有图形手段和方式；它主要研究视觉表征手段的应用问题，主要目的是促进群体知识的传播和创新；除了传达事实信息之外，知识可视化的目标在于传输见解（insights）、经验（experiences）、态度（attitudes）、价值观（values）、期望（expectations）、观点（perspectives）、意见（opinions）和预测（predictions）等，并以这种方式帮助他人正确地重构、记忆和应用这些知识。在一个知识可视化框架中，对于有效的知识传递，要注意以下三个方面：知识的类型指的是要识别需要传递的知识的类型；接受者类型指的是鉴别目标群体和接受者的前后关系；可视化类型是指建立一个简单的分类方法，把已存在的可视化方法组织成一个统一的结构（杨思洛，2015）。

2. 空间可视化

地理空间信息在人类生产生活中发挥着重要的作用，与其他信息的最大区别在于它的位置相关性。长期以来，以图形表示的地理空间信息在人们认识周围环境的过程中发挥着重要的作用。因此，可视化在地学领域并不是新概念。从测绘学的地图制图到地理学的多维图解，都是用图形（地图）来表达对地理现象与地学规律的认识和理解。20 世纪 80~90 年代，随着地图数字化及科学计算可视化、数据可视化、信息可视化等技术的出现和引入，空间可视化成为地理学和地图学新的研究领域。空间可视化与传统可视化的主要区别在于是否基于计算机工具、技术和系统实施。空间可视化实现了人脑和电脑（计算机）这两个世界上最强大的信息处理系统的有机结合，极大提高了人们认知、分析、理解和表达大规模复杂地学环境的能力。高俊（2000）指出，可视化技术主要为地理空间数据提供了两方面的应用领域：一是为用户提供过去没有的空间认知工具，如电子地图和虚拟环境等；二是可视化用于优化、更新数据库本身，并强化数据的直接应用，如用于检测数据精度、开发知识和数据挖掘（data mining）等。空间可视化更加侧重于运用可视化新技术探索地学数据和信息，获取新的地学规律（李霖等，2006）。

空间可视化（geospatial visualization）是科学计算可视化、数据可视化、信息可视化、知识可视化等可视化技术与地理空间具体应用结合而形成的概念，是关于空间数据、空间信息和空间知识的视觉表达和推理分析，涉及空间数据可视化、空间信息可视化、地图可视化、GIS 可视化、地理可视化等。

空间数据可视化（geospatial data visualization）主要是指运用地图学、计算机图形学和图像处理技术，将地学信息输入、处理、查询、分析及预测的数据及结果采用图形符号、图形、图像，结合图表、文字、表格、视频、音频等可视化形式显示，并进行交互处理的理论、方法和技术。空间可视化的显著特点就是图形符号化处理，可以看作广义的地图制图过程。高俊（2000）明确指出，在一定意义上，空间数据可视化可以看作数字时代的地图学。空间数据可视化包括空间数据的显示、空间分析结果的表示、空间数据的时空迁移和空间数据处理的过程等。空间数据可视化是科学计算可视化、数据可视化在空间数据处理领域的具体应用，包括空间数据表达、空间数据分析和空间数据仿真模拟等。

空间信息可视化（geospatial information visualization）包括空间数据可视化，但更加强调地理环境认知与分析，主要研究如何采用可视化方法探索空间信息中蕴含的规律知识。它涉及计算机图形图像、信息表达、视觉思维、地理视觉认知等理论和方法（龚建华等，1999）。空间信息化的形式包括但不限于地图、多媒体信息、动态地图、多媒体地图、三维仿真地图、虚拟现实等。

地图是空间信息最早的可视化方式，也是空间信息可视化的重要表达形式，更是人类认识周围环境的最佳工具。相对于地图学而言，可视化并不是什么新东西，地图一直以自己独特的符号系统可视化地显示人们对地理空间的认知结果。地图制图、机助地图制图、数字地图制图都是常见的可视化方法。但是，可视化技术引入地图学，给现代地图学带来了虚拟性、动态性、交互性等一系列新特征，便产生了地图可视化。地图可视化是一门以计算机科学、地图学、认知科学、信息传输学为基础，为直观、形象地表现、解释、传输空间信息并揭示其规律而设立，关于信息表达、传输的理论、方法与技术的学科（秦建新等，2000）。地图可视化的研究注重空间信息的视觉表达和交流，侧重地学信息规律的探索和发现，强调视觉空间认知决策机理，偏向于理论与应用层次。地图可视化已成为现代地图学的支撑理论和技术。

从 20 世纪 60 年代开始，GIS 就将空间数据图形显示和空间分析功能作为不可或缺的基本功能。GIS 可视化更早于科学计算可视化。与地图可视化相比，GIS 可视化更加侧重于数据模型构建、数据结构设计、数据图形显示、动态数据处理、并行计算、人机交互等技术方面的研究，更加强调空间信息处理过程和分析过程的动态表达。

地理可视化是科学计算可视化、数据可视化、信息可视化等在地理科学中的具体应用。与地图可视化和 GIS 可视化相比，地理可视化的研究范围更广，遥感影像信息提取、多维图表应用、摄影摄像、多媒体、新媒体技术都属于其研究范畴。Philbric（1953）、Dibiase（1990）从地理科学的角度出发，提出地理可视化是把地图当作地理研究甚至科学研究的工具，突出了地图在科学研究序列中的地位和作用，并给出了地理可视化的研究框架。这一框架强调地图要在探究（exploration）、确认（confirmation）、综合（synthesis）到表达（representation）的可视化过程中寻求视觉传输与视觉思维的平衡。Dibiase（1990）认为，可视化在研究过程的早期侧重于个人特征的视觉思维，后期侧重于研究结果的公众交流与传输。可视化表示曲线如图 2-15 所示。

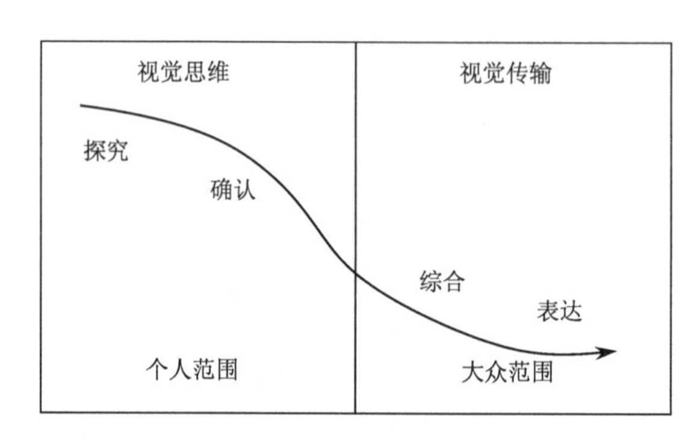

图 2-15　可视化表示曲线（Dibiase，1990）

长期以来，地图学侧重于空间信息的视觉表达和视觉传输，地理学则侧重于空间规律的视觉思维和视觉分析。随着 ICT 时代的到来，空间信息获取和处理技术迅猛发展。面对日益复杂的地学需求，地理学和地图学有了融合发展的趋势。可视化技术为重建地理学与地图学的联系提供了可能。

3. 空间知识地图可视化

随着可视化技术的发展和地图数字化的推进，虚拟现实、增强现实、思维导图、知识图谱、动画、多媒体等技术手段广泛运用到电子地图、网络地图。地图可视化技术已远远超出了传统符号化及视觉变量表示的范畴，正在由“供给驱动”向“需求驱动”转变。地图的可视化重点也正从表达客观的地理环境向探究其深层次的内在规律、表达未知的时空知识漂移。地图正在从表示空间信息的终端产品向促进视觉思维的中间产品转变，从静态传输空间认知结果向实时交互、动态表达行为环境转变。例如，在复杂场景中，百度地图提供的“步行 AR 导航”“AR 周边搜索”等 AR 功能，能让用户在 AR 场景中进行交互，用户体验和用图效率均得到明显提升。这导致了“探索型地图学”的产生。

空间知识地图可看作对这种“探索型地图学”的回应。空间知识地图可视化是在信息可视化、知识可视化、地图可视化、空间认知、人工智能、知识工程等理论和技术的支持下，对空间数据、空间信息及它们中间蕴含的、潜在的、可获取的空间知识的一体化表达。其最终目的是实现空间知识在不同领域人员之间的传播、共享、重用和创新，从知识层次揭示自然和社会的发展规律，为人类更好地认识世界和改造世界提供强有力的工具。与地图可视化强调地理实体几何形态特征和空间关系的视觉表达相比，空间知识地图可视化更加强调对地理实体语义关系及其内在规律性的图形化表示，更加强调个人的视觉思维和大众的视觉传输。空间知识地图可以看作地理学与地图学关系的重构和再平衡。从某种意义上说，空间知识地图不再只是一种固化的最终产品，更可能是用户思考过程中的灵感、洞见或者仅为视觉思维服务的中间产品，便于发现新知识和形成新见解。

在地图可视化范式中，空间知识地图已不再追求“最佳地图”形式，不仅传输客观的地理空间信息，还传输包括见解、经验、态度、价值观、期望、观点、意见和预测等经过形式化描述的、客观的空间知识。作为科学研究的工具，空间知识地图必须面向用户知识背景、认知习惯，面向不同的地理现象、地理特征，面向不同层次的数据、信息、知识，选择合适的可视化方式和恰当的人机交互形式。为达到最佳的传输效果，空间知识地图可视化必须积极引进知识工程、人脑科学、认知科学、知识可视化技术等领域的最新成果，研究面向不同应用目的、用户行为、尺度、地图环境的可视化技术和方法。

与知识可视化相比，空间知识地图可视化更加强调与空间位置的映射，与用户行为环境的映射，与现实世界的映射。与传统地图可视化强调地图信息综合、表达等大众范围视觉传输相比，空间知识地图可视化更加强调对行为空间的探究和确认等个人范围的视觉思维，更加强调地图作为可视化工具辅助用户进行地理行为决策。因此，空间知识地图可视化更加强调个人局部视角，更加强调要素多重表达，更加强调知识抽象表达，更加强调时空动态表达，更加强调不同空间叠加表达。

2.4.2　基础理论

实验心理学家赤瑞特拉通过大量的实验证明，在人类接收的信息中，通过视觉获得的占 83%，听觉占 11%，嗅觉占 3.5%，触觉占 1.5%，味觉占 1%，这说明视觉是人们接受信息的主要通道，视觉思维在人类获取信息和知识的过程中占有重要地位（王朝云和刘玉龙，2007）。

人脑是人类认知客观世界的重要器官，由左半脑和右半脑两部分组成。二者相互依存，相互促进，形状相似，功能却极不相同。美国加州理工学院教授斯佩里研究发现：左脑是意识脑，支配右半身的神经和感觉，主要通过语言、数学、运动分析及理性逻辑进行思考，在人类日常生活中使用频率最高；右脑是潜意识脑，擅长形象思维，支配左半身的神经和感觉，主要运用图形、音乐、空间、感性和情感进行思考，具有分类、空间认知、图形图像识别、绘画等能力，富有创造力（王步标等，1994）。这就意味着左半脑擅长定量分析和逻辑思维，右半脑擅长定性推理和形象思维。

在地学研究中，形象思维尤为重要。右脑在形象思维过程中发挥着不可替代的创造性作用。直觉和顿悟是创造的源泉，但必须通过语言的描述和逻辑的论证才能在群体间进行传递、共享，才能产生价值。因此，只有左右脑协同发展、综合运用才能真正发挥创造力和形象思维的作用。形象思维是具有能动性的人类思维的一个重要特征。其认识过程表现为一定的"象"（包括心象、意象、形象、图像、图形和图示）。"象"是对客观世界本质特征模拟的结果，是人类对现实世界的主动和积极的形象化反映。"心象"（mental images）是认知科学和地图科学中的一个重要概念。它以知觉经验为基础，却又和抽象概念一样超越知觉经验。随着认知科学（特别是认知心理学）的发展，心象研究领域形成了三种理论：双重编码理论、概念命题理论和意象图示理论。这三种理论为知识可视化提供了理论支撑。

1. 双重编码理论

1969 年，加拿大心理学家佩维奥（Paivio，1969）以"同时以视觉形式和语言形式呈现信息能够增强记忆和识别，效果要远远好于单独用视觉形式或语言形式来表示"为基本出发点，提出双重编码理论，认为"语言和意象是两个互相连接的记忆系统，它们在平行运行"。该理论认为大脑中存在两个功能独立却又相互联系的处理不同信息的认知系统：一个是处理语言输入输出的语言系统，一个是处理对象/事件形象（如图像等）的非语言系统（心理表象系统）。语言系统处理语言信息，并以字符为基本单位编码储存在文字记忆区；非语言系统处理心理图像，以心象作为其基本单位编码存储在图像记忆区，并在对应的语言记忆区留下一个文字对照版本。这两个认知系统的基本表征单元分别是以部分-整体关系组织的表征心理图像的意象（imagens），以关联和层次的形式组织的表征语言实体的语义（logogens）。语言与非语言认知系统如图 2-16 所示。双重编码理论根据语言认知系统和非语言认知系统的工作方式定义了三种信息加工类型：表征性加工，语言和非语言表征的直接激活；调用性加工，通过非语言系统激活语言系统或反过来通过语言系统激活非语言系统；联合加工，在语言系统或非语言系统内部表征的激活。一个知识可视化任务可能需要三种加工中的一种或全部。

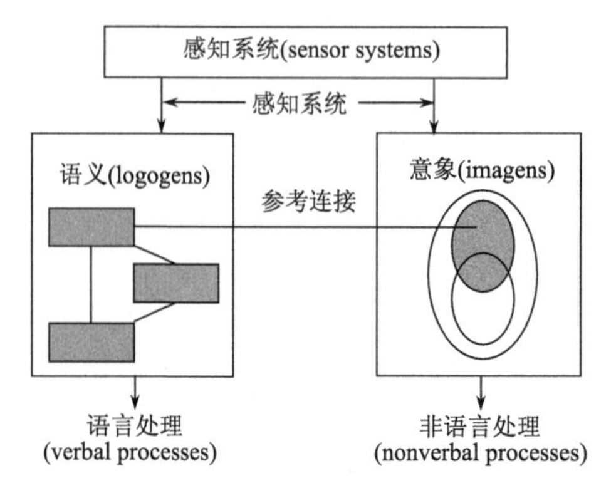

图 2-16　言语与非言语认知系统（Paivio，1990）

双重编码理论关于两个认知系统的假设与斯佩里关于大脑左右半脑功能的研究成果一致。其语言认知系统相当于左半脑的认知功能，其非语言认知系统相当于右半脑的认知功能。

双重编码理论认为语言表达（文）和非语言表达（图）对于人类认知同等重要。图像和容易引起意象的具体词汇可以通过文字和视觉记忆加以描述，抽象的事物则用文字系统来表达。知识可视化通过同时采用视觉和语言的形式呈现信息，可以有效增强信息的回忆与识别；将知识以多维图解的方式进行可视化表达，大大降低了语言的认知负荷，更有利于发挥人类的视觉感知功能，从而促进知识的传播、共享、重用和创新。

2. 概念命题理论

20 世纪 70 年代，美国认知心理学家 Anderson 和 Bower（1974）提出了概念命题理论，属于表象理论的范畴。该理论认为“人不存储表象而只存储命题，一切信息的存储和表征都是由命题来实现的”。在这里，无论是文字信息还是视觉信息都以抽象的概念命题形式存在。命题是描述各种概念关系的工具，体现了潜藏在概念间复杂关系里面的意义。命题通过概念之间复杂的语义关系形成庞大的命题网络。在该网络中，概念之间关系越密切，相关命题共同回忆起来的暗示作用越明显。当人们提取信息时，只是将命题提取出来，然后再由大脑相对精确地重新构造语词或图像编码进行表述。

与双重编码理论等意象理论和可视化紧密联系不同，概念命题理论并没有与特定感觉模型相关，更多属于记忆和回忆的范围。在人类大脑内部，并不存在心像的物理特征，而是通过命题编码，使用抽象的符号和概念来操作以命题形式存在的心像。概念命题理论广泛地应用于记忆、语言、推理等认知方面的研究。

3. 意象图示理论

意象图示属于认知语言学的研究范畴。20 世纪 80 年代，美国认知语言学者 Lakoff 和 Johnson（1980）在概念隐喻理论中提出意象图式理论概念。意象是指感知过程将信息减少到一个比较简单且更有组织的形态。意象一旦被结构化就成为一个整体，这个整体可以被比喻成一个模板式样中的认知对象。意象图式是为了把现实世界中的空间结构映射到大脑中的概念结构而对感性经验进行压缩性的再重构（Oakley，2007）。因此，意象图式来源于现实世界，存在于人的大脑，作为一种抽象结构被用来组织人类的经验和抽象概念。意象图示是人类认识世界的框架。

如前所述，空间知识地图既要传输具体的地理空间信息，也要传输抽象的地理空间知识，既要进行定量分析，也要实现定性推理。如何激发人类左右半脑的思维功能，充分调动视觉思维能力，是决定空间知识能否在不同领域人群进行有效传输、共享和创新的重要一环。无论是以双重编码、意象图式为代表的意象理论还是以概念命题为代表的表象理论，都为空间知识地图可视化提供了强有力的理论支持。对于空间数据和空间信息，用类似地图的形式（如心象地图）进行可视化表达，可有效实现空间信息的有效传输。而对于空间概念和空间知识，采用概念命题的形式进行表示、推理，更符合人们的认知和思维习惯。

2.4.3　研究进展

在 ICT 时代，对地观测技术迅猛发展，智能穿戴设备广泛应用，人们面对数量巨大的各类信息。为了探索信息之间复杂关系，人们需要运用各类可视化技术对信息进行分析、归纳，进而发现隐藏在其中的本质特征和演化规律。

在非空间领域，人们利用隐喻的方式，将文本、数据及其多维关系呈现在欧氏空间。在科学计量学和文献计量学领域，人们采用共词分析、社会网络分析、共被引分析、词频分析等方法构建科学知识图谱，发现科学研究热点和前沿领域。为了快速获取文本中的知识，文本可视化成为信息可视化的重要分支，主要包括基于词汇的文本可视化、基于篇章内容的文本可视化、基于时间序列的文本可视化和基于主题领域的文本可视化四类（赵琦等，2008）。在知识管理领域，人们采用主题地图（topic map，TM）来组织和管理知识。主题地图是一种新的知识组织理论和技术，按照主题（topic）、联系（association）和事件（occurrence）这三个概念来组织和描述复杂的信息世界，从而形成一个网络化的知识结构，主要涉及知识的分类、存储和组织，广泛应用于知识组织、信息检索、信息挖掘、信息资源整合、信息过滤等领域（胡萍和祝方林，2009）。

在分析国内外研究现状的基础上，王伟星和龚建华（2009）提出了地学知识可视化的基本定义并讨论分析了其概念特征、理论基础和表达方法，认为地学知识可视化是地学研究领域引进知识可视化理论、方法、技术形成的新的研究方向，是关于地学知识的视觉表达与分析。地学知识可视化是研究如何运用视觉表征手段促进地学知识在两人或多人之间传播和创新的理论、技术和方法。

将地学基本原理和制图原则运用到非地理空间信息的可视化过程是信息可视化的新兴研究领域。其主要目的是将大多不具备物理空间特征的信息以空间分布形式的图形图像进行可视化表达，以便于用户更好地理解或者发现潜在的关系或结构，也称为空间化。Skupin 和 Fabrikant（2003）主要讨论了通过投影和变换对多维数据进行可视化的计算方法。他们认为将制图成功应用到空间化研究面临着两方面的挑战：一个是人们要彻底理解制图活动的本质并将之运用到非地理空间领域；另一个是制图人员变成信息可视化团队不可或缺的成员，并积极投入到该研究领域。在地图学领域，同样有学者开始研究赛博世界的制图问题。Dodge 和 Kitchen 在其 2001 年出版的《赛博空间制图》一书中提供了有关赛博空间和赛博地图的全方位讨论。知识地图集（knowledge atlas）是意大利米兰理工大学的通信设计研究所为了有效管理研究体系（如资源、参与人员和相互关系，三者相互作用产生新知识），采用地图制图的方法设计的软件原型系统，用来支持如调查、关联、分析等常见的研究任务。该软件建立在网络技术基础之上，是一个允许任何用户建立基于自身经历的目录式数据库，包含预期研究相关的四类资源（作者、正文、项目、同业协会和研究团队）。在该系统中，每类资源既可以像维基百科一样被人们集体描述基本特征（如日期、描述、位置等），也可以被个体以标签定义、评注的形式进行描述，还可以通过建立个体之间的关系来描述（例如，将文本和它的作者、个人和研究团队相关联）。知识地图集提出将知识结点及其关联关系以时间、社会关系、地理位置、语义关系等为坐标框架，“投影”到二维平面上。其以地理位置为坐标框架的二维图可以看作相关研究领域知识的地理分布图，实现了社交空间和地理空间的有效融合。

近年来，随着时空行为大数据的兴起，基于购物行为数据、旅游行为数据、手机定位数据、个人公交数据等研究城市空间、社会空间和网络空间逐渐成为地学知识可视化的研究热点。甄峰等（2012）以新浪微博为例，从网络社会空间的角度入手，提出中国城市网络存在着明显的等级关系与层级区分，城市的网络连接度与城市等级相对一致。Zeng 等（2017）为了预测城市规划和交通管理中的出行需求，对人群流动和兴趣点之间的关系进行建模和可视化，并将相关研究结果应用到新加坡公共交通数据分析中。李恒等（2018）对基于位置的社会网络数据的数据提取、可视化等方面进行了综述，对地理社会网络时空数据交互可视化分析技术进行了研究。Fogarty（2020）利用可视化表达了地理空间和社交网络空间之间的关系，探讨了如何基于位置数据和社交媒体网络数据可视化分析公司之间、公司与客户之间的潜在关系。

2.4.4 可视化方法

可视化技术经过三十多年的发展，一系列信息可视化方法（树、网络、空间信息探索、地图、表格、图表等）和知识可视化方法（启发式草图、视觉隐喻、知识动画、知识地图、概念地图、思维导图、认知地图、思维地图、语义网络、科学图表等）已经出现（袁国明和周宁，2006；周宁等，2007；赵慧臣，2010）。

1. 信息可视化

随着技术的发展，科学计算可视化、数据可视化与信息可视化的界限越来越模糊，所使用的方法越来越类似。依据 Shneiderman（1996）所提出的数据类型，可将信息可视化简单划分为一维数据可视化、二维数据可视化、三维数据可视化、多维数据可视化、时态数据可视化、层次数据可视化和网络数据可视化七类。

1）一维数据可视化

一维数据，又称为单变量数据，是用一个变量来表示的线性数据集合。文本文档、程序代码和名称列表都是一维数据的典型代表。对一维数据进行可视化，可以方便地观察数据点的分布特征，提供基于直观感受的预测。常用的一维数据可视化方法包括散点图、直方图、核密度图等。

2）二维数据可视化

二维数据是用两个变量来表示的平面数据集合。二维数据可视化可基于平面坐标系进行。二维数据可视化能够提供复杂数据的整体视图，便于用户了解数据模式和关系，从而加快知识获取进程。柱状图、散点图、折线图、饼状图等图表是二维数据可视化显示的常用方法。

地图数据是二维数据的典型代表。在地图制作过程中形成了一系列由不同色彩、不同形状、不同大小的地图符号构成的地图表示方法，可以作为二维数据可视化的有效手段。常用的二维空间数据可视化方法有定点符号法、定位图表法、线状符号法、动线法、质底法、范围法、点值法、等值线法、等值区域法和分区统计图表法等（王光霞等，2011）。

3）三维数据可视化

三维数据是用三个变量描述三维空间的数据集合。三维数据可看作定义在三维空间里的二维标量函数 $F=F(x, y, z)$。三维数据可视化可采用空间几何的图形方法来实现。可视化的结果可模拟真实世界中物体的形态。近年来，三维数据可视化在医学、建筑和地学领域得到广泛应用。三维数据可视化方法包括散点图、气泡图、直接体绘制和等值面的提取与绘制等。在地图上，三维地貌的表示方法主要有透视法、晕滃法、晕渲法、等高线法、分层设色法和虚拟仿真法（王光霞等，2011）。

4）多维数据可视化

多维数据是指在可视化环境中具有超过三个变量的数据。多维数据可视化通过一些技术将高维的数据映射到二维的平面或者三维空间中，便于进行探索性数据分析，有助于对数据进行聚类或分类验证。多维数据可视化包括数据变换、数据分析和数据呈现三个方面。常见的多维数据可视化方法有：基于几何的可视化方法（包括平行坐标系、圆形坐标系、散点图矩阵、Andrews 曲线等)、基于图标的可视化方法（包括星绘法、chernoff 面法等)、基于动画的可视化法等（杨彦波等，2014)。

5）时态数据可视化

时态数据是指具有时间属性的数据。时态数据可视化是指按照时间顺序展示数据随时间变化趋势的方法。时态数据可视化在电子商务、金融保险、水文气象、通信网络、测绘导航等领域具有广泛的应用前景。常用的时态数据可视化方法包括线形图、堆积图、地平线图、时间线和动画等（杨彦波等，2014)。2016 年，《纽约时报》采用河流图（堆积图的一种变形）的形式展现了世界各国在奥运会上的获奖情况，历届夏季奥运会世界各国获奖情况如图 2-17 所示。从图 2-17 中，不仅可以清晰观察到各国的获奖情况，还可看出世界奥运历史上的重要节点，包括两次世界大战影响、中国第一次参加奥运会、美国和苏联抵制参加奥运会等。

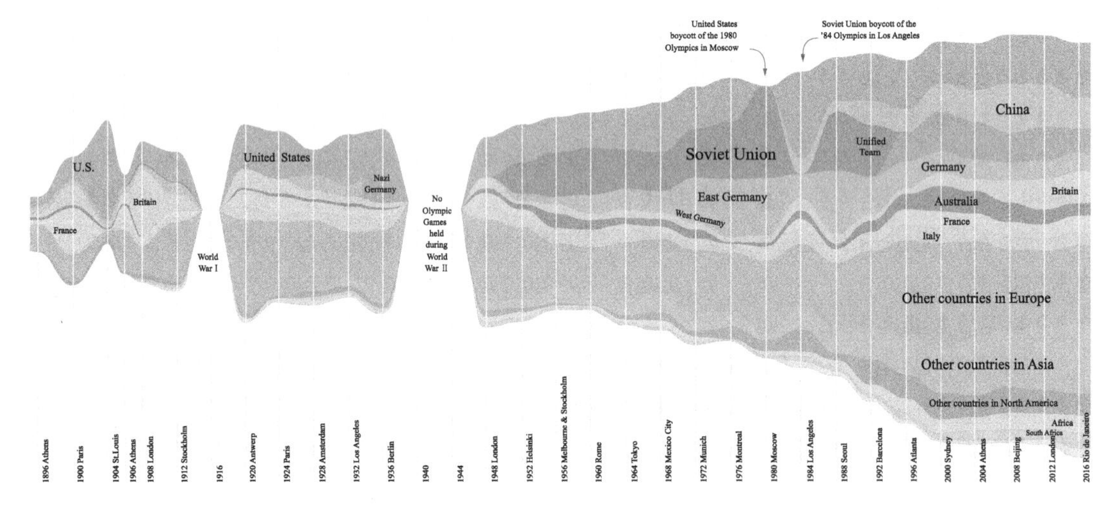

图 2-17　历届夏季奥运会世界各国获奖情况图

6）层次数据可视化

层次数据是具有等级或层级关系的数据。现实生活中，计算机文件系统、图书馆藏书目录、家族谱系、组织架构及面向对象程序的类之间的继承关系等都经常采用层次结构的方式进行存储。层次数据可视化可有效解决用户的信息迷航问题，便于用户快速获取和理解相关信息。按照表现维度，层次数据可视化方法可大致分为三类：节点链接法（包括空间树、双曲树、径向树、圆锥树、魔法眼等)、空间填充法（包括基于韦恩图的圆形嵌套、径向填充、树图、信息立方体等）和混合方法（包括收缩树、弹性层次、空间优化树、文件导航器等)。

7）网络数据可视化

网络数据是呈网状结构分布的数据，是由多个网络信息节点构成的关系复杂的信息集合。与层次数据相比，网络数据关系和数据呈现都更为复杂。现实生活中，互联网网络、通信网络、邮件网络、交通网络、社交网络、科学合作网络、信息传播网络等都属于网络数据的范畴。按照布局方法，网络数据可视化方法可分为力导向布局、分层布局和网格布局三种。

2. 知识可视化

目前，知识可视化研究中需要重点关注以下问题：首先，可视化技术必须同数据挖掘更紧密地联系起来；其次，可视化系统需要提高数据可视化技术的人机交互能力；再次，可以先开发针对某类特定领域的可视化系统；最后，需要组织力量开发可视化商业软件。

1）基本分类

出于不同的需要，不同领域的学者对知识可视化的技术和方法做了不同的概括和总结。Eppler 和 Burkhard（2004）在研究知识可视化在知识管理领域的定义和应用的过程中，提出六种类型的知识可视化形式：启发式草图（heuristic sketches），主要用于在小组中产生新见解；概念图表（conceptual diagrams），主要用于结构化信息并展现其关系；视觉隐喻（visual metaphors），主要用于领域关联以改善理解；知识动画（knowledge animations），是一种动态的、交互的可视化技术；知识地图（knowledge maps），主要用于结构化专家知识并提供导航；科学图表（scientific charts），主要用于可视化领域知识和人员结构。

Eppler（2006）在研究现有可视化方法的基础上，提出概念图（concept map）、思维导图（mind map）、认知地图（cognitive map）、语义网络（semantic network）、思维地图（thinking map）等知识可视化的主要形式。

邱婷和钟志贤（2005）则依据知识可视化方法的来源和特征，将其分为知识地图、示意图、图画、连续性图表、离散性图表、矩阵图、流程图、组织者和树形图九类。

皮尔斯在其所著的《知识作者的可视化工具——批判性思考的助手》一书中总结了 48 种图表形式，包括概念地图、韦恩图、归纳图、组织图、时间线、流程图、棱锥图、射线图、目标图、循环图、比较矩阵等。

2）典型可视化方法

知识可视化方法很多，根据不同的角度有不同的分类：从可视化方式的角度分为启发式草图、概念图表、视觉隐喻、知识动画、知识地图、科学图表；从认知工具的角度有概念图、思维导图、认知地图、语义网络、思维地图；从知识可视化分类理论的角度有知识地图、图画、矩阵图、韦恩图、流程图、树形图、鱼骨图、组织图等。下面对概念图表、思维地图和热力图三种常用知识可视化方法做简单介绍。

a. 概念图表。

为描述抽象的概念，进而运用标准的图形去结构化信息、传输见解和描绘关系，Eppler（2003）在总结管理领域大量定性或定量通用图表的基础上，提出了概念图表的方法，总共包含 18 种。管理领域概念图表一览如图 2-18 所示。

图 2-18 中图表的具体含义如下：A 表示条形图和折线图（bar and line chart），主要用于数量比较；B 表示饼状图（pie chart），用于显示整体的组成；C 表示矩阵图（matrices），根据特征填充要素和位置；D 表示频谱图（spectrum chart），显示两个端点之间的选项；E 表示雷达图（radar chart），根据多重标准进行评估；F 表示协同图（synergy map），显示元素之间的相互依赖关系或流向；G 表示桑基图（Sankey diagram），显示整体的起源或构成；H 表示循环图（cycle diagram），显示重复发生阶段或步骤的顺序；I 表示同心圆（球）（concentric circles/spheres），显示元素的分层；J 表示思维地图（mind map），可视化集中展示相关概念；K 表示流程图（flow chart），显示一系列步骤；L 表示鱼骨图（fishbone chart），显示问题的成因；M 表示金字塔（pyramids），显示概念的层次结构；N 表示树图（tree diagram），显示复杂事物的要素；O 表示韦恩图（Venn diagram），展示在不同的事物群组（集合）之间的数学或逻辑联系；P 表示网络图（network diagram），显示复杂系统的动态；Q 表示时间线（序列）（time line/Time），展示事物随时间的变化；R 表示通用坐标系（笛卡儿坐标系）（coordinate systems/ Cartesian coordinates），根据各类原则定位元素。

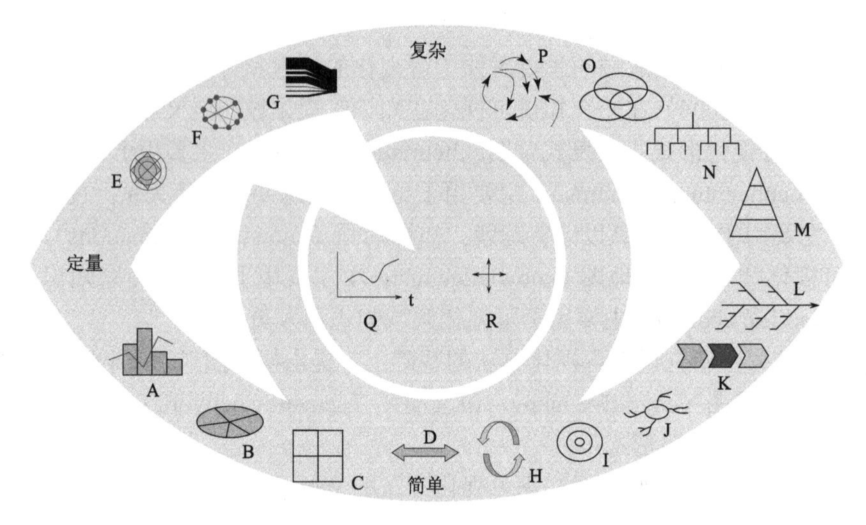

图 2-18　管理领域概念图表一览（Eppler，2003）

b. 思维地图

思维地图是美国 David Hyerle 博士在 1988 年开发的一种帮助学习的语言工具，也是一种思维可视化的工具，可用来建构知识、发散思维和提高学习能力。它的支撑理论是语义学、认知心理学等。思维地图主要有八种类型，分别对应人们在思考时进行的分析、比较、抽象、概括、分类、推理、综合和因果分析等八种思维过程。这八种类型的思维地图都是以比较、对比、排序、归类、因果推理等基本的认知技巧为基础的。在知识构建过程中，同时使用多种思维地图可有效提高人们解决问题的能力。

（1）圆圈图（circle map）。通过提供相关信息来刻画与某一主题相关的先验知识，主要用于概念定义或者头脑风暴。在呈现形式上，它由大小两个圆圈组成，如图 2-19 所示。里面的小圆里，用词语、数字、图画或其他标识来表示尝试理解或定义的事物，是一个主题。外面的大圆里则放置与主题相关的细节或特征。

（2）气泡图（bubble map）。使用形容词或形容词短语来描述事物，主要用于描述事物的性质和特征。与圆圈图不同，气泡图主要用来增强对事物特征的理解和认识。其基本呈现形式如图 2-20 所示，中心圆圈内是被描述的事物或者概念，外面圆圈内写下事物的基本特征或者概念的基本内涵。

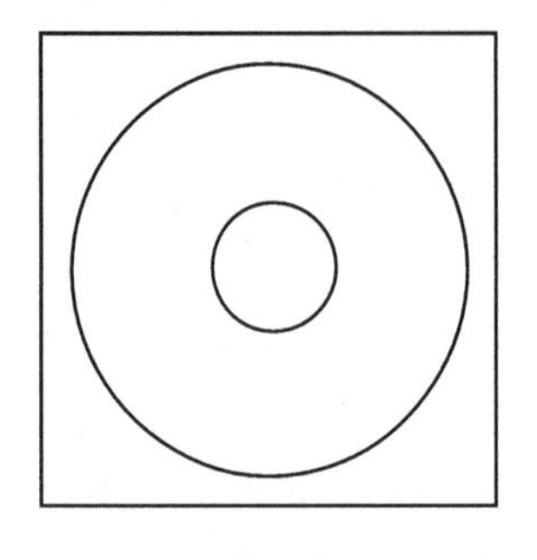

图 2-19　圆圈图

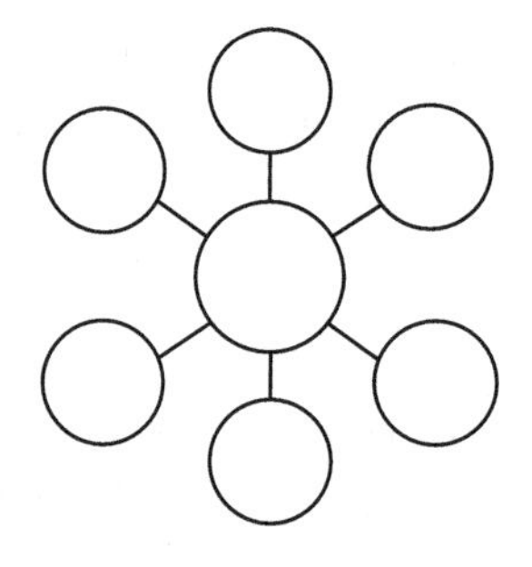

图 2-20　气泡图

（3）双重气泡图（double bubble map）。是气泡图的升级版，可对两个相似概念或者事物进行对比和比较。其基本形式如图 2-21 所示，两个被比较的事物或概念放在两个中心圆圈内，外围圆圈和中间圆圈分别用来展示两个事物或概念的不同点、相同点。

（4）树状图（tree map）。是常见的一种思维地图，主要用来对事物进行分组或分类。树状图如图 2-22 所示，树状图的根节点写下被分类事物的名称，下面写次级分类的类别，依此类推。

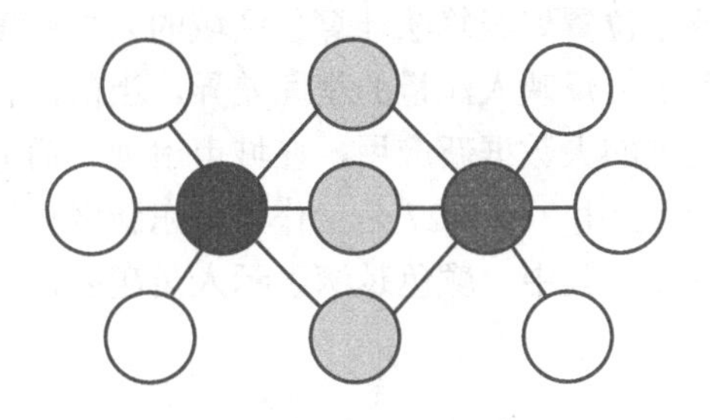

图 2-21　双重气泡图

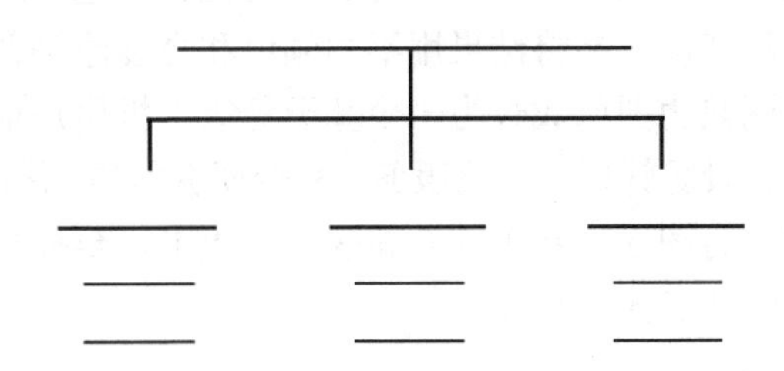

图 2-22　树状图

（5）括号图（brace map）。主要用于分析、理解事物整体与部分之间的关系。其基本形状如图 2-23 所示，括号左边是事物的名字或图像，括号里面描述物体的主要组成部分。

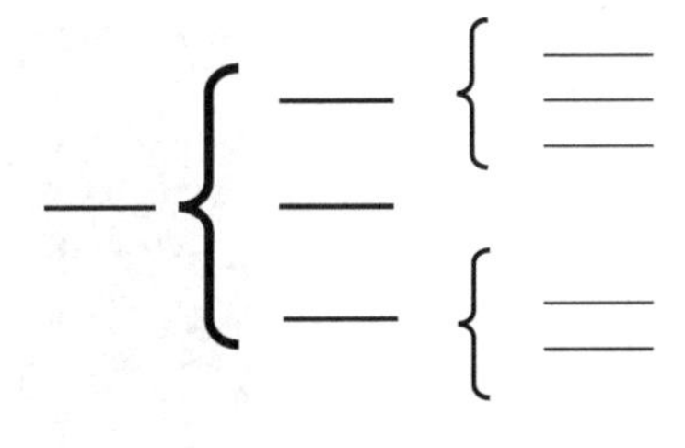

图 2-23　括号图

（6）流程图（flow chart）。主要用来列举顺序、时间过程、发展步骤等，可从时间序列去理解事物的发展过程和内在逻辑。其基本形式如图 2-24 所示，大方框表示事件发生的具体过程，下面小方框表示每个过程的子过程。

（7）复流程图（multi-flow chart）。也称为因果关系图，主要用来展示和分析事件发生的原因和产生的结果。其基本形式如图 2-25 所示。中心方框表示重要的事件，左边是事件发生的原因，右边是事件产生的结果。

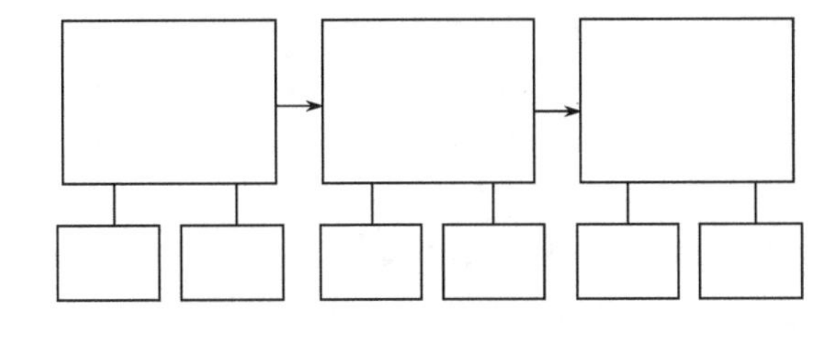

图 2-24　流程图

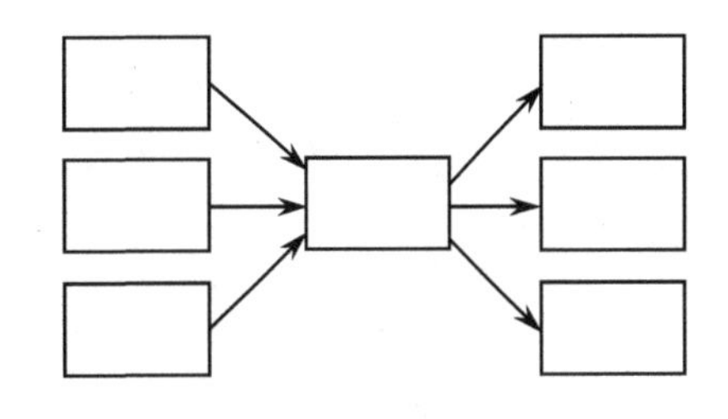

图 2-25　复流程图

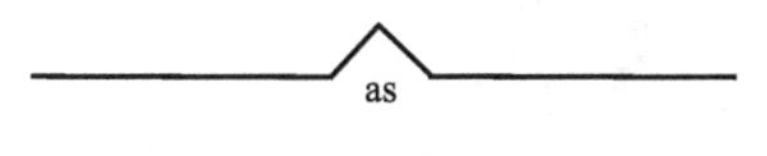

图 2-26　桥形图

（8）桥形图（bridge map）。这是一种主要用来进行类比和类推的思维地图。其基本形式如图 2-26 所示，桥形左边横线的上面和下面写下具有相关性的一组事物，按照这种相关性，在桥形的右边依次写下具有类似相关性的事物，进而形成类比或类推。

c. 热力图

热力图（heat map）通过密度函数来进行数据可视化，能够使人们独立于缩放因子感知点的密度。2006 年，热力图作为一种研究模型在微软公司内部发布。2011 年，百度公司发布全球首款免费智能统计热力图，以特殊高亮的形式显示用户点击位置或所在界面位置的图示，并根据点击位置的不同点击情况使用不同的颜色加以区分展示。借助热力图，可以直观地观察到用户的总体访问情况和点击偏好，为界面优化与功能调整提供强有力的参考依据，有助于提升用户体验。

2014 年，百度地图热力图上线，其通过获取手机基站来定位用户访问百度产品（如搜索、地图、天气和音乐等）时的实时位置信息，通过特定位置聚类算法计算各区域的人群密度和人流速度，并将结果用不同颜色和亮度渲染在地图上，反映人流量的空间差异。当前，百度地图热力图已成长为一个基于亿级手机用户地理位置的大数据新应用，在城市治理、商业选址、景区管理、导航服务、社会研究等方面得到广泛应用。图 2-27 是工作日郑东新区百度地图热力图，显示了郑东新区人员集中甚至拥挤的程度。其中，颜色越深表示人员越多，颜色越浅代表人员越少。

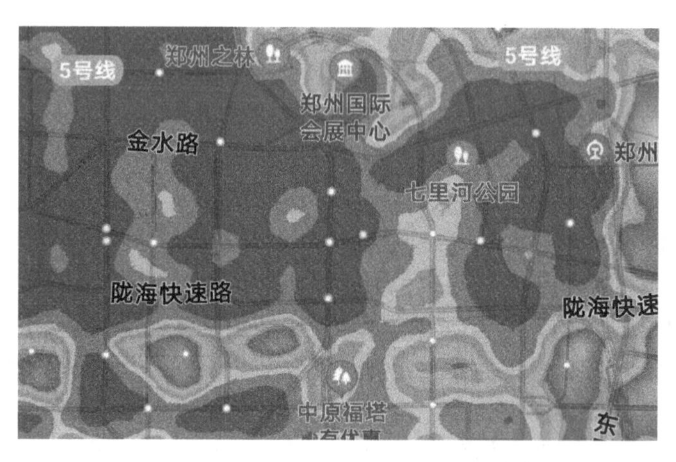

图 2-27　工作日郑东新区百度地图热力图

第 3 章　空间知识地图认知模型与抽象描述

3.1　空间知识地图制图对象

如前所述，空间知识地图面向用户知识背景和行为决策场景，从数据、信息、知识三个层面对时空现象的本质特征及其内在规律进行图形化描述，进而为人们的时空行为决策提供知识支撑。其内容构成既包括关于现实世界的空间数据、空间信息描述，也包括构成知识空间的空间知识及其关联关系表达。空间知识地图对于时空现象的刻画，不仅仅存在于数据和信息层面，也存在于知识层面。其制图对象主要有与人类时空行为密切相关的自然空间、社会空间和信息空间相关要素构成的地理空间，以及对地理空间（尤其是行为空间）进行深刻认识的知识空间。

3.1.1　空间知识地图地理空间

空间性是地学区别于其他学科的基本特性。地球表面的任何地理现象、地理事件、地理效应、地理过程，统统发生在以地理空间为背景的基础上。人类的一切行为都是也只能是发生在特定的时间和空间中。时间和空间的本质是哲学的基本命题，目前仍没有一个统一的定义。根据人们认识和改造世界的需要，大致形成了牛顿的绝对时空观、爱因斯坦的相对时空观、量子时空观及马克思的物质运动特性的时空观、莱布尼茨的事件时间观。舒红等（1997）根据 GIS 中时间和空间所处的特殊研究环境和人们应用过程中对时空信息的需求，综合上述四种时空观，形成 GIS 的时空观。根据牛顿“宏观低速世界里，时间和空间绝对存在”的观点，认为时间和空间是一种度量的尺度；根据莱布尼茨“时间的本质是事件的序列”的观点，提出时态关系的直接研究对象是事件；根据爱因斯坦“微观高速世界里，时间和空间相对存在”的观点，认为 GIS 中的地理空间是以地球表面及附近为参照的空间，地理时间尺度是根据地理事件发生的频率来决定的，常采用地球绕太阳周期性运动的年月日单位；根据马克思“时间和空间是运动着的物质存在的基本形式”的观点，发现 GIS 里时间、空间和属性是地理实体的三个基本特征。

空间、时间是运动物质存在的两个基本形式。在地学领域，空间刻画了地理实体的空间位置、空间分布与空间相关性。时间刻画了其存在时间、变化情况及时间相关性。在对时间、空间的本质及“人-机-地”三者关系深入思考的基础上，舒红又从地理空间的地在（物理地理空间）、机在（数字地理空间）和人在（认知地理空间）三方面辩证论述了地理空间的存在。物理地理空间是数字地理空间的原型，是认知地理空间的物化；数字地理空间是物理地理空间的机器模拟和数字抽象，是认知地理空间的数字表达和计算伸展；认知地理空间是物理地理空间的主观抽象，是数字地理空间的概念基础（舒红，2004）。物理地理空间、数字地理空间、认知地理空间三者关系如图 3-1 所示。

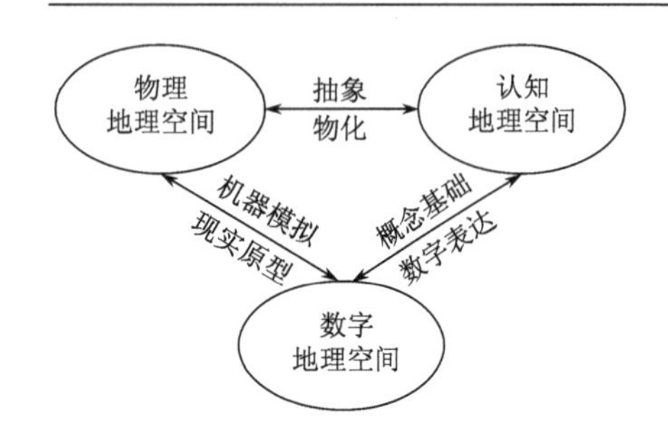

图 3-1　物理地理空间、数字地理空间、认知地理空间三者关系（舒红，2004）

地理空间由一系列从地理空间抽取的地理实体和地理事件构成。地理实体是指现实世界中的各种客观存在，具有一系列允许人们依据相似性进行拆分和分类的共同属性，在现实世界中再也不能划分为同类现象。地理实体既可能是某种自然现象，如油井、河流、湖泊；也可能是某种社会现象，如行政区划、经济带。自然现象类地理实体的空间位置由自然界定，而社会经济类地理实体的空间位置人为划定。地理实体有很多属性，人们往往只关注自身感兴趣的部分。例如，同一条道路，普通司机只关注道路的车道数量、拥堵时段等属性，而货车司机则关注道路的限重、限高、限行等属性。依据其空间特征，地理实体通常分为点状实体、线状实体、面状实体和体状实体。复杂的地理实体由这些类型的实体复合而成。地理事件是指地理实体在某时间（确切为时刻）的值或某空间的值（强调值在空间或时间的关注度）。事件是时空数据发生变化的原因。地理事件隐含了时空变化的内部规律。地理事件通常通过具有共同时空行为的特征对象的状态及其变化来体现。

人们通常是用自己感兴趣的属性作为所描述实体的基本特征。同一个实体，面向不同的应用，基于不同的认知背景和认知习惯，常常被抽象为不同的地理特征。地理特征属于认知地理空间的范畴，是地理实体在人脑中的反映，是人们对地球表面及其附近地理实体各种认识的集成。地理特征可以看作拥有共同属性和关系的实体类，是对现实世界中地理实体及其在计算机世界中的地理对象（实体全部或部分特性在数字化环境下的表达）的高度概括和抽象。地理特征既包括自然地理特征，也包括人文地理特征，常用多种维度表示：时间、空间、属性及特征间各种各样的关系。

3.1.2　空间知识地图知识空间

20 世纪 80 年代，Doignon 和 Falmagne（1985）提出了知识空间理论，采用数学形式化的方式来表示任一领域的知识结构。在知识空间理论中，任一领域的知识被描述为一个所有问题（难题）的集合（集合内问题数量有限），简称知识域。与该领域相关的个体所能解决的问题集合，称为该个体的知识状态。在知识状态中，问题之间存在拟序关系（quasi-orders），也即知识状态的问题之间满足自反性和传递性，而不具有反对称性。由于知识状态间存在拟序关系约束，并不是所有知识域的子集都是知识状态，这大大降低了知识状态的数量。由所有的知识状态构成的集合称为知识空间（knowledge space）。知识空间理论广泛应用于计算机辅助教学和知识测评中，并成为数学心理学的重要组成部分。

知识空间具备有效描述知识域内知识结构的能力，可将领域知识通过知识状态、知识结构及相互关系形成一个具体的空间。但是，基于问题的形式描述知识仅是知识表示的一种手段，不是所有的知识都可以采用问题的形式进行描述。此外，仅仅基于拟序关系刻画知识的层次关系和区分知识粒度在许多领域仍存在明显不足。因此，针对具体领域构建知识空间，需要科学界定知识单元、慎重选择知识表示方法和重新构建知识关系。

在知识领域，知识因子或者知识单元是知识的研究对象，主要是指知识域内表征一定语义内容并可作为一个整体进行处理的逻辑单位。20 世纪 90 年代，中国工程院何新贵院士

（1990）主张采用知识原子、知识因子、知识项和知识表达式等概念统一表示各领域知识。其中，知识原子是指不能再细分的知识元素，是各领域知识的最小构成单位；知识因子由一组相互关联的知识原子构成，用以描述事物、对象、问题或任何一种实体的属性取值情况；知识项由相互关联的知识因子组成，主要表示知识因子间的相互关系和语义联系；知识表达式则是由知识项及其关系描述的完整知识体系。知识空间的构建过程，实质就是面向不同应用的领域知识组织和表示，是对领域知识单元的重组，并实现数字化存储和信息化管理。

空间知识是人脑对数字地理空间和物理地理空间深度加工的结果，是对物理地理空间内各种地理现象和内在演化机理的合理解释，可有效辅助人们在物理地理空间内的各种时空行为决策。从系统论观点出发，俄罗斯学者 Cherkashin（2008）提出空间知识结构就是反映真实近地空间核心结构系统规律性的多种多样分层。空间知识层次、粒度及其作用范围如图 3-2 所示。图 3-2 中不同大小的黑点代表不同粒度的空间知识单元，不同半径的圆代表不同的地理圈层和知识单元的作用范围。一般情况下，知识单元越抽象，其粒度越小，作用范围越大，但使用起来越需要大量背景知识的支撑。知识单元越具体，知识粒度越大，作用范围越小，理解和使用相对比较容易。不同层次空间知识单元随着抽象程度的深化，呈现出数量递减的趋势。

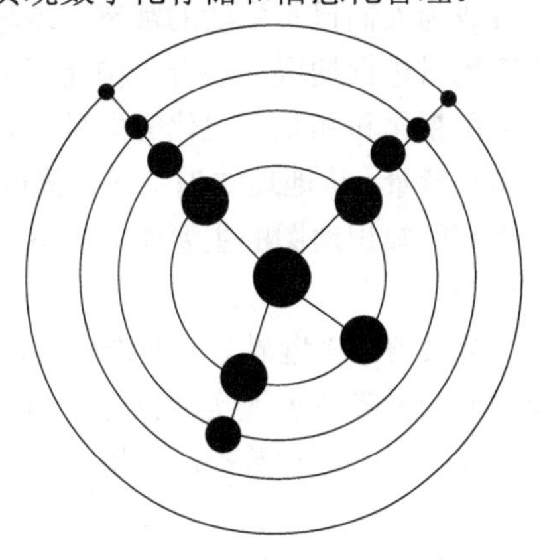
图 3-2　空间知识层次、粒度及其作用范围

与其他知识域相比，地理空间知识域具有明显的空间相关性和时间相关性。因此，地理空间知识因子之间的关系更为丰富，地理空间知识结构更为复杂。与其他知识域仅描述问题间的拟序关系不同，地理空间知识域还要描述空间知识间丰富的时空关系。不同于其他领域知识关系来源于对属性数据的数理统计和聚类分析，地理知识时空关系客观描述了地理实体及其空间概念之间的空间方位、层次结构、空间语义、属性语义、历史演化等丰富的地理关联。地理知识关系具有客观性、可计算性、可传递性、对称性、反对称性、复杂性等一系列特点。

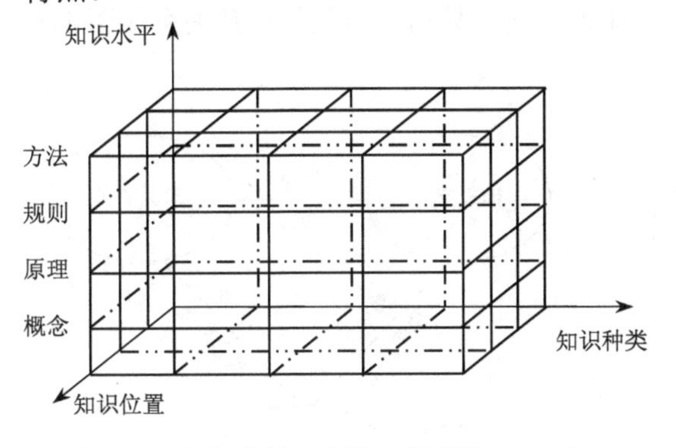

图 3-3　知识空间示意图（关丽等，2007）

地理知识空间由面向具体应用提供较为完整的概念、原理、规则和方法的空间知识及其关联关系一起构成。知识空间示意图如图 3-3 所示，它是一个由知识种类、知识水平及知识位置信息三个维度构成的虚拟空间。空间知识种类按照来源可以分为地理常识、栅格知识、矢量知识、时空知识、三维知识、地图符号知识、遥感影像知识和地物光谱知识等类型；空间知识水平按照可操作性分为四个层次，分别为概念级、原理级、规则级和方法级；空间知识位置信息主要存储知识所涉及地理空间的位置信息（关丽等，2007）。空间知识水平和空间知识种类确定了空间知识的具体内容，而空间知识位置则建立了知识空间和地理空间的映射关系。图 3-3 中的知识节点既可以是描述某一地理实体具体特征

的知识原子，也可以是由若干知识原子时空关系构成的知识因子或者空间模型，也可以是由某具体地理区域所有知识构成的子知识空间。

3.1.3　空间知识地图数据空间

在传统地图学领域，地理空间主要是自然地理空间，经由制图人员形成心象地图，进而通过地图符号设计的方式形成地图。而随着 ICT 技术的发展，实时地理信息获取和时空行为决策成为人们日常生活的常态。地理空间、地理知识空间经由制图人员和地图用户面向行为决策场景进行抽取、融合，构建行为空间，进而面向用户知识背景，综合运用数据可视化、信息可视化和知识可视化等多种可视化手段形成空间知识地图。如何面向用户不同时空行为和知识背景，从地理知识空间中提取相关数据、信息和知识并以恰当的可视化方式进行呈现，成为空间知识地图的主要研究内容。地理空间和知识空间一起被纳入空间知识地图制图对象的范畴。

从波普尔“世界三”理论来看，地理空间由自然空间和社会空间构成，存在于第一世界，即物质的世界或者现实的世界。与舒红强调机在空间不同，无论是纸质地图、地学论著等物化载体，还是地理数据库、地理信息系统抑或地理信息空间等数字地理空间，无论是地理数据、地理信息还是地理知识，都是人们对物理地理空间认识的结果，都属于地理知识空间的范畴，都存在于第三世界，即客观知识的世界。行为空间主要由用户关于地理空间和地理知识空间的认知地图和概念体系组成，属于认知地理空间的范畴，存在于第二世界，即精神的世界。在日常生活中，为了满足自身地理行为决策的需要，人们与地理空间和地理知识空间不断进行交互，获取相关信息，深化对于周围环境的认识，做出行为决策，发生地理行为，并将相关认识过程和认识结果通过数字化、符号化、网络化加入客观知识世界。在三个空间中，地理空间是行为空间的认知对象，地理知识空间是行为空间的认知结果。地理空间和地理知识空间不能直接发生作用，必须经由行为空间发生联系。从三个世界看地理空间如图 3-4 所示。图 3-4 中↔表示双向联系，→表示空间生成关系，⇄̸表示两个空间不直接发生联系。

地理空间、地理知识空间和行为空间共同构成空间知识地图的制图对象。地理空间、地理知识空间经过数据抽取和价值过滤进入行为空间，相关要素经过空间化、可视化形成空间知识地图的数据空间。空间知识地图地理空间、知识空间、数据空间及其相互关系如图 3-5

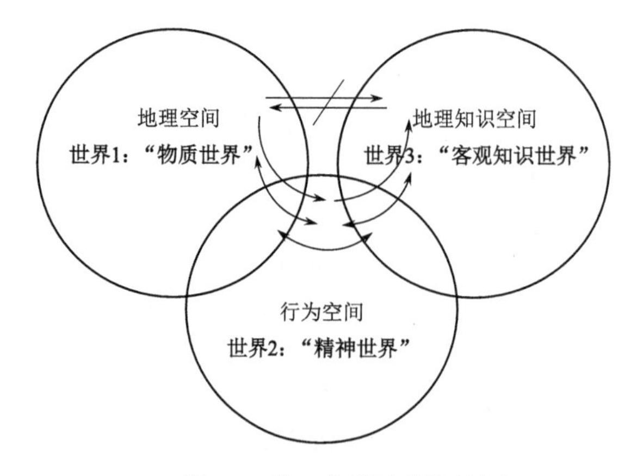

图 3-4　从三个世界看地理空间

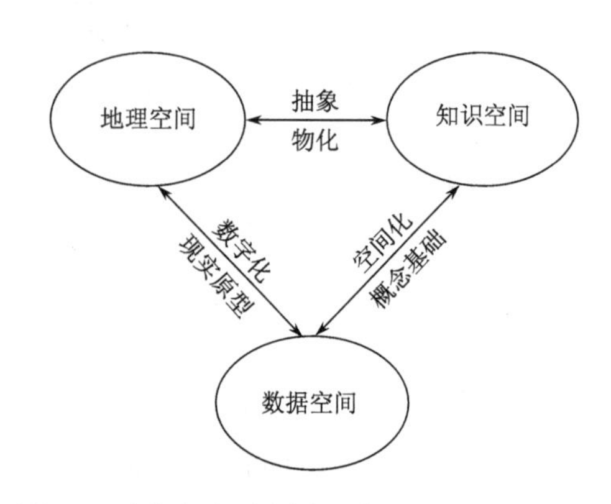

图 3-5　空间知识地图地理空间、知识空间、数据空间及其相互关系

所示。如何实现地理空间知识的空间化是地理空间知识可视化表达的基础，也是空间知识地图制图的关键。

3.2　空间知识地图认知模型

3.2.1　认知基础

空间知识地图的制图对象既包括地理空间，又包括地理知识空间。其中，地理空间既涉及自然空间，也涉及社会空间。地理知识空间中的知识来源于自然空间、社会空间和信息空间。与哲学空间、数学空间相比，这些空间具有明显的空间相关性。而空间性正是地学区别于其他学科的基本特性。

空间知识地图认知模型，是人们对地理空间和地理知识空间进行认知的过程模型。传统地理学对地理环境的认知方式，包括各类地理要素属性及空间分布的现象描述、特征分析和机理归纳等。构建空间知识地图认知模型，是为了探索和研究人们的思维机制，特别是信息处理机制，进而为设计相应的知识地图数据模型和表达模型提供新的体系结构和技术方法。空间思维是地学人员认识和重构世界的独特思维方式，是地学工作人员利用自身领域知识通过观察、分析、综合、比较、概括、抽象等方式去认识地理环境，并对地理实体的空间属性进行多个维度的思考，最终形成关于地理环境空间意象的思维过程。空间知识地图认知模型既涉及地图制图人员，也涉及地图用图人员，更涉及地理学的区域理论、社会心理学的社会认知理论、数学的集合理论、范畴理论等一系列理论和方法。

地理学的区域理论（张鹏顺，2011）可以作为空间知识地图的概念基础。其主要是用来解释地球表层的某一特定区域内的各种地理要素之间的关系、各区域之间关系及区域随时间进化过程的科学理论。区域不是一个自定义或者自然形成的对象，而是一个智能（intelligent）的概念，是出于某种思维目的，通过选取与所关注区域或问题相关的特征，舍弃不相关的特征而创建的实体（James and Jones，1954）。与之类似，这里的特征也可以看作面向具体应用和特定尺度的具有一定属性和关系的智能概念，是通过选取与特定问题相关的属性和关系，舍弃不相关的因素而建立的。

社会认知属于信息加工心理学和社会心理学的范畴，是关于人和人的行为的认知与知识（Flavell and Miller，1998）。社会认知理论（Wood and Bandura，1989）则起源于 1952 年由美国心理学家阿尔伯特·班杜拉提出的社会学习理论，其研究对象是人及人类的事件。与传统行为主义的个体决定论和环境决定论不同，班杜拉提出，环境、人及其行为之间存在动态的相互决定关系。相互决定是指环境、行为、人三者之间互为因果，每二者之间都具有双向的互动和决定关系。社会认知理论为社会空间认知，以及自然空间、社会空间和信息空间等不同空间交互提供理论基础。

集合理论包括集合的基本概念和相关理论。集合是指具有某种特定属性的事物的总体，组成这个集合的事物称为该集合的元素。从某种意义上讲，地理特征可以看作拥有共同属性和关系的地理实体集。集合理论具有明显的缺点，不是数学意义上的每一个集合都是一个地理特征类或者一类中的同一个等级。基于集合理论，通过对地理实体认知分组具有决定作用的属性和关系的共性特征进行统计分析，可以建立用于地理分析的常规基本对象或者特征的系列集合。

范畴论产生于20世纪40年代，通过观察各种数学对象的普遍特征和相似性，强调各种数学对象之间的普遍联系，是反映数学各分支共性的一般性理论（杨先娣等，2009）。范畴化是人们对事物进行分类、赋予其一定结构的高级心理认知过程，是人类思维、感知、行为和语言最基本的能力。与集合论相比，范畴论具有更高的抽象性和更强、更直观的表达力。其研究重点在于对象之间的关系而非对象的内部结构，比集合论更适合建立较高抽象层次的模型。范畴论为计算机理论科学提供了一种工具、思维方法和研究手段。后经 Rosch（1978）和 Lakoff（1987）运用到认知领域，形成了认知范畴理论（cognitive category theories），也称认知分类理论。认知范畴理论主要包括原型范畴（prototype category）理论和基本层次范畴（basic-level category）理论。

在同一概念范畴中，成员有典型和非典型、中心和边缘之分。原型范畴理论认为原型是最能反映范畴特征的典型的中心成员，既可以是范畴中的一个或一群核心成员，也可以是范畴原型的特性组合，还可以是对应于范畴核心概念的图示表达。Rosch 等（1976）认为原型是人们对世界进行范畴化的认知参照点（cognitive reference point），所有概念的形成都是以原型为中心的。

认知科学表明，人们对事物的认识既不是从最概括的角度出发，也不是从最详细的层次进行，而是从中间层面（基本层次范畴）开始的。基本层次范畴理论认为，范畴具有等级之分，包括上位范畴、基本范畴和下位范畴。人们总是用较简单具体的概念来指代较复杂抽象的概念，并从自身及相关行为出发，将概念辐射到其他领域。基本范畴拥有程度合适的具象性或者说抽象概括适度，便于人们将概念与指代的事物或事件相关联。人们对基本层次范畴一般采用格式塔认知方式。与基本层次范畴相比，上位范畴更为抽象概括，通过集合基本层次范畴来更加突出所属成员的共性特征；下位范畴则更为具体详细，是通过添加部分属性而对基本范畴的再次划分。

在可感知的地理世界中，同类型的地理实体拥有相似的属性和关系，拥有一部分共同的属性、共同的行为功能、相似的形状、常规的形状标识。认知范畴理论为空间知识地图中地理特征的分类分级，面向特定的应用和尺度根据相似性对地理特征进行聚类提供了方法。原型范畴可以作为地理特征形成的参考。地理特征既可以是某一地理实体概念的核心成员，也可以是其典型特性组合。基本范畴理论为特征类、特征、特征实例的划分提供了理论依据。特征可以看作基本范畴，特征类则是上位范畴，特征实例是下位范畴。特征的识别不是一个简单的过程，每个特征都可以看作典型成员的最佳定义。

认知范畴理论要求地理特征面向特定应用和尺度来表达基本范畴的地理对象。而地理对象对具体应用和尺度的依赖，使得此类地理特征的开发极不容易。制图学的要素选取原则为开发面向特定应用和尺度的地理特征提供了借鉴。选取起源于现实世界中某种对象、情况或过程之间相似性的识别，提供对象区别于其他对象的基本特征及特征类的简明扼要边界。很久以来，制图人员已认识到制图要素的选取受到制图目的（具体应用）和制图比例尺（特定尺度）的制约。其通过运用从制图人员到地图用户的信息传输框架和制图变换理论，形成了如选取、化简、位移和概括等一系列有效的综合方法，保证在特定比例尺条件下地理现象在地图上的合理表达。与之类似，空间知识地图中的地理特征也需要面向特定应用和尺度进行选取和表达。

总之，空间知识地图的认知模型是人们对周围环境形成空间认知的基本过程，可有效表征环境、行为、人的相互依赖关系。认知模型的建立不是一个简单的数据收集过程，而是一个系统的数据处理过程。地理学的区域理论为空间知识地图基本概念的形成提供了理论基础。社会认知理论为不同空间元素的交互提供了理论支撑。认知范畴理论和制图学的选取原则为知识地图要素的提取、分类分级、结构化提供了理论框架。集合理论可以用来结构化空间知识地图要素的专题群，保证没有歧义性，建立一系列规则集。

3.2.2　地理空间认知模型

地理空间中的地理实体属性结构及其关联关系错综复杂。不同领域的人员从不同的角度出发去认知同一地理空间，对于地理实体属性结构和相互关系的关注重点、抽象程度、抽象过程都不尽相同，最终形成了各种各样的地理空间认知模型。

根据 GIS 数据组织和处理方式，目前地理空间认知模型大体上可分为三类：基于对象（object-based）、基于网络（network-based）和基于域（field-based）的认知模型（Jones，1997）。基于网络的认知模型由于可以看作由点对象和线对象之间的拓扑关系构成，常被看作基于对象的认知模型。

地理世界表达最广为接受的两种模型是基于对象的认知模型和基于域的认知模型。基于对象的认知模型是将地理空间看作一个空域，由离散的、具有明确标识、边界和描述属性的地理实体组成。这些对象通常与具有某些共同特征的具体地理实体类相对应，如道路、建筑、水系、植被、地貌等。基于域的认知模型把地理空间看作实体在空间上的一系列连续分布，如大气污染程度、气候、气象、民族居住区、地表温度、植被覆盖、土地覆盖、土壤湿度等。在 GIS 中，这两种认知模型被认为是有效的地理认知参考框架，通常面向具体的问题经过少许变动而被人们普遍采用。

开放式地理信息系统协会（OGC）为了提高 GIS 的互操作能力和不同来源的地理信息共享，建立了开放的、公认的由八个接口相互联系的九个抽象层次的地理空间认知模型（Kottman and Reed，2009）。OGC 地理空间认知模型如图 3-6 所示。其中，现实世界、概念世界、地理空间世界、维度世界、项目世界等是对现实世界的抽象，也称为感知世界，不进行软件建模；点世界、几何世界、地理要素世界、地理要素集合世界等是对现实世界的数学和符号描述，可称为 GIS 工程世界，易于进行软件建模。

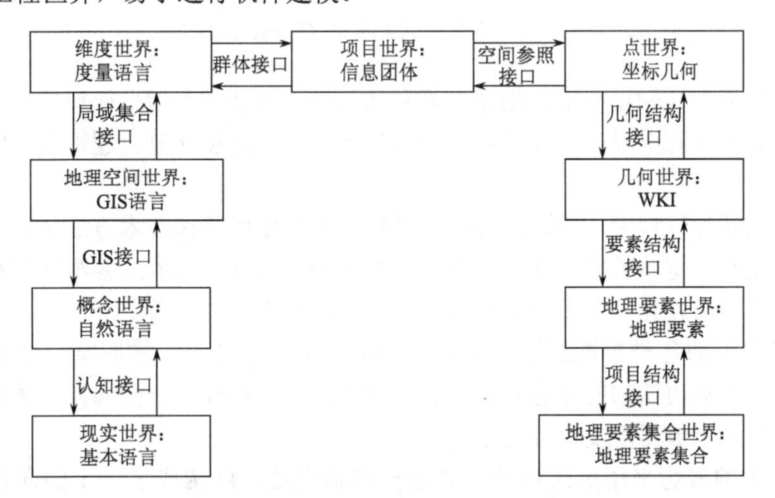

图 3-6　OGC 地理空间认知模型

美国学者 Fonseca（2001）认为，从现实世界到计算机的执行世界，需要经过五个不同层次的抽象过程。这些抽象过程均涉及现实世界各种各样概念特征的处理。他在“物理世界-认知世界-逻辑世界-信息世界”四个世界模型的基础上，提出了一个更加强调本体和表达的“五个世界”（物理世界—认知世界-逻辑世界-表达世界-执行世界）认知模型。该模型较好地反映了人类地理空间认知和计算机表达过程。“五个世界”认知模型如图 3-7 所示。人类通过认知系统中的感觉和知觉来识别和获取现实世界中的各类现象，形成一个物理世界，并分类存储在人的大脑中；物理世界中的信息经过人类认知系统的认知形成一个可表达的认知世界；认知世界的概念经过形式化描述，形成一个脱离人脑而存在的逻辑世界；顾及空间世界的特殊性（如参考系、基于域模型和对象模型的概念化），逻辑世界中的本体就转换成计算机世界中的表达世界；表达世界中的组件转换为计算机可处理的语言结构和数据结构，就形成了执行世界。

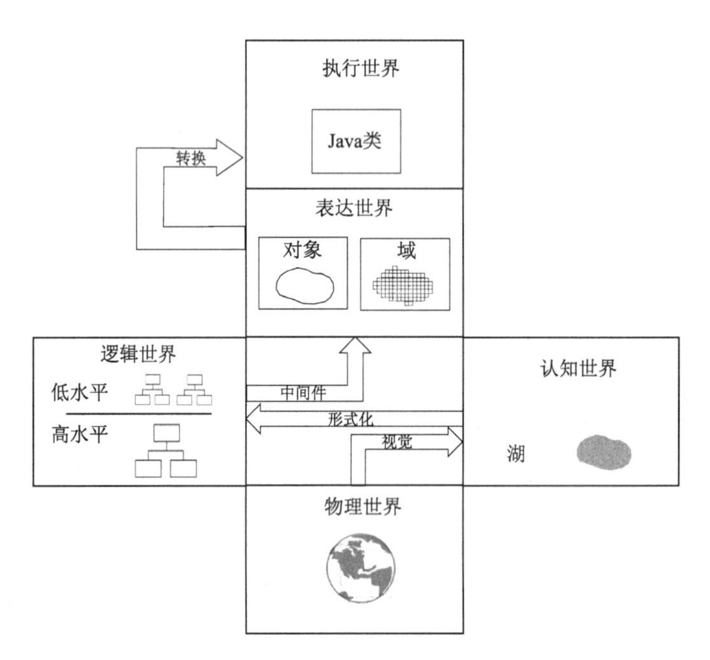

图 3-7 “五个世界”认知模型（Fonseca，2001）

在“五个世界”认知模型中，物理世界和认知世界涉及个人信息处理的生理层面和认知层面。表达世界和执行世界涉及计算机空间信息处理的表达和存储。逻辑世界则是人机交互的桥梁和基础。

在地理空间认知过程中，物理世界可以看作由人们使用各种技术方法从现实世界获取的各类原始数据集合。这些数据是现实世界中人们感兴趣的各类现象的客观描述和真实再现。通过视觉和计算机可视化，一个复制的现实世界呈现在人们的面前。

当物理世界中的各类数据经过人脑的认知加工和数据处理，按照某一逻辑框架进行重构，进而生成一系列可认知的概念并存储到人脑中，就会形成一个面向特定领域、特定人员的认知世界。认知世界是现实世界的重构。

认知世界中的概念采用形式化的方式进行逻辑表达，就构成了一个面向领域的逻辑世界。本体是逻辑世界的有机组成部分，明确反映了认知世界中各类概念的逻辑结构。逻辑世界存在两个层次的本体。高层次本体包含了更通用的地理学、地图学的理论概念，属于领域本体的范畴。低层次本体则是面向特定任务和特定领域的专用概念，是关于特定任务及如何完成这些任务的具体描述，属于任务本体的范畴。

为了让逻辑世界中的本体进入计算机世界，需要通过语义中间件技术将逻辑世界和表达世界相关联。为了便于对逻辑世界中的本体进行操作，需要对其进行符号化表达，进而形成表达世界。基于对象和域的本体是表达世界中的基本概念。表达世界需要处理如何从现实世界中获取这些概念、如何度量这些概念、如何描述及呈现这些概念之间的关联关系等一系列问题。

逻辑世界和表达世界中的本体用计算机语言进行描述，生成一系列描述现实世界实体和现象的类，形成了执行世界。执行世界包括一系列地理空间数据存储结构和操作方法。执行世界为构建数据模型和建立信息系统提供了概念体系和技术架构。

总而言之，OGC 九个抽象层次的模型更符合 GIS 技术人员认知和表达现实世界的思维习惯，强调了地理实体的维度特征和空间特性，但是对于其丰富的语义关系描述明显不足。Fonseca 的“五个世界”认知模型是基于本体和面向对象思想对地理实体及其关系进行形式化表达，能够较好地表示地理实体间各种各样的关系，符合人们的思维习惯和认知过程。从认知目的来看，二者都是按照不同的应用目的将现实世界中地理实体的空间结构、属性特征及关联关系以计算机可理解、可存储的方式进行形式化描述，都是从现实物理世界到虚拟计算机世界的抽象。

3.2.3　地理知识空间认知模型

地理知识空间是一个关于“人地网”相互关系的复杂知识网络，可以看作由一系列知识节点及其相互关系构成的集合。地理知识空间中的知识既涉及自然空间，也涉及社会空间，更涉及信息空间。地理知识空间的研究对于正确认识自然界和社会上的各种现象和事件具有重要的现实意义。与 Fonseca 的“五个世界”认知模型相对应，地理知识空间认知模型涉及知识获取、知识分类、知识建模、知识表达和知识存储五个环节。

1. 知识获取

与地理空间认知模型通过观测、遥感、传感等技术直接从现实世界获取地理空间数据构建物理世界不同，地理知识空间认知模型的物理世界需要从由地理实体及地理现象构成的自然空间、由社会实体（人）及社会现象构成的社会空间，以及由关于自然空间和社会空间的数据、知识、模型构成的信息空间抽取相互关联的数据以形成由知识节点构成的客观知识世界。

采用实地勘察、遥感遥测、统计调查、传感器、物联网、互联网、信息系统等不同的地理空间数据获取手段，客观知识世界的数据源包括但不限于遥感数据、实测数据、地图数据、统计数据、档案数据、手机数据、物联网数据、网络数据、通信数据及现有信息系统数据。知识获取主要是面向具体任务和具体问题从海量数据中提取相互关联的各类数据，并采用知识发现和数据挖掘技术来获取相关知识节点。

2. 知识分类

知识分类发生于认知世界。知识分类是人们学习、记忆、理解和应用知识的前提。不同领域的相关学者对知识进行了不同的分类。当代认知心理学家安德森认为，人类知识可以分为陈述性知识和程序性知识两类：陈述性知识是掌握程序性知识的基础和前提，程序性知识是运用描述性知识解决问题的能力。佩威奥根据知识的认知可达性，将知识分为隐性知识和显性知识：显性知识是人们能够明确表达的、有物质载体的知识，表现形式包括语言、符号、数据、文字、科学公式、公理等，可以在不同人群之间进行自由传播和共享；隐性知识，又称为意会知识，是一种个人或组织经过长期积累而拥有却不易用语言明确表达的知识，根植于个性化的行为和经验，主要包括直觉、预感、信念、感知、理想、价值、动机和心智模型等，难以与其他人进行交流。1996 年初，经济合作与发展组织在《以知识为基础的经济》这份报告中将知识内容分为“4 个 W”：Know-What（知道是什么），Know-Why（知道为什么），Know-How（知道怎么做）和 Know-Who（知道是谁的）。在 2001 年发布的布鲁姆教育目标分类学修订版中，将知识分为事实性知识、概念性知识、程序性知识和元认知知识四个维度。学者 Nickols（2000）根据知识是否被明确表达及能否被明确表达对各类知识的关系进行描述。各种类型知识的相互关系如图 3-8 所示。

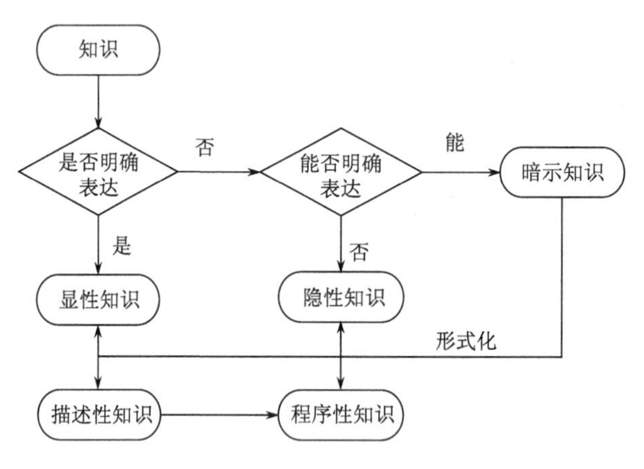

图 3-8　各种类型知识的相互关系

3. 知识建模

知识建模对应于逻辑世界，是将认知世界中的知识及其关联关系进行形式化的过程。知识建模是构建地学专家系统和智能系统的基础和前提。知识建模的最终目的是采用恰当的知识表示方法将地理知识编码成一种易被计算机理解和存储的、恰当的数据结构。知识建模的重点是：针对地理知识的多源性、多结构性等特点，采用人工神经网络和面向对象方法实现知识单元的有效集成，地理知识与结构化、非结构化海量时空信息的动态关联，面向不同任务、不同人员、不同问题的地理知识重组分类等。

4. 知识表达

知识表达对应于表达世界，是对逻辑世界中各类知识的有效知识表示。在人工智能领域，常采用产生式系统（规则）、逻辑、框架、语义网络等基于符号逻辑的表达方式来模拟人的心理活动和思维过程。但是，人们对客观世界的视觉感知、空间认知、空间分析、空间推理和空间决策等行为是以模拟人的空间形象思维和视觉等生理活动为主的，是同时基于心理和生理两方面的相互交错的智能活动。基于语义的知识表达模型对空间信息决策分析是有限制的，必须发展基于模拟生理活动的知识表达模型。基于人工智能的并行知识处理模型（主要包括神经网络和遗传算法）和面向对象知识表达模型（适合表达地学分析中地学属性和地学过程一体化的知识体或者地学对象）作为一种新型时空知识表达架构，可在知识获取、知识重组、知识推理和知识分析等领域提供强有力的支撑。

5. 知识存储

知识存储对应于执行世界，是将地理知识以计算机编码的方式进行存储。知识库是将传统的数据库技术和人工智能技术相结合的产物，是信息时代知识管理和知识工程发展的必然要求。知识库构建的过程，就是模拟领域专家解决问题的过程，采用一种或者多种合适的知识表示方法将通过各种获取技术得到的领域知识在计算机中进行存储、组织、管理和应用。知识库是专家系统和智能系统的核心和基础，其与普通数据库的区别在于：它是在普通数据库的基础上，有针对性、目的性地抽取知识点，并按一定的知识体系进行整序和分析而组织起来的有特色的、专业化的数据库，是面向用户的知识服务系统（鄢珞青，2003）。因此，知识库中的知识与数据库中的数据的区别不仅是关于对象的事实描述，还包含通过各种获取技术和专家分析得到的大量规则和过程性知识。目前，知识库系统中一般采用的是“事实-概念-规则”所表示的三级知识体系（韦于莉，2004）。知识库结构示意图如图 3-9 所示。

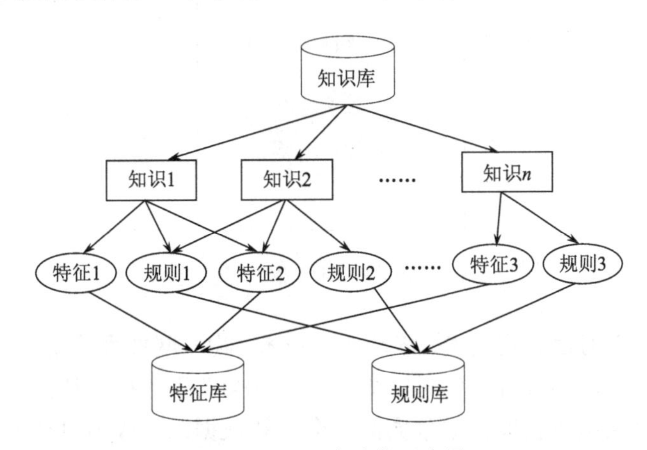

图 3-9　知识库结构示意图

3.2.4　空间知识地图认知模型

相对于传统地图，空间知识地图更加强调自然空间、社会空间、信息空间的多维空间一体化表达，更加侧重地理空间本质特征、内在规律、演变机理等的知识化表达，更加强调面向不同人员、不同任务、不同场景的个性化表达。因此，空间知识地图认知模型必须从地理空间认知、地理知识空间认知等不同视角出发，构建一个面向“现实世界-物理世界-认知世界-逻辑世界-表达世界-执行世界”多种抽象层次的统一认知模型。空间知识地图认知模型既涉及对现实世界地理现象空间特征和语义特征的认知，也涉及对现实世界中人的社会关系、社会行为、社会情感等社会现象的认知，更涉及信息空间中地理事实、地理概念、地理规则的认知。空间知识地图认知过程既涉及数据层面的处理分析，也涉及知识层面的综合创新。根据空间知识地图研究特点，综合地理空间认知模型和地理知识空间认知模型，在 Fonseca“五个世界”认知模型的基础上，本书提出了空间知识地图统一认知模型，如图 3-10 所示。

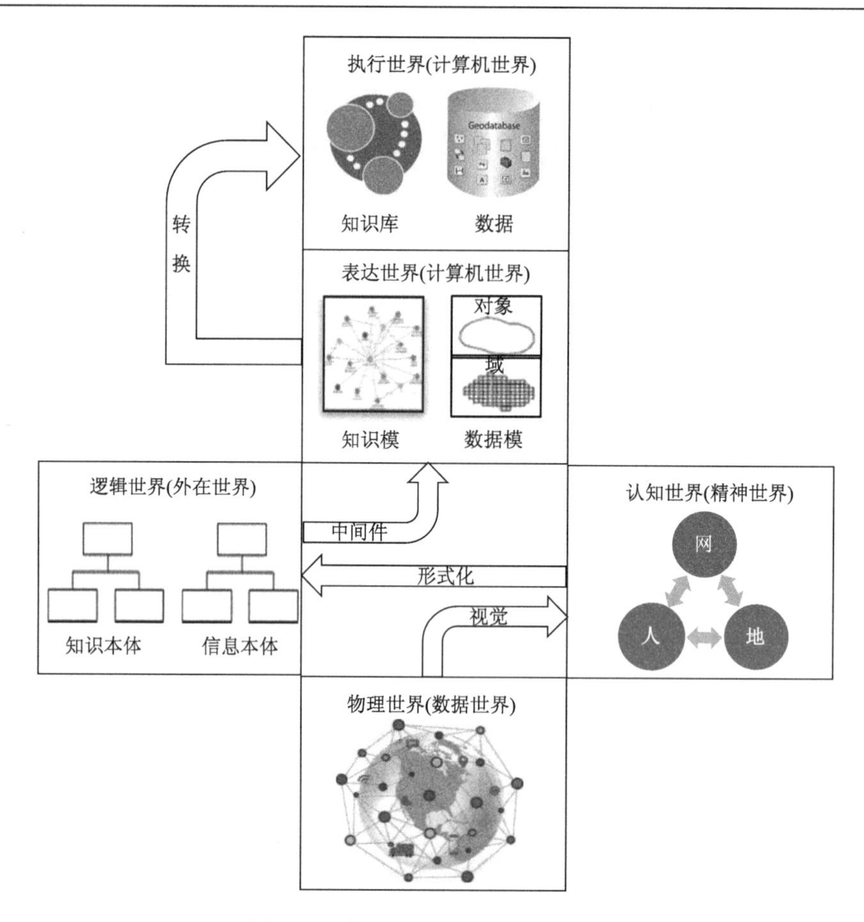

图 3-10　空间知识地图统一认知模型

在 ICT 时代，随着对地观测技术、移动通信技术、物联网技术等新一代信息技术的发展，人们可以从现实世界获取各种各样的时空大数据。社会关系数据、社会行为数据、社会情感数据等以前只能靠社会调查获取样本数据的社会感知数据，也成为时空大数据的重要组成部分。这些时空大数据一起记录着现实世界。

面对海量的时空大数据，仅仅依靠人类视觉和大脑来感知和认知世界已不太可能。计算机视觉、机器学习等信息处理技术代替人类从影像或者多维数据中提取相关数据、信息、知识，大大提升了人们的感知能力。人们对物理世界的感知更加全面。来自于自然空间、社会空间和信息空间的关于人、地、网及其相关关系的信息和知识一起构成了认知世界。在认知世界人们形成了对自然环境、社会环境、信息环境及“人地网”关系的认识，形成一系列关于现实世界的空间概念和关于现实世界的空间知识。

认知世界中的一系列空间概念和空间知识采用本体等形式化方法进行描述，构成了外在的逻辑世界。在逻辑世界中，既有关于现实世界的知识本体，也有关于现实世界的信息本体。不同层次的本体是对现实世界进行数字化描述的前提和基础。

认知世界中的信息本体和知识本体经过中间件技术可以转换为计算机可以理解的模型，从而进入表达世界。表达世界涉及空间世界的特性（如空间基准、对象和域等概念）。空间数据、信息、知识的符号化表达存在于表达世界。由于空间知识地图涉及数据、信息和知识的不同层面，其表达世界由基于位置的数据表达模型和基于概念的知识表达模型两部分构成。知识模型可以为数据模型的数据解译、数据操作提供规则支持；数据模型可以为知识获取、知识学习提供数据支撑。

表达世界中的模型经过模式转换，可以转换为便于计算机进行处理、分析、推理、存储的类，数据结构，操作方法等进行描述。现实世界中实体、属性及其关系构成了执行世界，并以知识库和数据库的形式进行存储。执行世界为解决人们面临的一系列空间相关的现实问题提供了强有力的数据和知识支撑。

空间知识地图认知过程就是从现实世界到数据世界、从数据世界到精神世界、从精神世界到外在世界、从外在世界到计算机世界的循环迭代过程。在空间知识地图的认知抽象过程中，人们通过认知系统对现实世界进行感知和认知，形成地理空间的基本概念，并同时运用计算机和人脑两个强大的处理工具对物理世界的认知结果（空间数据、地图、相关地理空间信息产品、社会关系、社会行为等）进行深入分析加工，得到关于地理空间本质特征及其内在规律性的创造性认识——空间知识，形成知识空间。为便于计算机处理存储，基于本体等技术手段对空间数据、空间信息、空间知识及其关联关系进行形式化描述，形成了逻辑世界。在逻辑世界中，知识本体反映空间知识及其关联关系，是关于现实世界更具有普遍性的理论；信息本体是面向特定领域、特定任务的地理实体及其关系的详细描述。表达世界和执行世界都属于计算机世界的范畴，一个是关于现实世界的模型构建，一个强调关于现实世界的数据、信息、知识的数字化存储和知识化应用。

总之，空间知识地图认知模型涉及自然空间、社会空间和信息空间的空间交互，也涉及数据空间、信息空间和知识空间的空间映射，最终融合成一个面向具体领域、具体任务、具体问题的地图空间。

3.3　空间知识地图的数学基础

3.3.1　空间知识地图的概念抽象

1. 空间知识地图的概念模型

空间知识地图从数据、信息、知识三个不同层次对地理空间进行抽象描述。空间知识地图概念模型如图 3-11 所示。其中数据层是关于地理行为决策环境的详细记录；信息层是面向用户领域背景的信息解读；知识层是面向用户知识结构的知识组织和表示。三者基于统一的时空基准进行符合用户认知习惯的可视化表达。空间知识地图的核心问题是知识的空间化和知识的可视化。

2. 空间知识地图的建模

模型是对现实世界中的实体或者现象的抽象或简化，是对实体或现象中的最重要的组成、结构及其相互关系的表述（陶虹，2008）。建立模型的过程称为建模。

模型是建模活动的最终结果。模型的好坏在于它是否正确反映了真实世界的组成和结构，是否满足人们的认知习惯和应用需求。与传统地图相比，空间知识地图既要刻画地理实体（现象）的空间结构和空间关系，也要描述不同空间之间、地理实体（现象）之间、地理实体（现象）内部属性之间复杂的语义关系，以及地理实体（现象）几何特征、属性结构随时间的变化规律。

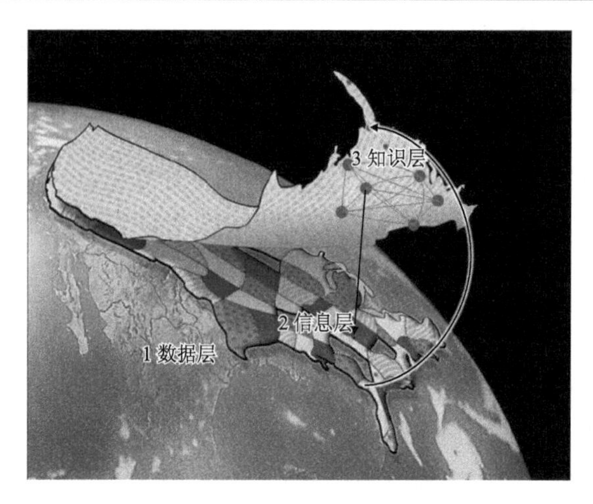

图 3-11　空间知识地图概念模型

空间知识地图的建模主要包括数据建模和知识建模两部分。数据建模指的是对现实世界中地理实体及其关联关系进行抽象，采用恰当的数据结构存储在地理数据库中。知识建模是将知识及其关系以计算机能够识别、理解、处理的数据结构进行形式化描述，并以图数据库或者知识库的形式进行存储和管理，也即知识表示。空间知识地图通过空间位置实现数据模型和知识模型的关联交互，进而实现不同空间的空间映射、空间融合和一体化空间表达。数据建模重点解决测度地理实体的地理空间数据如何在计算机中存储和管理的问题，知识建模则是解决反映地理实体本质特征和内在规律性的空间知识的形式化描述问题。

3.3.2　空间知识地图的知识空间化

ICT 时代，大地观测网、移动互联网、视频监控网、物联网、车辆网，网络无处不在，海量对地观测数据和时空行为数据每时每刻都在产生。这些数据可用性越来越强、属性维度越来越高、数据规模越来越大、时间跨度越来越长、相互关系越来越复杂，仅仅依靠空间分析功能从这些海量网络数据、文本数据和多媒体数据中获取空间知识越来越困难。在此情况下，空间化作为一种新的视觉范式进入人们的视野。

空间化不是一个新概念。人们在日常生活中经常通过空间隐喻的方式来描述抽象的概念和复杂的关系，如家族谱系图、电脑桌面等。在地学领域，包括地理隐喻在内的空间隐喻，更是地学空间化的核心所在。在地图制图过程中，人们常常采用空间图表的方式将社会统计数据、专题数据等绘制到底图上。由于这些统计数据大多是以行政区划为单元进行的，空间粒度过粗，空间定位精度低，定性描述多，定量分析少，往往无法反映要素的真实空间分布情况，不利于科学决策分析。

空间化就是利用空间隐喻和空间可视化方法将高维信息向低维空间表达的系统转化，以促进海量数据开发和知识发现。它主要研究如何基于信息的本体含义和人们与信息的交互认知机理，利用人类独特的空间隐喻和空间思维能力，生成有意义的、可视的、可分析的、空间化的几何对象的技术方法。空间化主要包括两个环节：一是基于信息内容及其相互功能关系，通过数学转换方法重新整理数据条目，转换到特定的逻辑坐标系统；二是将转换后的数据用图形表现出来，用于信息和知识发现。事实上，GIS 中的许多时空处理技术都适用于空间化，而作为空间概念化表达基础的本体论和认识论也为空间化研究提供了理论支持。

当前，在社会治理现代化和时空行为个性化强大需求的牵引下，在时空大数据、云计算等人工智能技术的推动下，自然空间、社会空间和信息空间综合集成，进而研究、分析和解决社会问题具有重大的理论意义和现实意义。社会空间要素量化和空间化问题则是多维空间融合的前提和基础，呈现出社会应用广泛化、数据类型多样化、空间粒度精细化、多种模型融合化、评价指标科学化等趋势。为实现自然空间、社会空间和信息空间的一体化分析和综合化表达，知识地图空间化主要是综合运用 GIS、数据可视化、信息可视化、知识可视化等信息技术探索交互式的空间数据表达问题，通常是时空地理信息系统的有机组成部分。知识地图空间化大致可分为数据和知识两个层面，包含人文要素数据空间化、生态要素数据空间化、社会时空行为大数据空间化、地理概念空间化和地学知识空间化等五种类型。

1. 空间知识地图的数据空间化

知识地图数据主要由自然空间数据和社会空间数据组成。自然空间数据空间化在地图设计与制作过程中已经形成了一系列的标准、规范和方法。但是，随着人类社会的发展，人地关系不断演进，人类活动成为影响人地关系的主要因素。为正确认识人地关系，甚至人地网关系，社会空间数据的量化和空间化成为当前地理学不容回避的课题。这也是知识地图多维空间一体化表示和可视化表达的前提和基础。知识地图数据的空间化主要指社会空间数据的空间化。

社会空间数据大致可分为人文要素数据、生态要素数据和社会时空行为大数据三类。与自然空间数据大多具有明确的空间位置不同，社会空间数据的空间位置往往比较概略、不具体、分布不均。社会空间数据的空间化需要采用 GIS、数据可视化、信息可视化等空间隐喻的方法将源数据降解为连续的、有明确空间位置的目标数据。社会空间数据的空间化为基于群体行为特征揭示空间要素的分布格局、空间单元之间的交互关系，甚至对特定场所的社会情感等提供了新的技术途径，为地理学乃至相关人文社会科学提供了一种“由人及地”的新的研究范式。按照数据类型，社会空间数据的空间化大致可分为人文要素数据空间化、生态要素数据空间化和社会时空行为大数据空间化。

1）人文要素数据空间化

人文要素数据主要包括以行政区划为统计单元的人口、经济、社会和文化等方面的统计数据。因此，从 20 世纪 90 年代开始，“人文要素空间化”逐渐成为地理学的研究热点。“人文要素空间化”就是将传统以行政区划为统计单元的人口、国内生产总值（gross domestic product，GDP）、房屋存量等社会经济数据按照一定的规则降解到一定尺寸的空间单元上（江东，2007）。这样一来，就为自然空间数据和社会空间数据的统一可视化表达提供了空间基础，为科学揭示经济、社会、生态环境运行规律提供了空间思维和空间分析方法。1991 年，为解决以行政区划为统计单元的社会经济数据空间表达和空间分析问题，Martin（1991）提出了在 GIS 支持下以面插值方法展布社会经济数据的技术框架；1994 年，全球人口制图研讨会提出统一的全球栅格人口数据对跨学科研究具有重要意义，推动了第一版世界网格人口（gridded population of the world，GPW）数据于 1995 年诞生（董南等，2016）；1996 年，美国大学地理信息科学研究会（UCGIS，1996）更是将空间化列为其短期计划；1997 年，Sutton（1997）基于夜间遥感数据和 GIS 技术建立了人口密度模型；1999 年，Gallup 等（1999）探讨了多个社会经济指标的空间分布与地理因素的关系；进入 21 世纪，中国科学院资源环境科学与数据中心先后发布了中国 1km 栅格人口数据集和 1km 栅格 GDP 数据集（柏中强等，2013；

刘红辉等，2005）。目前，人文要素数据空间化研究主要集中于人口数据、GDP 数据及其他属性统计数据。研究重点是面插值（areal interpolation）问题。

面插值属于空间插值的范畴，主要研究同一区域不同分区系统中各单元值的相互转换问题（Goodchild and Lam，1980）。在实际应用中，为了综合分析来源于不同部门、使用不同分区系统的人文要素数据，需要使用面插值方法将它们转换到同一分区系统。为了让基于统计单元的人文要素数据和基于自然单元的地理空间数据拥有共同的数学基础和空间粒度，往往需要采用各种面插值方法将人文要素数据从统计单元降解到空间单元。其中，源分区系统称为源区（source zones），目标分区系统称为目标区（target zones）。该方法将源区的人文要素数据作为输入数据，利用插值技术得到一个精细的格网表面，然后合并格网得到目标区的人文要素数据。在知识地图空间化的过程中，目标区往往是具有特定含义、特定尺度的空间单元，如河南自贸试验区、中原城市群、黄河流域生态经济带等。

自面插值问题提出以来，国内外许多学者对其进行了深入了研究，并结合具体问题提出了许多具体算法。Fisher 和 Langford（1995）将面插值方法划分为三类：面积权重法、回归分析法和表面生成法。

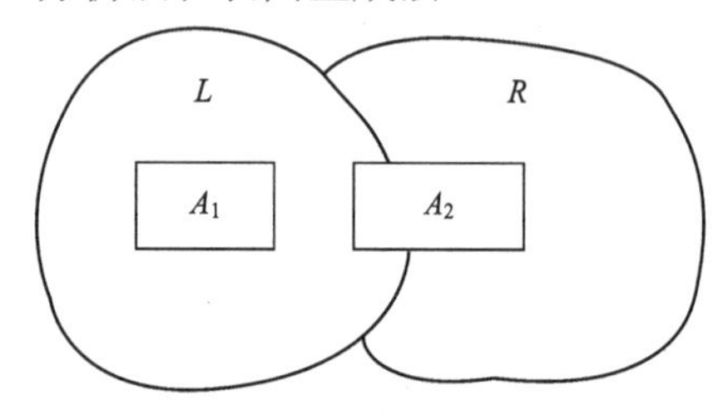

图 3-12　面积权重法

（1）面积权重法。面积权重法是一种简单且直观的人文要素数据空间化算法，主要依据目标区在源区中所占面积百分比来确定目标区属性值。应用面积权重法对人文要素数据进行空间化的过程为：假设人文要素数据在源区和目标区内均匀分布；将目标区叠加到源区，计算目标区各分区系统在源区分区系统中的面积比重；将目标区分区系统比重乘以源区分区系统属性值，最终获得目标区各分区系统属性值。面积权重法如图 3-12 所示，L、R 为源区分区系统，面积分别记为 S_L、S_R，属性值为 P_L、P_R。A_1、A_2 为目标区域分区系统，面积分别记为 S_{A_1}、S_{A_2}，其中，S_{A_2} 在 L 和 R 中的面积分别记为 S_{LA_2}、S_{RA_2}。则 A_1、A_2 依据面积权重法计算获得的属性值为：$P_{A_1}=（S_{A_1}/S_L）\times P_L$，$P_{A_2}=（S_{LA_2}/S_L）\times P_L+（S_{RA_2}/S_R）\times P_R$。面积权重法模型简单、计算简便，但是在实际应用中，由于人文要素数据大多不是均匀分布的，其空间化结果往往与现实情况有差异。源区面积越大，这种差异越明显。

（2）回归分析法。在现实世界中，人文要素数据虽然与其他自然因素（地形、水系、气温等）和社会经济因素（土地利用类型、交通廊道、居民地、人口等）等之间往往不存在确定性关系，但却存在明显的相关关系。尤其是随着 3S 技术的发展，通过大量源区数据和辅助数据，可以发现它们之间的统计规律。而回归分析正是数理统计中确定变量之间相关关系的有效途径。

回归分析法是利用数据统计原理，对大量统计数据进行数学处理，并确定因变量与某些自变量的相关关系，建立一个相关性较好的回归方程，进而预测因变量变化的分析方法（盛骤和谢式千，2010）。采用回归分析方法，可以获得源区属性值 P_S（因变量）与相关要素因子 $x_1, x_2, \cdots, x_n$（自变量）之间的函数关系 $P_S=f（x_1, x_2, \cdots, x_n）$，根据该函数关系，可明确获得目标区的属性值 $P_T=f（x_1, x_2, \cdots, x_n）$。回归分析法根据因变量和自变量的个数可分为一元回归分析和多元回归分析；根据因变量和自变量的函数表达式可分为线性回归分析和非线性回归分析。Langford 和 Unwin（1994）利用回归分析法建立了人口数据与土地利用数据的三个线性回归方程，对于拟合目标区人口数据具有较好的适应性。

（3）表面合成法。很多人文要素数据是连续分布的。表面合成法利用基于面积的统计方法来近似拟合人文要素分布曲面。一旦确定了分布曲面，就可获得任意目标区域的人文要素数据。Pycnophylactic 算法（Tobler，1970）是表面合成法的典型代表，基本步骤如下：①在源区上叠加密度栅格网；②把每个分区系统的值除以格网的个数，获得密度数据；③用格网周围的平均值取代每个格网的值以作光滑处理；④把每个分区系统内格网之值相加，分别调整每个分区系统内所有格网的值，以使区域的总值和原来的值相等；⑤重复③和④直到源区内栅格值之和与源区属性值之差在给定的阈值范围内；⑥将目标区叠加到格网数据上，通过叠加分析获取目标区的人文要素数据；⑦输出计算结果，可以是栅格、等值线或连续分布的面状地图。

在大多数 GIS 文献资料中，面插值特指数据从一组面（源面）到另一组面（目标面）的重新聚合。面数据的重新聚合过程大致分为两步：一是针对源面中的各个点创建一个平滑预测表面（该表面通常被解释为密度或风险表面）；二是将预测表面与目标面叠加，重新聚合目标面数据。图 3-13 显示了根据某学区中的肥胖率预测某人口普查区的肥胖率的工作流程。其中，图 3-13（a）是源面，为某学区肥胖率数据；图 3-13（b）是预测表面，为某学区肥胖率密度数据；图 3-13（c）是目标面，为某人口普查区肥胖率数据。

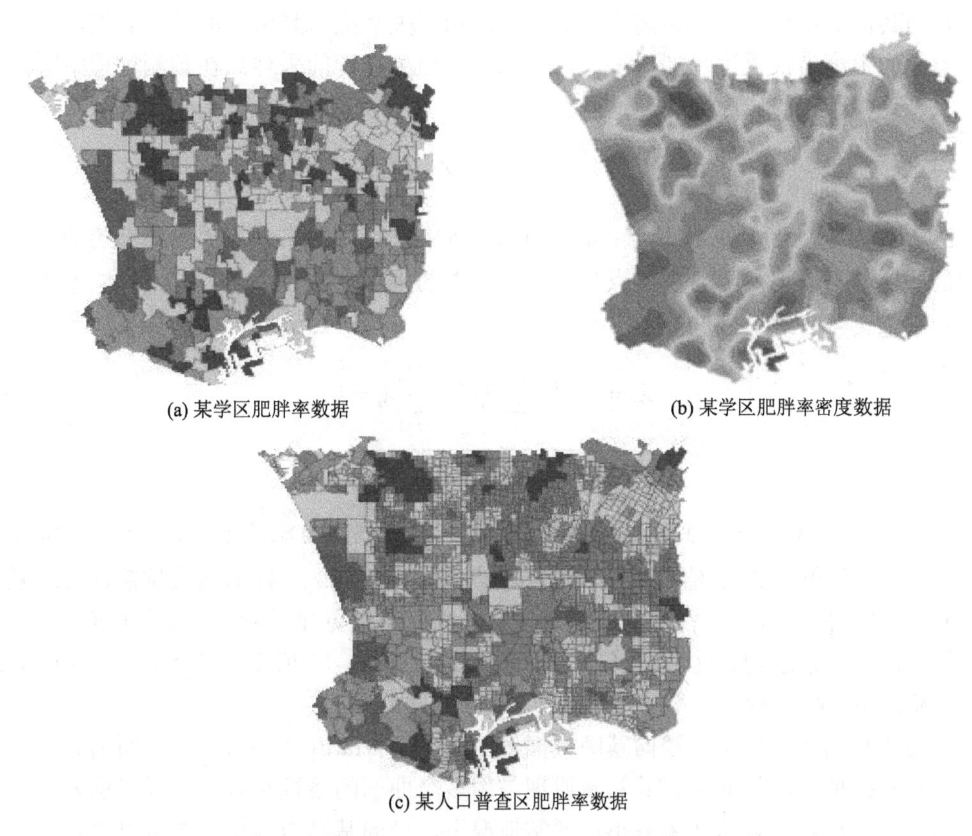

(a) 某学区肥胖率数据　(b) 某学区肥胖率密度数据

(c) 某人口普查区肥胖率数据

图 3-13　基于 GIS 的某区肥胖率数据空间化工作流程

人文要素数据空间化研究虽然在一定程度上解决了从统计单元到空间单元的映射，但是普遍存在模型参数单一、模拟算法单调等问题，无法真正刻画人文要素与其影响要素的相互关系，难以全面反映社会经济分布规律，与实际研究和应用需求还存在较大差距。

2）生态要素数据空间化

生态要素是指与人类生产生活密切相关的各种自然力量或作用的总和的要素，主要包括动物、植物、微生物、土地、矿物、海洋、河流、阳光、大气、水分等天然物质要素，以及地面、地下各种建筑物和相关设施等人工物质要素。与人文要素数据大多以统计单元进行获取不同，生态要素数据常依靠站点、台站等进行获取，在空间上呈现出离散性。目前，常用的生态要素数据包括气温、气候、降水、大气、水质、植被、土地利用等。由于生态要素数据都是以离散点的形式存在，只有在采样点上才有较为准确的数值。为了获取未采样点处的生态要素数据，必须基于已有采样点数据来进行推算。这个过程称为基于点的空间插值，也称为点内插。根据其基本假设和数学原理，点内插可分为确定性插值法和地统计插值法。

a. 确定性插值法

确定性插值方法以研究区域内部的相似性或者平滑度为基础，由已知采样点数据推求未知点数据。常用的确定性插值方法包括反距离权重插值法、径向基函数插值法、全局多项式插值法和局部多项式插值法等。

（1）反距离权重插值法。反距离权重插值法是基于 Tobler（1970）地理学第一定律（任何事物都与其他事物相关联，距离相近的事物间相互关联更为紧密）的基本假设，以未知点与采样点间的距离为权重进行加权平均，与未知点距离越近的采样点在预测过程中所占权重越大。反距离权重法的一般公式为

$$Z(S_0)=\sum_{i=1}^{n}\lambda_i Z(S_i) \tag{3-1}$$

式中，$Z(S_0)$ 为未知点 S_0 的预测值；n 为预测过程中所使用的未知点周围样点的数量；λ_i 为所使用的各样本点权重，随着样本点与未知点距离的增加而减少；$Z(S_i)$ 为样本点 S_i 的测量值。确定权重 λ_i 的计算公式为

$$\lambda_i = {d_{i0}}^{-p} / \sum_{i=1}^{n}{d_{i0}}^{-p}，\sum_{i=1}^{n}\lambda_i = 1 \tag{3-2}$$

$$d_{i0}=\sqrt[2]{(x_i-x_0)^2+(y_i-y_0)^2}$$

式中，d_{i0} 为样本点（x_i, y_i）到未知点的距离；p 为反距离权重法的幂指数，p 一般取 0.5～3 的正实数值，默认值为 2。p 值越大，邻近样本点影响权重越大，插值结果越接近最近采样点的值；p 值越小，距离较远的样本影响权重越大，插值结果更加平滑。p 的最佳值通过求均方根预测误差的最小值求得。反距离权重随 p 变化曲线如图 3-14 所示，权重下降的速度取决于 p 值。如果 $p=0$，则表示权重不随距离减小。

（2）径向基函数插值法。径向基函数插值法起源于 Hardy（1971）的多面函数法，是一系列用于精确插值算法的通称。其基本原理是用多个曲面的线性组合去逼近任意表面，确保该表面经过已知样本点且总曲率最小。通常情况下，径向基函数插值公式可以表述为两部分之和（Mitášová and Hofierka，1993）：

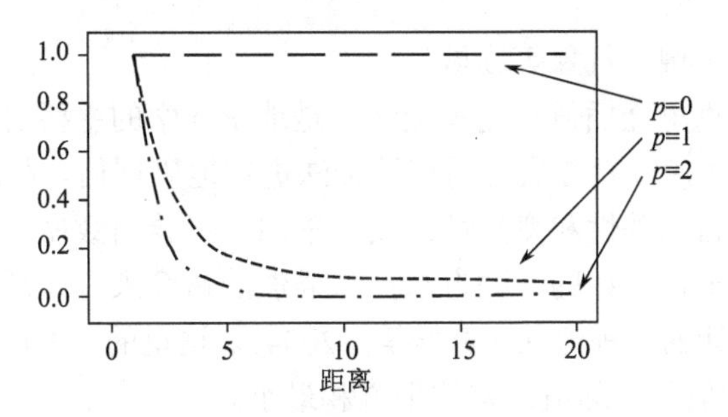

图 3-14　反距离权重随 p 变化曲线

$$Z(S_0)=\sum_{i=1}^{n}\lambda_i\varphi(d_{i0})+\sum_{j=0}^{m}\beta_j f_j(S_0) \tag{3-3}$$

式中，$Z(S_0)$为未知点的预测值；d_{i0}为已知样本点到未知点的欧氏距离；$\varphi(d_{i0})$为径向基函数；$\beta_j f_j(S_0)$为次数小于 m 的基本多项式函数。为保证插值解的唯一性，式（3-3）还需要满足式（3-4）所示插值条件。扩展系数 λ_i 和 β_j 可由插值条件来确定。

$$\sum_{i=1}^{n}\lambda_i f_j(S_i)=0 \quad (j=1,2,\cdots,m) \tag{3-4}$$

在 GIS 领域，径向基函数包括五种不同的基本函数：薄板样条函数、张力样条函数、规则样条函数、高次曲面函数和反高次曲面函数。径向基函数插值算法与反距离加权插值算法的不同之处在于，反距离加权插值算法不能计算出高于或者低于采样点的插值点的值，而径向基函数插值算法则可以计算出高于或低于采样点的插值点的值（张锦明，2012）。

（3）全局多项式插值法。全局多项式插值法以整个研究区的全部样本点数据为基础，采用数学函数（多项式）的方式拟合出一个平滑的曲面或平面，进而捕捉数据中心的粗尺度模式。由于拟合的表面很少能与所有样本点完全重合，全局多项式插值法属于非精确的插值法。

根据选用多项式的不同，全局多项式插值结果常呈现不同的形态。一阶多项式是一个平面；二阶多项式是有一个弯曲的曲面；三阶多项式是可以有两个弯曲的曲面，依次类推。使用的多项式越复杂，为其赋予物理意义就越困难。因此，全局多项式适用于数据变化平缓的研究区域，检验和/或消除长期趋势或全局趋势的影响（又称为趋势面分析）。

（4）局部多项式插值法。局部多项式插值法使用多个处于特定重叠区域的多项式来拟合一个平滑的表面。与全局多项式插值法受限于多项式阶数限制、极易受到边缘区域离群点（具有极高和极低值的样本点）影响不同，局部多项式插值法可有效描述样本点的小范围异常，更多地用来解释局部变异。局部多项式插值法也属于非精确插值。

b. 地统计插值法

地统计学（geostatistics）又称为地质统计学，是由法国统计学家马特隆（Matheron）创立的统计学分支学科。该学科由于最先在地学领域应用，称为地统计学。地统计学是一门以区域化变量理论为基础，以变异函数为主要工具，系统研究空间分布数据的随机性和结构性、空间相关性和依赖性、空间格局与变异，有效模拟空间数据的离散性及波动性，最优无偏内插空间数据的科学（刘爱利，2012）。地统计方法是基于统计特征的，用它进行插值不仅可以获取未知点预测值，还可以评估预测值的不确定性，获取预测误差。地统计学广泛应用于地球物理、地质、生态、土壤、气象等领域。

统计插值，又称为克里金插值、克里金法，是地统计学的主要研究内容之一。1951 年，南非矿产工程师 Krige（1951）首次运用克里金法进行地矿评估。从统计学的角度来看，克里金法是从变量的空间自相关性和变异性出发，采用半变异函数模型在有限区域内对区域化变量预测值进行无偏、最优估计的一种方法；从插值的角度来看，是对空间分布的数据进行线性最优、无偏内插估计的一种方法（苏姝等，2004）。这里的“无偏”是指偏差的数学期望为 0；“最优”是指预测值与实际值之差的平方和最小。

克里金插值的适用条件是区域化变量存在空间相关性。采用克里金插值求取未知点预测值一般需要经过如下两个步骤：一是通过区域化变量样本点的属性值构建变异函数模型，表征该变量的主要结构特征；二是在结构分析的基础上，确定邻域搜索范围，求解克里金方程，求取未知点的预测值（张靖，2014）。目前，在 GIS 领域，常见的克里金插值方法有普通克里金插值法、简单克里金插值法、泛克里金插值法、协同克里金插值法、指示克里金插值法和析取克里金插值法等 6 种类型。不同的克里金插值方法的主要差异是假设条件和适用条件不同。

（1）普通克里金插值法。普通克里金插值法是区域化变量的线性估计。它的假设条件是：区域化变量的空间属性值是均匀的，呈正态分布；区域化变量的数学期望 c 和方差 σ^2 都相同。适用条件是：c 是一已知的常量。对于未知点 S_0 的预测值 $Z(S_0)$，其计算公式为

$$Z(S_0)=\sum_{i=1}^{n}\lambda_i Z(S_i) \tag{3-5}$$

式中，$Z(S_i)$ 为已知样本点属性值。为求解系数 λ_i，需满足以下两个条件：

$$E\left|Z(S_i)-\widehat{Z(S_i)}\right|=0 \quad（无偏性）$$

$$\mathrm{Var}\left|Z(S_i)-\widehat{Z(S_i)}\right|=\min \quad（最优性）$$

式中，$\widehat{Z(S_i)}$ 为样本点 S_i 的估计值。

（2）简单克里金插值法。简单克里金插值法也是区域化变量的线性估计。它的假设条件是：区域化变量的空间属性值是均匀的，呈正态分布；区域化变量的数学期望 c 和方差 σ^2 都相同。适用条件是：c 是一未知的常量。对于未知点 S_0 的预测值 $Z(S_0)$ 的计算公式为

$$Z(S_0)=\sum_{i=1}^{n}\lambda_i\left(Z(S_i)-c\right)+c \tag{3-6}$$

（3）泛克里金插值法。泛克里金插值法假设区域化变量存在一个可以用确定的函数或者多项式拟合的主导趋势。也就是说当区域化变量存在漂移现象时，适用泛克里金插值方法。对于未知点 S_0 的预测值 $Z(S_0)$ 的计算公式为

$$Z(S_0)=\sum_{i=1}^{n}\lambda_i m_i(S_i)+\varepsilon(S_0) \tag{3-7}$$

式中，$m_i(S_i)$ 为趋势函数；$\varepsilon(S_0)$ 为残差；λ_i 为趋势函数的系数。

（4）协同克里金插值法。协同克里金插值法是普通克里金插值方法的扩展形式，适用于同一事物拥有两个或两个以上相关变量的情形。其中，一个变量为主变量，其余变量为辅助

变量，主变量的自相关性和主副变量的交互相关性用于无偏最优估计中。对于未知点 S_0 的预测值 $Z(S_0)$ 的计算公式为

$$Z(S_0)=\sum_{i=1}^{n}\lambda_i Z_1(S_i)+\sum_{j=1}^{p}\gamma_j Z_2(S_j) \tag{3-8}$$

式中，$Z_1(S_i)$ 和 $Z_2(S_j)$ 为主变量 Z_1 和辅助变量 Z_2 的测量值，n 和 p 是参与未知点 S_0 估值的 Z_1 和 Z_2 的区域化变量数据数量，λ_i 和 γ_j 则分别是二者的权重系数，且满足以下条件：

$$\sum_{i=1}^{n}\lambda_i=1;\quad \sum_{j=1}^{p}\gamma_j=0$$

（5）指示克里金插值法。指示克里金插值法由美国地质统计学家 Journel 于 1982 年提出。它是一种非参数化的估计方法，将区域化变量的研究转换为其指示函数的研究。它适用于只需判断区域化变量属性值是否超过某一阈值的情形，不需要区域化变量满足固有假设。通过选择多个阈值可以为同一数据集创建多个指示变量。设定阈值 Z_c 可采用二分法创建指示函数 $I[Z（S_i），Z_c]$ 为

$$I\left(Z(S_i),Z_c\right)=\begin{cases}1,Z(S_i)\leqslant Z_c\\0,Z(S_i)>Z_c\end{cases} \tag{3-9}$$

则对于未知点 S_0 的估计值表达式可表示为

$$I\left(Z(S_0),Z_c\right)=\sum_{i=1}^{n}\lambda_i\left(Z(S_i),Z_c\right)I\left(Z(S_i),Z_c\right) \tag{3-10}$$

且满足以下条件：

$$\sum_{i=1}^{n}\lambda_i\left(Z(S_i),Z_c\right)=1$$

（6）析取克里金插值法。析取克里金插值法是一种非线性估值方法。其适用条件是区域化变量在空间上呈连续分布，属性值呈双变量正态分布。指示克里金插值可看作析取克里金插值的一个特例。对于未知点 S_0 的预测值 $Z(S_0)$ 的计算公式如式（3-11）所示。

$$Z(S_0)=\sum_{i=1}^{n}f_i\left[Y\left(Z(S_i)\right)\right] \tag{3-11}$$

式中，n 是 S_0 周围样本点数目，$f_i\left[Y\left(Z(S_i)\right)\right]$ 是要确定的函数。

3）社会时空行为大数据空间化

社会行为与社会关系是构成社会及各种社会现象的基本单位，也是社会空间问题的主要研究对象。社会行为是一种人类行为，是人们受到外界刺激后在需求驱动下产生的追求一定目标的行为，包括人与人之间的交互行为、人与人结合在一起而共同产生的集体行为。社会关系是人们在共同的物质和精神活动过程中所结成的相互关系的总称，主要包括政治关系、经济关系、法律关系、军事关系、外交关系等。社会行为和社会关系受自然空间和社会空间的双重制约。长期以来，社会行为的研究多采用回想法和活动日志法等获取社会行为数据，进而对行为数据进行汇总分析。这种方法往往受到空间和时间制约，具有数据精度低、调查成本高、更新周期长等缺点。

ICT 时代，以智能手机为代表的智能设备已成为生活必需品，人们越来越习惯于基于移动互联网络的各种社会生活。VGI 无处不在，随之产生了海量具有时空标记、描述人们时空行为特征的社会时空行为大数据。这些时空行为数据具有覆盖范围广、时空连续性好、数据精确客观、数据量巨大等显著优势，但也存在数据噪声大、数据处理困难等一系列问题。总而言之，社会时空行为大数据的获取和处理为社会空间中的社会行为、社会关系等的定量化描述带来了一种新的手段，为人们客观认识、科学研究社会地理问题提供了一种新的数据驱动范式。

（1）常见的社会时空行为大数据及其应用。基于手机通信产生的社会时空行为大数据。手机通信是通过通信基站产生的。因此，基于蜂窝网络（cellular network）通过手机信号可快速获取通信基站时空坐标，进而获取手机位置信息。再加上手机号码多采用实名制，通过与相关属性信息关联，可以获取手机用户基本的社会经济属性信息。因此，基于手机通信产生的手机话单定位数据、手机通信信令基站定位数据等社会时空行为大数据作为特定区域汇总研究的数据源，可对某一区域社会时空行为的总体特征进行把握。例如，手机信号最强烈的区域很可能是交通强度或者商业强度最大的地区；通过城市工作时段和非工作时段手机用户的热力图数据可快速识别城市的职住分离特征。

基于全球导航卫星系统（GNSS）产生的社会时空行为大数据。GNSS 是获取空间位置的主要方式。随着 GNSS 在各领域的普及推广，公交刷卡数据、车辆轨迹数据、地铁刷卡数据等出行数据广泛应用于城市空间认知、城市空间规划、城市空间利用等。例如，通过对基于 GNSS 产生的出行数据可视化可实时查看城市道路拥堵情况。这些数据是实时动态的，精确记录了什么时间、什么人、出现在什么位置。但是，在地下设施、建筑物密集地区或者建筑物内部，由于 GNSS 信号不稳定，会产生出行数据的部分间断。

包含位置服务的网络 APP 产生的时空行为数据。智能手机、穿戴设备已经成为人们生活的一部分。基于智能终端和移动互联网络，出现了微信、微博、QQ、BBS、Facebook、Twitter、手机地图、网络地图等一系列包含位置服务的移动 APP。这些移动 APP 详细记录了每时每刻用户在客户端的浏览、互动、操作等一系列个人网络行为，心跳加速、血压变化等个人社交情感状态，以及个人消费习惯、个人社交习惯等一系列个人社交行为，产生了海量签到数据、消费数据、出行数据、互动数据等网络社会时空行为数据等。通过对这些移动 APP 应用数据的分析，可定量描述和科学分析个人社会关系、社会行为。

（2）社会时空行为大数据空间化。移动互联网和智能设备的广泛应用，使得社会时空行为大数据呈现几何指数级增长。2 亿 Twitter 用户平均每天“发推”量超过 4 亿条，其中 60% 以上带着地理空间信息；滴滴出行每天处理的数据量高达 70TB，生成约 90 亿次的路径规划，每秒钟需响应 1000 余次用车需求；美团外卖已覆盖 1300 座城市，日均订单量达 2000 万次，每秒钟需规划近 1000 个最佳配送路径（顾昱骅，2018）。这些海量社会时空行为大数据在为时空行为研究带来数据支撑的同时，也带来了数据处理和分析方面的挑战。如何将这些社会时空行为大数据转化为社会时空行为链数据，进而挖掘出数据背后的时空分布、轨迹模式、行为规律等隐含知识是社会时空行为大数据空间化必须解决的问题。社会时空行为大数据空间化不仅仅要考虑时空点的物理地理空间特征，还要考虑数据源背后隐含的社会关系等社会空间特征，是融合自然空间和社会空间的综合空间化，也是发现群体行为模式和解决社会群体问题的有效方法。由于社会时空行为大数据具有明确的空间位置信息，基于社会空间属性开展时空数据挖掘是解决社会时空行为大数据的有效途径。

时空数据挖掘是从时空数据集中提取事先未知但存在潜在应用价值的空间规则、概要关系、摘要特征、分类概念等知识的一种基于时空数据的决策支持过程，能够解释蕴含在数据背后客观世界的本质规律、内在联系及发展趋势（李德仁等，2006）。依据不同的挖掘任务，时空数据挖掘大致可分为时空模式发现、时空聚类、时空分类、时空预测等。其中时空聚类分析已成为目前时空大数据领域的前沿研究方向之一。

时空聚类是指基于空间和时间相似度把具有相似行为的时空对象进行分类，分类原则是类间数据差异尽可能大，类内数据差异尽可能小。时空聚类广泛应用于灾害天气预报、动物迁移分析、移动计算、交通拥堵预测等方面。时空聚类方法大致可划分为三类：基于划分的聚类，适用于中小型数据集的球形聚类，主要方法有 k-means、k-medoids、CLARANS 等；基于层次的聚类，主要方法有凝聚和分裂两种；基于密度的分类，适用于低纬度、大数据量时空点分类，主要方法有 DBSCAN 和 OPTICS。

社会时空行为大数据聚类，除了考虑时间间隔、空间距离之外，还需要考虑社会关系亲密程度。因此，基于 DBSCAN 方法扩展的 STDBSCAN 方法（Birant and Kut，2007），可用于社会时空行为大数据聚类。STDBSCAN 方法包含四个参数，Minpts（每个分类包含的最小时空点数）、Eps_1（形成聚类的时空点空间距离）、Eps_2（形成聚类的时空点非空间距离）和 Δt（聚类内时空点的时间间隔）。其中，Eps_1 常用时空点的欧氏距离表示；Eps_2 则用来表示时空点的社会关系亲密度。其基本思想是：循环判断时空核心对象 C 以 Eps_1 和 Eps_2 为半径，Δt 时间间隔内时空点的个数是否大于等于 Minpts，如果大于则形成类，反之则对下一个时空对象进行聚类，直到所有的时空对象都归在某个类中，或被标记为时空孤立点，则聚类结束。

2. 知识地图的知识空间化

随着定量化观测数据的指数级增长和时空数据挖掘技术的日趋成熟，人们对周围环境的认识更加深刻，逐渐积淀了丰富的地理空间知识。与各类实体和现象构成完整的地理空间一样，丰富的地理空间知识形成了统一的地理知识空间。

按照对地理实体本质特征及其内在规律性不同程度的反映，地理知识空间的知识大致可分为事实知识、概念知识、策略知识。事实知识是对地理实体基本特征规律的描述，往往对应于相应的地理特征或者地理事件，常常表现为视觉知识、普遍几何知识、空间区分规则、空间特征规则、空间关联规则、面向对象知识及空间例外等。概念知识是对事实知识的一种抽象，是关于真实世界更具普遍性的理论，往往与特定区域内的地理实体类相对应，表现为空间聚类规则、地理概念、地理规律、地理成因、空间分布规律和空间演变规律等。策略知识则是运用事实知识和概念知识解决问题的方法、模型，往往面向具体的应用场景和时空行为，表现为空间预测规则、方法知识、决策知识和空间分类规则等。空间知识按照不同来源、不同获取方式而形成的地理知识空间化框架结构如图 3-15 所示。

由于策略知识更多侧重知识的运用，大多表现为系统工具或者空间模型。知识地图的知识空间化主要是事实知识的空间化和概念知识的空间化，其中事实知识与空间位置明确相关。地理概念知识往往与某一空间区域或者知识空间相映射。

地图可以表示出所有与地理有关的现象或研究成果的空间分布及其发展变化规律（Wang，2003）。孟丽秋提出依据图形结构的不同类型可将地图划分为两种不同的设计样式：自然表达和符号表达（Meng，2003）。自然表达又称为图形表达，主要表示地理要素的空间

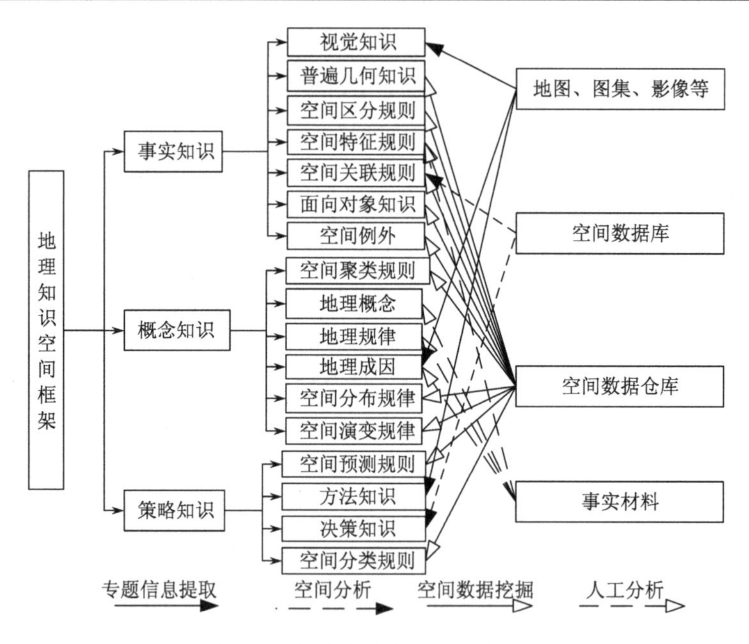

图 3-15　地理知识空间化框架结构

位置；符号表达依据地图质量，可进一步分为符号化表达和地图表达。其中，符号化表达是采用默认的地图符号表达地理要素，是在自然表达的基础上形象化地表示地理要素属性；地图表达则在符号化表达的基础上融入地图制图机制，从整体上既表示位置、属性，还通过图形综合突出地理要素之间的关系等语义特征（尹章才和李霖，2007）。事实知识空间化除了采用自然表达和符号化表达的方式直接配置在相应空间位置之外，更多的是采用地图表达的方式表达知识的逻辑结构和区域结构。

1）事实知识逻辑结构空间化

在现实生活中，人们经常面对各种各样的网络结构，如因特网、电力网、管道网、人际关系网、经济贸易网等。在电力、通信、石油、交通、水利等业务领域，对内在业务逻辑拓扑图和外在环境地图相关联有着强烈的需求。在这些网络的拓扑结构和业务逻辑拓扑结构中，人们更多关注网络要素的连通性等内在逻辑关系，而忽视其距离、长度等外在比例关系。例如，人们关注网络通信连通性而不考虑网络物理距离。在知识表示领域，人们也习惯用网络拓扑结构表达二维知识形态及其内在逻辑，以便于形成全局优先的认知理念。网络拓扑知识表示，常将研究对象表示为节点，对象之间的关系表示为边，节点的位置和属性、边的距离和属性被赋予特定的物理含义。例如，交通网中的城市规模、因特网中的节点吞吐量、万维网中的网站点击率、人际关系网络中的个人威望等都可以用节点的质量来表示；而交通网络中的城市间的地理距离、通信网络中节点间的带宽、万维网中超文本间的链接次数、人际关系网中的关系的疏密程度等，都可以用节点间的距离表示（李德毅和肖俐平，2008）。

从 ArcGIS9.0 开始，ESRI 推出了 ArcGIS Schematics 功能模块。ArcGIS Schematics 支持通过地理图快速生成网络资源逻辑拓扑图和通过业务表生成业务资源逻辑拓扑图，进而实现逻辑拓扑图和地理图的一体化管理和实时化联动。由于与空间位置密切相关，这些逻辑拓扑图又称为地理逻辑示意图。地理逻辑示意图是简化的网络地理要素的制图表达，是用一种简化的符号在有限的幅面上尽可能完整地展现系统中大量的设备、线路，并展现系统中各个对象之间的连接关系和运行状态等内在逻辑。其最终目的是详细地体现地理要素自身结构，并通过简单易用的方式操作地理要素网络，以便加强人们对地理要素网络结构的理解。地理逻辑示意图不存在比例约束，通过高效地创建多级制图表达，可以方便地检查网络连通性，轻松获取任何线性网络的逻辑视图。逻辑示意图可用于表示不具有比例约束的已定义空间内的任何类型的网络。ArcGIS Schematics 可有效提高工作效率并有助于决策过程。ArcGIS Schematics 可用于进行以下操作：①根据复杂网络自动生成逻辑示意图；②检查网络连通性；③执行网络数据的质量控制；④优化网络设计和分析；⑤预测和规划（如执行建模、模拟和比较分析）；⑥通过逻辑示意图视图与 GIS 软件进行动态交互；⑦执行商业分析和市场分析；⑧对社会网络进行建模；⑨生成流程图；⑩管理相关性。

信息技术改变了人们对时间、空间和知识的理解。地理逻辑示意图可广泛用于表示不具有比例约束的已定义空间内的任何类型的网络。地理逻辑示意图自然可以用来描述事实知识的内在逻辑结构，可以采用地理图、逻辑拓扑图的形式充分反映地理空间的不同视图，便于人们综合认识和解读各种地理现象和社会规律。

2）事实知识区域结构空间化

长期以来，地图被看作现实世界的缩影。但是，地图建构世界，却不是复制世界。在地图制图过程中，地图人员仅仅选择地图用户感兴趣的要素进行表达，地图上的面积大小往往与现实世界中的区域面积成比例。然而，当来自于自然空间、社会空间和信息空间的不同事实知识进行一体化表达时，仅仅用区域面积表达事实知识区域结构往往不太直观，甚至会产生误解。以图 3-16 所示的 2020 年美国大选数据图为例，当社会空间的总统选举和自然空间的美国地图同时表示时，人们发现即使在民主党候选人拜登明显领先的情况下，支持共和党的浅灰色板块仍然远远大于民主党的深灰色板块。

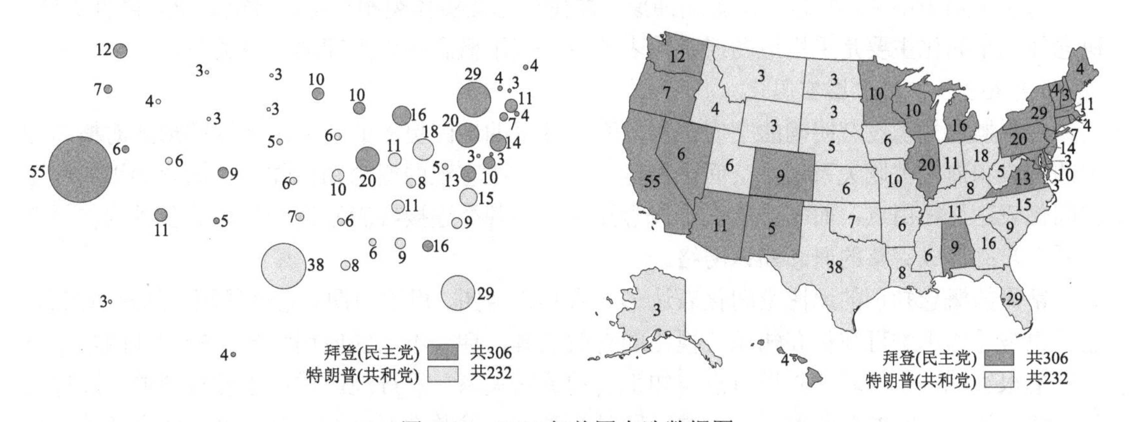

图 3-16　2020 年美国大选数据图

究其原因，美国总统选举实行的是选举人制度，与每州的人口密切相关。当图上面积与各州人口规模成比例之后，人们可轻松判断民主党候选人拜登当选总统。

事实上，在计量地理学领域，人们经常采用区域拓扑图（area cartogram）的形式表达特定空间范围内的专题信息。它将区域面积和统计数据的属性值成比例表示，并保持区域之间的拓扑关系不变，被认为是可视化表达统计数据的有力工具（Tobler，2004）。从 20 世纪 70

年代开始，其已得到制图人员的使用，ArcMap、ArcView 等软件对该种表达方式提供了技术支持。经过多年的研究，逐渐形成了离散型、连续型、Dorling 型三种区域拓扑图形式，如图 3-17 所示。其中，离散的面域拓扑图的形状保持相似，但缺乏连续感；连续型区域拓扑图强调拓扑邻近与边界共享特征，不关心形状的变形；Dorling 型面域拓扑图则对形状作了高度概括，见不到原来形状的影子，只关注相对位置（艾廷华，2008）。

图 3-17　离散型、连续型、Dorling 型三种区域拓扑图形式

当事实知识在不同区域具有不同值时，可以采用区域拓扑图的形式对其区域结构进行空间化表达。图 3-18 采用区域拓扑图的形式完成了 2018 年世界各国人口和 GDP 数据显示，76 亿人口大约创造了 1.31 万亿美元的 GDP。从图 3-18 中可以轻易看出，非洲国家人口和 GDP 明显不成比例。俄罗斯的人口和 GDP 与其世界第一的国土面积不匹配。中国和印度人口规模相近，但 GDP 差异明显。

3. 概念知识空间化

与事实知识不同，概念知识更加抽象，往往与地理实体类相对应，与空间位置隐性关联。概念知识空间化主要是采用地图或者图表的方法表示概念知识点间的关联关系。

1）概念知识的地图空间化

由于概念知识没有明确的空间位置关系，这里的地图更多的是采用地图的形式对概念知识的构成和内在关联关系进行空间化表达，以期形成客观的概念知识体系。概念知识的地图空间化表达往往用点、面等形式表示概念知识，用各类连接线表示概念知识的各种内在关联关系，最终形成完整的概念知识网络。

常见的概念知识的地图空间化表达形式有知识地图、思维地图、思维导图、概念地图等。它们也被看作思维可视化和知识可视化的有效工具，拥有不同的应用场景。知识地图常用于图书情报领域，主要表达知识节点与知识源的关联关系。思维地图常用于教育领域，通过八种图表表达知识间的关联关系。思维导图是一种表达发散性思维的工具，通过图文并茂的形式充分发挥左右脑功能，把概念知识的关系用相互隶属与相关的层级图表现出来，对基本概念与图像、色彩等建立记忆链接，常用于企业和个人的“头脑风暴”。概念地图可以构造清晰的知识网络，方便学习者掌握整个知识架构，能够促进知识的迁移，主要用于教育领域。知识地图和思维地图的相关内容参考第 1 章、第 2 章相关章节，这里简要介绍思维导图和概念地图的基本概念。

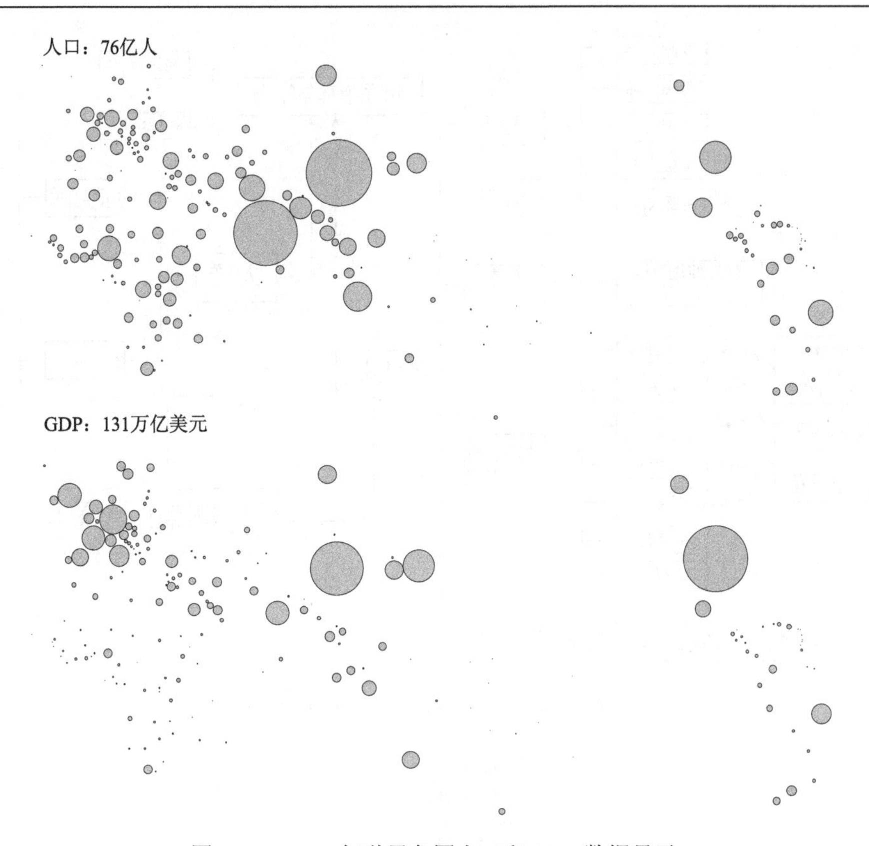

图 3-18　2018 年世界各国人口和 GDP 数据显示

思维导图是 20 世纪 60 年代由英国心理学家东尼·伯赞发明的一种笔记方法，是用图解的形式和网状的结构来存储、组织、优化和输出各类知识的思维工具（东尼·伯赞，2011），图 3-19 是世界大洲和大洋思维导图。思维导图的主要要素包括中心节点、分支节点、连线、注释和一些辅助信息。目前，常用的思维导图制作软件包括 FreeMind、MindMapper、Mindmanager、iMindMap、百度脑图、亿图图示等。思维导图的构建过程也是知识结构图像化和网络化的过程。

概念地图是 20 世纪 70 年代初由美国康奈尔大学的诺瓦克博士在有意义学习理论、图示理论、语义记忆模型、结构化知识理论等认知科学的基础上提出的一种用来组织和表征知识的工具，是利用概念及概念之间的关系表示关于某个主题的结构化知识的一种图示表示方法（Novak and Gowin，1984）。概念地图示意图如图 3-20 所示，常用节点表示概念，将某一主题相关的概念置于圆圈或者方框之内；使用连接线将相关的概念和命题连接起来，并用连接词标明两个概念之间的意义关系。

由概念知识构成的概念地图主要包括以下基本要素（马费成和郝金星，2006）。

（1）概念，概念知识的基本单元。

（2）关系，概念知识的构成和逻辑关系。

（3）命题，由两个及以上概念知识与其关系构成的具有意义的命题。

（4）连接线和连接词，概念间的连线和连接线上标明概念知识之间关系的词语。

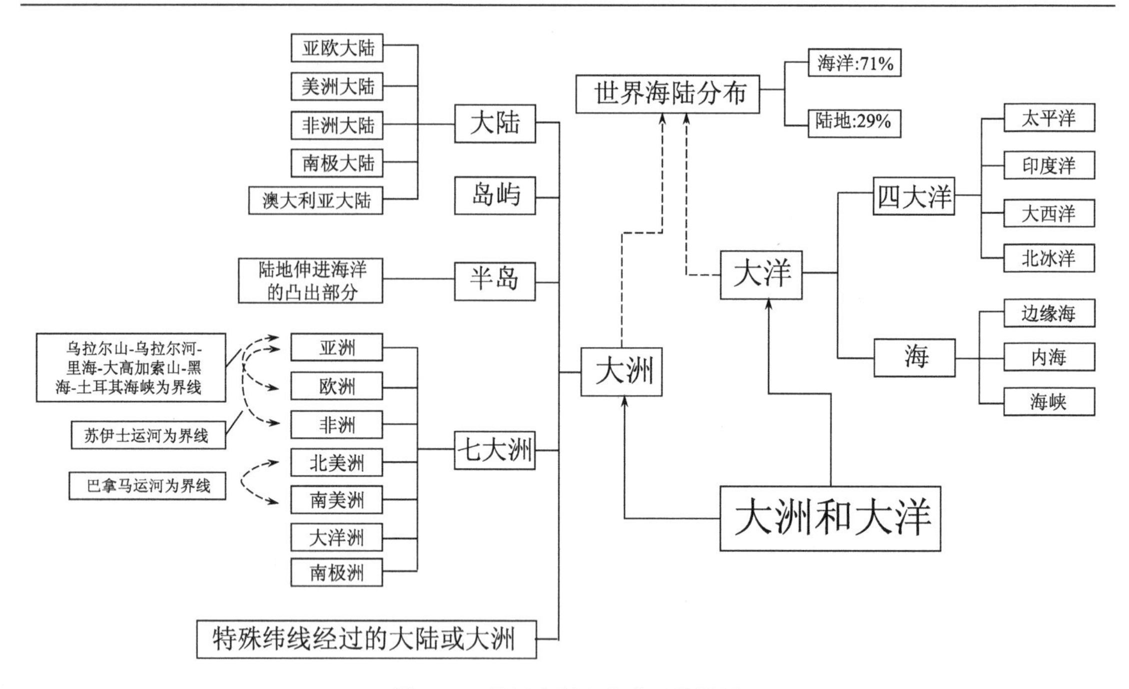

图 3-19　世界大洲和大洋思维导图

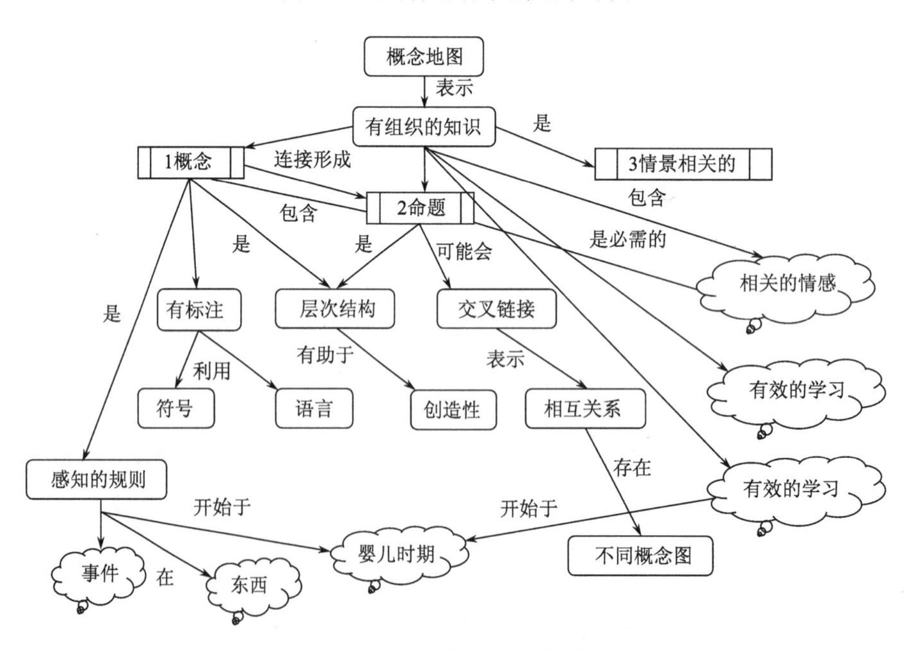

图 3-20　概念地图示意图

（5）等级，概念地图的层次结构，上级概念比下级概念宽泛，下级概念比上级概念具体。

（6）意群，上级概念和其所有下级一起构成一个意群，也称为概念簇。

（7）交叉关系，由连接线和连接词组成，描述不同意群之间的关系。

采用地图的形式进行概念知识的空间化表达，使得来自自然空间、社会空间和信息空间的各种知识在概念层面有了共同的数学基础。只不过这种数学基础，不再局限于欧氏空间的距离、面积、大小、形状等，而是更多关注于概念的层级结构和关联关系。以世界经济论坛（World Economic Forum，WEF）发布的 2019 全球风险关系图（图 3-21）为例，它通过调查和分析的方式，识别出地缘政治、环境、经济、社会、技术 5 类 31 种风险，并将其相互关联以地图的形式进行空间化表达，较好地实现了多维空间概念知识的一体化表达。

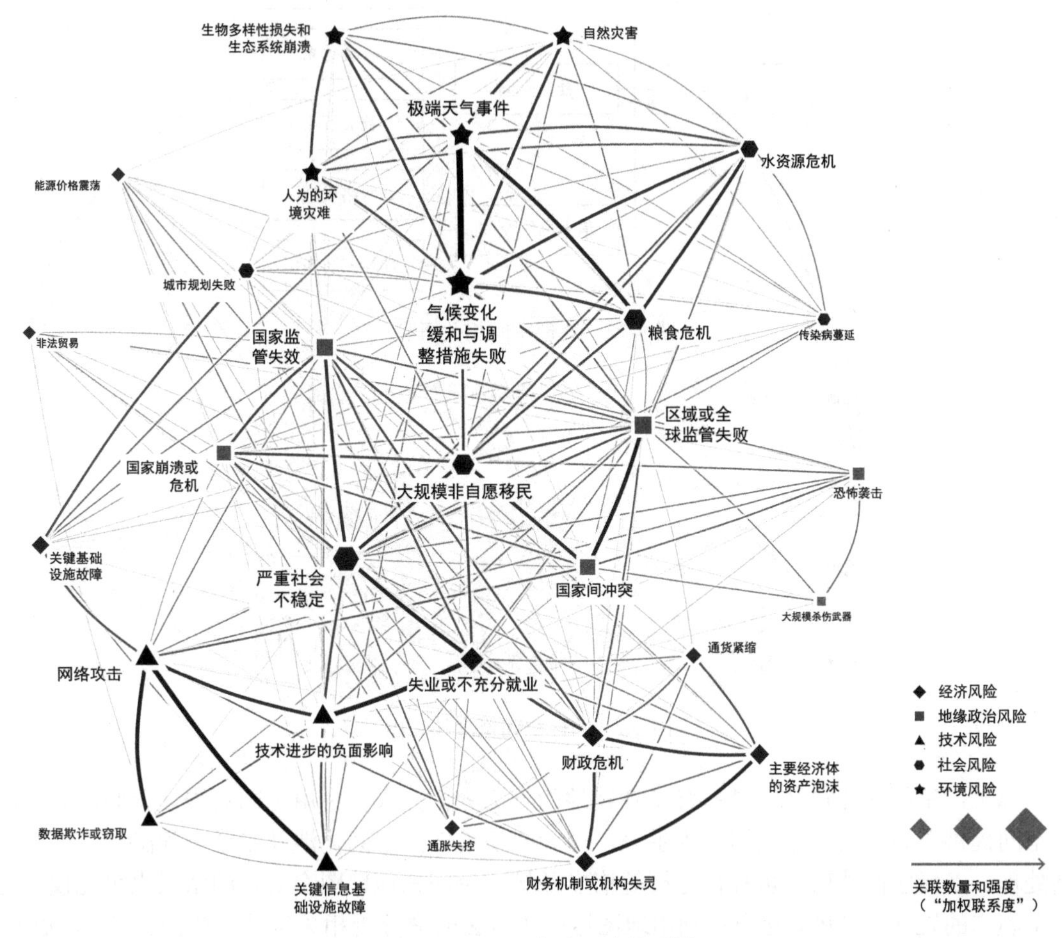

图 3-21　2019 全球风险关系图

2）概念知识的图表空间化

脑认知科学研究表明，人类认知具有“大范围优先”的规律，即视觉认知对全局特性及其拓扑特征尤为敏感（陈霖，2008）。概念知识的图表可视化就是将层状或者网状概念知识空间映射为二维或者三维图表空间，突出表示概念知识的层次结构和拓扑关系。其关键就是将概念知识的多维属性降解为适宜二三维图表表达的知识属性。地理空间相关概念如图 3-22 所示。

其基本步骤是：将概念知识空间映射为二三维图表空间→根据映射关系确立概念知识单元在二维图表中的位置→设计图表符号，建立知识间拓扑关系或者层次关系→调整图表效果，生成二三维图表，形成地理空间概念知识图，如图 3-23 所示。

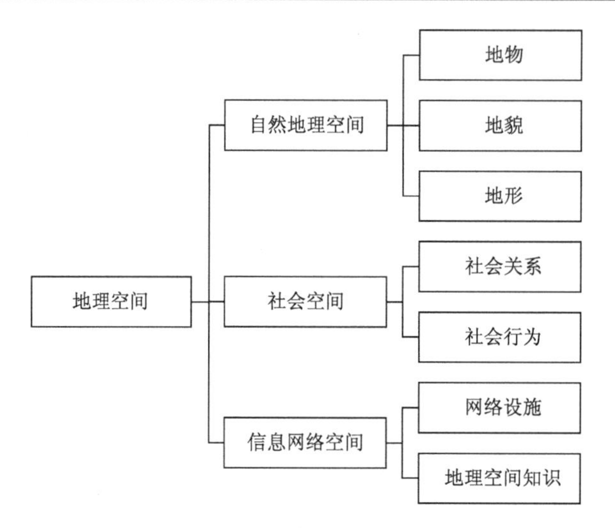

图 3-22　地理空间相关概念

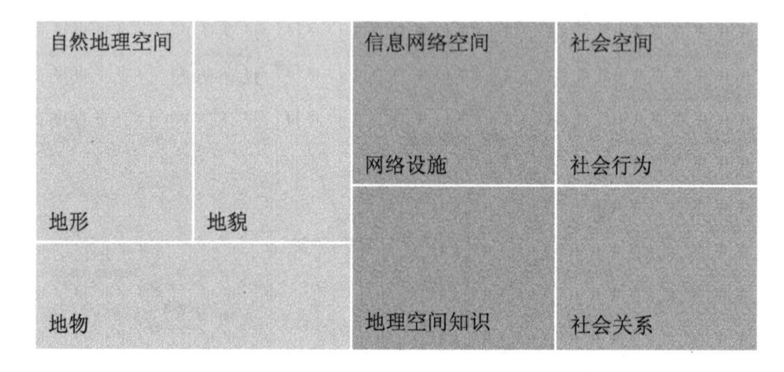

图 3-23　地理空间概念知识图

综上，空间化往往是信息系统或者软件的一部分，为人们利用空间思维认识和研究非欧氏空间提供了新的研究范式和技术手段。空间知识地图的空间化涉及多维空间融合、多源数据处理、多元空间映射、可视化分析等诸多领域。空间知识地图空间化的结果也可能仅仅是一个静态的硬拷贝地图，让用户利用地图这一工具去研究分析相关领域的数据、信息、知识，并引发新的见解。

3.3.3　空间知识地图的形式化表达

为建立空间知识地图的数学描述模型，特提出如下假设（潘星等，2007）。

假设 1：有限性假设。有限性包含两个方面，一是指空间知识可以通过有限的属性来进行描述；二是面向具体应用，可能使用的任务区域的空间知识数量是有限的。

假设 2：确定性假设。确定性也包括两个方面，一是指地理知识空间中描述知识节点的属性是确定的；二是指面向具体应用、任务区域内地理空间知识的来源、获取方式、类型和具体内容是确定的。不确定性是知识的基本属性，描述知识的属性肯定也带有一定的不确定性。但是，面向具体应用、具体用户和具体时空决策行为，通过地学领域专家和地图用户的适度参与，地理知识空间中的地理知识可用确定的数值和明确的规则进行描述。因此，地理空间知识属性在特定条件下可以进行确定性描述。

空间知识地图的相关定义如下。

定义 1：地理空间（geographical space）。地理实体是由空间特征、属性特征、时间特征、地理事件组成的四元组。面向具体应用，设区域内包含与任务密切相关的有限个不同类型的地理实体 E_1，E_2，E_3，…，E_n，则 $\Omega=\{E_1, E_2, E_3, \cdots, E_n\}$代表区域内所有地理实体的集合；$R_e$ 代表实体类间、实体间及实体类与实体间各种关联关系集，则地理空间 $S_g=(\Omega, R_e)$。

定义 2：地理空间知识域（geospatial knowledge domain）。地理空间内所有地理空间知识的集合，记为 $D_k=\{k_1, k_2, \cdots, k_n\}$。

定义 3：地理知识空间（geospatial knowledge space）。面向具体应用，D_k 内相关知识点、知识属性及其相互关系构成的集合，可以记为 $S_k=\{K, P, R_k\}$。式中，K 为 D_k 的子集；P 为对应知识点的属性集，是知识点具体内容的描述。与其他知识属性集相比，P 中包含位置属性项 P_L，其直接或者间接映射所描述地理实体的位置信息。R_k 为 K 内部、P 内部及 K 和 P 之间蕴含的丰富的时空关系。

定义 4：地理空间知识状态（the state of geospatial knowledge）。面向具体应用和具体地域，某一用户所掌握的地理空间知识情况，属于知识空间的子集，记为 K_s。知识状态决定了空间知识地图的主要制图内容和表达样式。

定义 5：地理空间知识节点（geospatial knowledge node）。对于 $A\subseteq K$，有

$A'=\{p\in P|\forall k\in A: (k, p)\in R\}$，定义映射 $f: A\rightarrow A'$

对于 $B\subseteq P$，有

$B'=\{k\in K|\forall p\in B: (k, p)\in R\}$，定义映射 $g: B\rightarrow B'$

当 $A'=B$ 和 $B'=A$ 时，即 $f(A)=B$ 且 $g(B)=A$ 时，称 $N=(A, B)$ 为知识空间中的一个知识节点。其中，A 和 B 分别称为知识节点（A，B）的外延和内涵，表示为 extent（N）和 intent（N）。

定义 6：子节点（class-node）和超节点（super-node）。若有知识节点 $N_1=(A_1, B_1)$ 和 $N_2=(A_2, B_2)$ 满足 $A_1\subseteq A_2$ 且 $B_1\supseteq B_2$，则称 N_1 为子节点，N_2 为超节点，记为 $N_1\leqslant N_2$。N_1 和 N_2 之间关系称为子节点-超节点关系（或称为泛化-特化关系）。如果有 $N_1<N_2$，N_2 称为 N_1 的父节点或直接泛化节点。

定义 7：知识网络（knowledge network）。知识网络即知识空间中所有知识节点集 $NS(S_k)$ 在知识节点的泛化-特化关系下的一个偏序集。记为 $N_k=(NS(S_k), \leqslant)$，其中≤表示知识结点的泛化-特化关系。

定义 8：地图符号化（map symbolization）。地图符号化是根据用户知识状态，采用地图表示方法和地图符号系统对地理空间内各要素进行恰当描述。地图符号化的结果是地图，记为 $M_S(S_g)$。

定义 9：知识空间化（knowledge spatialization）。知识空间化是根据用户知识状态，综合运用多种可视化方法对知识网络中知识节点及其关系进行可视化表达。知识可视化的结果是地图，记为 $M_k(N_k)$。

知识网络和地理空间通过知识的位置属性 P_L 相关联。则有

定义 10：空间知识地图（geospatial knowledge map），$M=M_S(S_g)\cup M_k(N_k)$。

第 4 章　空间知识地图数据建模

从数据建模的角度来看，无论是 OGC 的九个世界认知模型还是 Fonseca 的“五个世界”认知模型，或是空间知识地图的认知模型，实质都是从现实世界经认知世界、逻辑世界到虚拟计算机世界的抽象过程，分别对应用于数据建模的概念建模、逻辑建模、物理建模等不同阶段。构建空间知识地图的数据模型，必须深刻描述地理实体（现象）复杂关联关系和动态变化规律。

4.1　空间知识地图建模方法

4.1.1　时空数据模型分析

20 世纪末，我国开始了新一代地理框架数据平台（“数字中国”地理空间基础框架）建设。该框架提出需要开展以下几个方面的研究：结合先进的信息获取和处理技术，对传统的基于地图要素的全要素框架地图数据和核心地图框架数据的生产和管理技术加以改造；深化对地理空间基础框架的认识与理解及对地理实体（现象）完整性、一致性的认识；加强地理空间数据模型的理论研究，恰当表达现实世界具有实际意义的对象或实体；最终重新构筑新的数字化地理空间基础框架（聂俊兵和谢迎春，2007）。

时空数据模型是一种有效组织和管理时态地理数据的地理数据模型，对于实体的属性、空间和时间等语义关系描述更为完整（Langran，1989），其实质是时间和空间的语义概念建模。关于时空数据模型的研究大约从 20 世纪 70 年代末开始兴起（Langran and Chrisman，1988）。自 1992 年 Langran 的博士论文《地理信息系统中的时间》发表以来，作为时空数据库基础的时空数据模型成为时态 GIS 的研究热点。目前，时空数据模型的研究，按照应用目的可以划分为面向时空数据存储检索且遵循常规数据库建模过程的时空数据组织模型和面向时空过程动态描述以时空数据分析及表达为目的的时空数据计算模型；根据所描述的时空对象情况，分为侧重状态描述的时空数据模型、侧重过程描述和因果分析的时空数据模型及侧重时空对象及其关系描述的时空数据模型。

Langran（1992）系统阐述了四种早期的时空数据模型：空间快照、时空复合、基于修态和时空立方体等模型，为时态 GIS 奠定了主流时空数据模型的基础。后来的研究大多是基于这四种模型的改进和扩展。基于时态栅格模型（Langran，1992）、基于快照-增量的时空模型（Langran，1989；尹章才和李霖，2005）、动态“版本-差量”模型（Langran，1989；田娇娇等，2006）是对空间快照模型的改进。为了既可以支持状态和变化的表达，也可以支持时间拓扑和空间拓扑的表达，郑扣根等（2001）基于时空复合模型提出了基于状态和变化的统一时空数据模型。对于基于修态模型进行改进的典型例子是基态修正模型和基于事件的时空数据模型，一个强调时空对象的历史关联，一个通过“状态-事件”机制描述时空对象的因果关联。其中，Peuquet 和 Duan（1995）所提出的基于事件的时空数据模型能显式存储事件序列，顾及了时空对象状态及其因果关系，能较好地描述时空变化（事件）过程及触发这种变化（事件）的原因和结果。之后，许多学者面向不同的应用对该模型进行了扩展并赋予“事件”新的含义，先后提出了基于事件的改进基态修正时空数据模型、基于事件和特征的时空数据概念模型、以事件为中心的面向对象数据模型。此外，基于图论的时空数据模型因为记录了空间信息的位置状态和变迁（事件/活动），也可以看作基于事件的时空数据模型的一种扩展。

面向对象的时空数据模型是时空立方体模型的对象语义表达和结构化组织，已成为时空数据建模的主要发展趋势。该模型可以有效支持时空复杂对象建模，有力地表达了时空对象间的时态、空间和时空拓扑关联语义。基于特征和基于地理本体的时空数据模型则是面向对象的时空数据模型的扩展和变异，它们将空间对象扩展到对空间对象的特征及对空间实体的语义描述和表达。

目前，面向对象的思想已成为时空数据模型构建的主流思想。其核心是将地理实体及其关系抽象为具有共同属性和操作方法的类（对象），然后采用面向对象编程技术进行规范化描述和程序化实现。与此同时，特征，事件，描述时空对象的状态、变化原因和语义关联的地理本体，成为时空数据模型的核心概念。

然而，主流时空数据模型多是从计算机表达的角度出发，主要面向数据的高效存储和检索而不是面向地学问题分析，对地理实体或现象的显式定义和基础关系描述不足，不能在语义层次上实现数据的共享，缺乏面向该数据模型的时空分析和应用（王家耀等，2004）。因此，准确描述地理实体丰富的语义及其内在关联关系，开展面向地学应用的时空分析模型和方法研究，是目前和未来时空 GIS 的发展趋势。

4.1.2　数据建模理念

1. 面向对象建模

面向对象是用符合人们认知习惯的自然方式来认识和模拟现实世界的方法。面向对象作为一种方法学，是随着程序设计方法学的发展而逐渐成熟的。其核心思想是把所研究的问题域当作一个对象，对问题域内对象的共同属性和方法进行规范化描述，使得对问题域的逻辑过程建模更加直观和简便。对象可以表示任何事物，具有唯一的标识。无论多么复杂的实体，都可以采用类、方法、属性等面向对象的基本概念来准确描述其结构，无须进行任何人为分解。面向对象的方法为数据模型的建立提供了四种数据抽象技术（分类、概括、联合、聚集）和两种数据抽象工具（继承、传播）（Egenhofer and Frank, 1989）。

（1）分类（classification），是把一组具有相同结构的实体进行归类的过程。这些实体是属于这个类的实例对象，实例对象与类的关系是 is instance of 的关系。从类到对象的过程是特化（specialization）的过程。例如，交通类可特化为道路、铁路、航线、管道、航道等实例对象。

（2）概括（generalization），是将一组具有部分相同属性结构和操作方法的类归纳成一个更高层次、更具一般性的类的过程。前者称为子类，后者称为超类。子类与超类的关系是 is a 的关系。例如，公用电话、污水井等可以概括为公用设施。

（3）联合（association），是把一组属于同一类的实例对象组合起来形成一个更高级的集合对象的抽象技术。集合对象中的每个实例对象称为它的成员对象。成员对象和集合对象之间的关系是 is member of 的关系。

（4）聚集（aggregation），聚集与联合类似，但它是把一组不同类型的对象组合起来形成一个更高级的复合对象。每个不同类型的对象称为该复合对象的组件对象。组件对象与复合对象的关系是 is part of 的关系。该抽象技术可以有效描述复杂对象。例如，城市由交通、建筑、水系等聚集构成。

（5）继承（inheritance），在类型的层次结构中，子类依赖于超类，即子类的属性和服务从超类继承。继承的引入可以减少信息冗余，保持系统完整性。

（6）传播（propagation），是用来描述属性值间的依赖性和获得服务的过程。其基本原理就是成员对象的相关属性只存储一次，然后再将这些属性值传给复杂对象。这样，当成员对象的属性值被改变后，复杂对象的属性值无须修改，可极大减少信息冗余并保证信息的一致性。

2. 本体驱动建模

1998 年，Guarino（1998）提出了本体驱动的信息系统：如果一个系统在开发和运行过程中将本体转换为动态系统组件加以运用，则认为该系统为本体驱动的信息系统（ontology driven information system，ODIS）。Fonseca 和 Egenhofer（1999）将该方法运用到地理信息领域，设计了本体驱动的地理信息系统（ontology-driven geographic information system，ODGIS），提出了本体驱动的 GIS 开发方法。他们认为 ODGIS 是以整个系统的互操作为目标，并由来自本体的各种系统组件构成。系统组件是可以用来进行新的应用程序开发的类。这些类由数据和构成系统功能的操作组成，含有大量来自本体的知识。本体驱动系统的开发，促使系统由软件重用向知识重用提升，有利于解决不同领域人员的语义异质问题，有利于人们对地理实体本质特征及其内在规律性的认识。

与传统数据建模不同，本体驱动方法强调本体方法在数据建模过程中的运用：领域专家通过对现有概念范式的理解和客观世界的认知，形成领域本体，并基于该本体进行模型设计，以生成新的满足应用需求的概念范式。这里的概念范式指的是利用实体-关系（entity-relation，E-R）技术、对象模型技术（object model technology，OMT）、统一建模语言（unified modeling language，UML）对存储到数据库中的信息进行组织和表达的结果。传统数据建模与本体驱动数据建模的构建流程对比如图 4-1 所示。

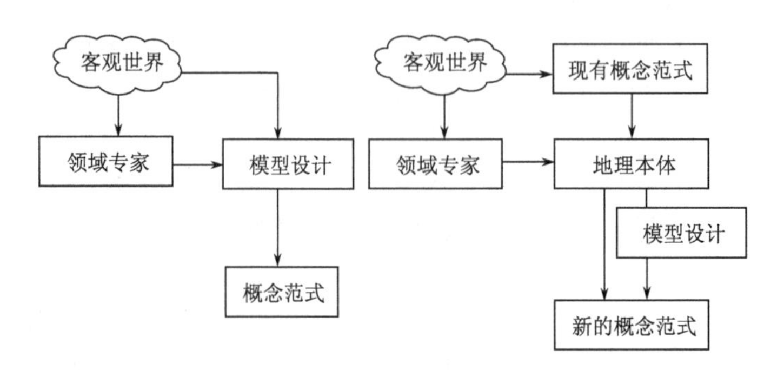

图 4-1　传统数据建模与本体驱动数据建模的构建流程对比

3. 建模要素

在地学领域，地理空间的区域性（区域差异）以地理格局的形式来表现；地理空间的动态变化以地理过程的形式来体现；地理空间的综合性以时空要素的耦合来实现。在这里，地理格局指一定时期内，某一地区各种力量相互作用、相互斗争形成的一种地域结构及其表现形态。地理格局往往从大小、形状、数量、类型和空间分布等多个维度进行描述，反映区域内地理要素的空间结构特征，体现不同区域的地理差异。地理过程则强调地理实体（现象）随时间的变化特征。地理过程可分为自然过程（地理实体的出现、消亡、变化等）和社会过程（个体移动、社会活动等）。

耦合原本是一个物理学的基本概念，主要指两个或两个以上的电路元件或电网在电流输入和输出之时能够产生紧密的配合，实现能量从一侧向另一侧传输的现象（宋长青等，2020）。20 世纪 80 年代以来，随着系统科学和系统思维的广泛应用，科学研究更加强调要素之间、过程之间、机制机理之间的相互联系和相互作用。因此，“耦合”的概念被拓展为描述多要素相互作用和相互联系的思路和方法，广泛应用于自然科学、社会科学和人文科学领域。在地学领域，地理耦合更是涉及地理空间耦合、地理过程耦合、地理格局耦合、地理格局与地理过程耦合、地理要素耦合、地理尺度耦合、地理关系耦合等一系列基本概念。在人类社会行为过程中，地理格局和地理过程相互耦合，自然过程和社会过程相互作用、相互影响，共同构成了人们进行现实决策的行为空间。

空间知识地图涉及自然空间、社会空间和信息空间，是对多维空间的综合集成、一体分析和动态表达，涉及时间、空间、尺度、应用等多重因素。空间知识地图对象的数据建模和知识建模，必须以地理学和地图学相关理论为指导，必须科学认识建模要素。

在现实世界中，地球表面上的任何现象都可称为地理现象。地理现象是地理格局和地理过程耦合的产物，记录了地理实体在发生、发展和消亡中的外部形态和变化过程，是区域差异和动态变化的具体体现。为了科学地认识地理现象，首先要正确区分和识别地理现象涉及的地理实体。地理实体是人们对现实世界客观存在的地理事物和地理现象的直接感知。为消除不同领域、不同用户因知识背景而造成的对地理实体的感知差异和语义歧义，基于地理本体实现对地理现象的抽象和概括，进而实现认知过程和应用过程的“共知”和“互通”（陈新保，2011）。从面向对象的角度出发，地理实体是地理本体的实例，地理本体是地理实体的抽象和概括。按照本体驱动思想，基于地理本体可将地理实体及其随时间的变化抽象为一个个地理特征实例、地理特征对象、地理事件实例、地理事件对象。它们正是对现实世界地理现象和事物的本体性表达和概括。根据“五个世界”认知模型，空间知识地图涉及地理现象、地理实体、地理特征、地理事件、地理本体、地理特征实例、地理事件实例、地理特征对象、地理事件对象等一系列概念，基于“五个世界”认知模型的空间知识地图建模要素一览表如表 4-1 所示。

表 4-1　基于“五个世界”认知模型的空间知识地图建模要素一览表

名称	基本描述	五个世界
地理现象	地理格局与地理过程耦合的结果	现实世界
地理实体	地理现象的组成要素	现实世界
地理特征	地理实体的抽象	认知世界
地理事件	地理特征的变化	认知世界
地理本体	地理特征、地理事件及其相互关系的形式化描述	逻辑世界
地理特征实例	地理特征的具体体现	表达世界
地理事件实例	地理事件的具体体现	表达世界
地理特征对象	地理特征实例的数字化表达	执行世界
地理事件对象	地理事件实例的数字化表达	执行世界

4. 多重表达

人类具有认知多样性和兴趣多样性，对于同一地理实体，不同领域人员常常进行不同的抽象和概念化，进而导致了表达的多样性，也是多重表达问题。多重表达，也称为“数据库多重表达”“多重表达数据库”，主要是指多比例尺 GIS 中同一区域不同尺度数据集的多重表达和显示。早在 1988 年，美国国家地理信息与分析中心（NCGIA）就提出了“多重表达”这一概念，并将其列入该中心的基金课题之一。NCGIA 指出，数据库多重表达是指“随着在计算机内存储、分析和描述的地理客体的分辨率（比例尺）的不同，所产生和维护的同一地理客体在几何、拓扑结构和属性方面的不同数字表达形式”（Buttenfield，1993）。

随着“3S”技术的发展，尤其是 VGI 的兴起、网络地图服务的涌现和地图表达样式的多样化，多尺度、多语义、多时空的地理数据呈现出存储海量化、来源多元化、格式多样化等诸多特点。在地学领域，多重表达的概念不断拓展。地学信息多重表达既指同一地理实体在不同空间尺度（不同比例尺或不同分辨率）和时间尺度（时间分辨率或不同时相）的多重显示；又指同一时空尺度下，同一区域面向不同需求的同一实体或者不同实体采用不同维度（零维、一维、二维、三维及以上维度）、不同格式（矢量、栅格等）的多重表达；还指不同来源、不同格式的数据在同一显示环境（操作系统、软件系统、硬件环境）或者相同数据在不同显示环境中的多重表达。多重表达不仅指地图、图表等符号表示，还包括地理数据从不同层次、不同角度对地理实体进行不同详细程度的反映或表达，常常涉及图形制图综合和数据自动更新等问题。

对于空间知识地图的多重表达主要体现在同一地理特征的多级比例尺显示、不同地理特征的显示与隐藏、地理特征细节的泛化与特化、地理特征符号的细化与简化、文字注记的显示与隐藏及基于事件序列的层次性地理空间推理等方面。本书中的多重表达主要指同一地理特征在不同尺度下面向不同应用需求所扮演的不同角色，是一种多层次、动态反映某一区域地理实体及其关系的信息表达方式和机制。为建立多重表达机制，在逻辑建模的过程中，必须考虑地理特征的角色定义、角色提取问题。

4.1.3　本体驱动的双层次多重时空耦合模型

为实现地理空间的一体化数据集成和可视化知识表达，本书基于本体驱动的思想，采用面向对象和多重表达的方法，基于空间位置和语义概念分别建立数据模型和知识模型，并通过空间映射和语义映射关系，实现了数据模型和知识模型的关联统一，最终形成空间知识地图的双层次、一体化模型，并将该数据模型命名为本体驱动的双层次多重时空耦合模型，如图 4-2 所示。

本体驱动的双层次多重时空耦合模型的核心是本体驱动和关系映射。地理本体的引入，使得传统基于分层和专题思想的数据组织方式转变为基于面向对象的数据和知识统一组织范式，为数据建模和知识建模提供了共同的语义基础。本体的思想主要体现在数据模型设计过程中的概念设计，以及逻辑设计中的形式化描述，用来准确描述地理实体的时空语义，有利于整体认知和科学表达地理实体，是本体驱动概念的核心。基于面向对象的方法，可以对同一地理实体进行不同视角的抽象和解译，并将同一类地理实体的相关信息用统一的结构进行整体描述，避免了在数据层面横向和纵向人为分割问题。本体驱动是指利用本体方法对地理实体的空间特征、专题特征、语义关系及动态变化进行统一的形式化描述。在此基础上建立

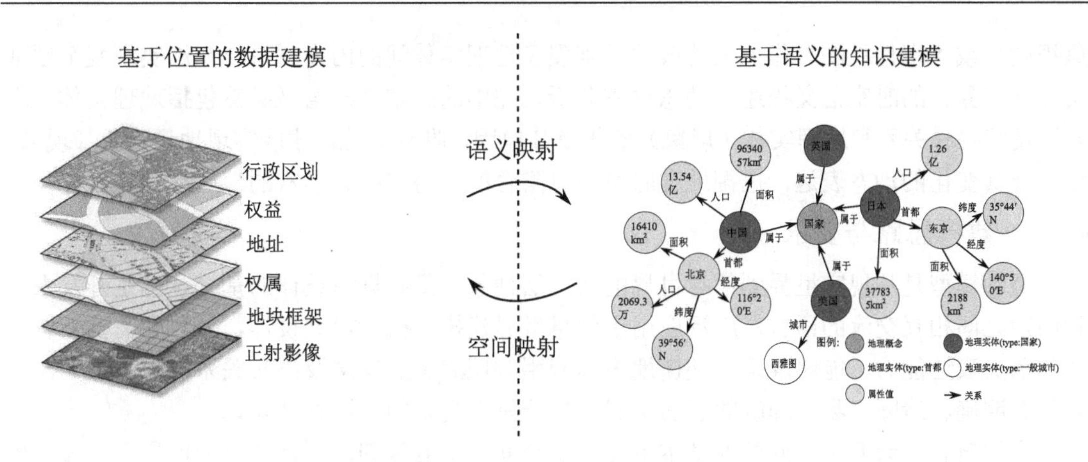

图 4-2　本体驱动的双层次多重时空耦合模型

地理实体及其关系，在不同应用领域，在“知识—信息—知识”不同抽象层次的相互映射关系中，实现不同领域用户对同一地理实体的共同认知，进而显式地表达学科感知知识，实现不同学科间的信息共享。

关系映射主要体现为基于位置的空间映射和基于概念的语义映射。空间知识地图数据模型建立在空间位置的基础之上，其知识建模过程中的事实知识往往具有明确的空间位置属性。基于位置关系建立数据模型和知识模型的空间映射，是实现空间知识地图一体化建模的基础。知识建模过程中，同一地理实体面向不同的任务、不同的领域、不同的用户往往进行不同程度的抽象，形成不同的概念体系。基于概念建立数据模型和知识模型的语义映射，可以有效解决空间知识地图的多重表达问题。

本体驱动的双层次多重时空耦合模型通过对地理空间和知识空间分别建模，并基于语义映射和空间映射建立统一模型，为空间知识地图的多重表达和知识服务提供了良好的模型支持，实现了数据模型设计从“信息论”到“认知论”的升华。

4.2　本体驱动的多重时空数据耦合数据模型的概念建模

传统地图数据模型以地图制图为目的，基于专题地理分层的空间数据表达思想，采用单一图层内以矢量或栅格数据结构的基本单元作为地理实体或现象基本建模单元的表达方式，侧重于对现实世界空间几何目标的抽象，注重空间位置及相互关系的描述。它将地理现象抽象为精确的数学形式的点、线、面结构或分辨率为某一数值的栅格单元，用适宜信息传输的地图符号系统传递制图人员对地理空间的认知，这在很大程度上满足了人们对地理现象的几何形态、空间关系、空间结构等方面的通用地理信息需求。但是，传统地图数据模型在建模过程中遗弃了地理现象及其属性间丰富的包含、组成、因果等语义信息和时态信息，在复杂地理现象的描述及地理过程分析方面存在严重不足（陆锋等，2001）。而丰富和健壮的语义不但能直接解答现实世界中地理现象动态变化的内在时空规律，还是进一步开展时空分析、深层次地理知识挖掘和获取的基础，在地理现象历史回溯、现状监测、趋势分析等方面具有重要意义及应用价值。地理现象的动态表达与建模已成为地理信息科学的核心研究内容。

空间知识地图需要实现地理实体（现象）的历史回溯、现状监测、趋势分析，其数据模型必然采用时空数据模型。而现有的时空数据模型主要以地理实体（现象）存在状态的“对象视图”或“事件视图”作为表达载体，割裂了地理实体间的内在联系，无法实现复杂地理实体（现象）的时空语义描述和动态过程分析。完整的时空动态语义必然包括地理实体（现象）及其关联关系和地理实体（现象）变化及其原因。唯有如此，才能实现地理实体（现象）状态及其变化的动态表达，挖掘地理时空信息隐含的、潜在的、丰富的深层次知识。

4.2.1 建模思路与要求

概念模型是从现实世界到信息世界的第一层抽象，是数据库设计的基础，也是开发人员和用户之间相互交流的语言，广泛应用于信息世界建模。概念模型设计，一方面需要具有丰富的语义表达能力，能够准确、便捷地表达应用领域海量的概念及语义关系；另一方面，需要具有明确、清晰、易于理解的表达形式，便于呈现复杂的应用领域知识。

空间概念是研究空间问题的基本单元，是空间思维的基础，更是从物理世界到认知世界的前提。空间知识地图数据模型的概念建模，是采用本体的方法对研究区域地理实体及其关系的抽象表达，从而构建一套清晰描述地理实体（现象）及其关系的概念系统，形成反映概念相互关系和相互作用的系列规则。概念建模的过程是对研究对象的认知和抽象过程。空间知识地图概念建模面临的主要问题是：地理空间由许许多多地理实体构成；地理实体拥有一系列属性，并且可以进一步分解；地理实体类之间、地理实体之间及地理实体属性之间存在不同的关系，地理实体的几何结构、属性结构和关联关系随时间而不断变化；不同尺度下，同一地理实体面向不同的用户群体和应用目的，常呈现出不同的状态。因此，空间知识地图的概念建模需要面向不同的应用需求和尺度，将地理实体、现象及其时空变化抽象为基于本体描述的地理特征和地理事件。

1992 年，美国国家标准与技术研究院（National Institute of Standards and Technology，NIST）批准空间数据传输标准（spatial data transfer standard，SDTS）为联邦信息处理标准，编号为 FIPS173。以美国地质调查局为代表，许多联邦机构以 SDTS 格式制作和分发空间数据。SDTS 框架如图 4-3 所示。

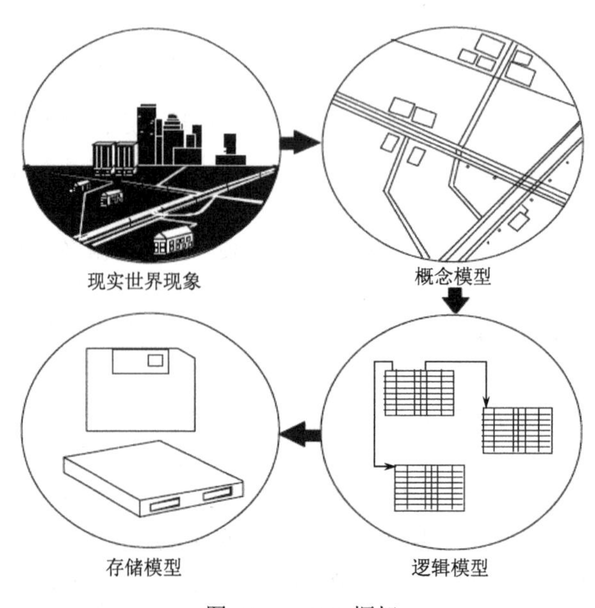

图 4-3　SDTS 框架

SDTS 框架对应于数据建模的三个阶段：概念建模、逻辑建模和物理建模。SDTS 的基础是一个通用的数据模型，可以与任何用户数据模型进行对接。SDTS 概念模型由三部分组成：空间现象模型、用来表达空间现象的空间对象模型，以及解释空间现象和空间对象如何关联的空间特征模型。

在 SDTS 中，现象主要指现实世界中与时间和空间密不可分的各种事实、事件或者环境，也就是本书中探讨的与某一空间位置显性关联或隐性映射的各类地理现象。所有的现象都归属于一个特定的现象类，每个现象类拥有一系列特性，这些特性又称为属性。属性的具体值称为属性值，每个属性都有明确的属性值类型。属性值的取值范围称为属性域。现象类中能够唯一标识该现象类的属性集合，称为该现象类的码属性（key attribute）。被赋予了属性值的码属性形成了一个个具有唯一标识的实体实例。实体实例可以聚合成一个类型更为复杂的实体实例。

实体是客观存在并可相互区别的事物，既可以是具体的人、事、物，也可以是抽象的概念或联系。一切“现实世界现象”都是在特定的时空中发生的，都可被看作空间实体。空间实体既可能是现实世界中的客观物理存在，也可以是与空间位置关联的地理事件。具有相同属性的实体实例的集合，称为实体类。实体类通常用类名和属性名来进行抽象描述。实体类通过综合多个类共享的已定义特性，可以形成不同的专题。专题也可以拥有自身的名称和属性。实体实例通过时空属性进行关联。实体类之间存在丰富的空间关系、语义关系和时态关系。关系是一种特殊的关联。

空间对象是空间实体的数字化表达。空间对象也可被划分为不同的空间对象类。与空间实体和空间实体类相对应，空间对象之间通过时空属性进行关联，空间对象类之间存在丰富的空间关系、语义关系和时态关系。空间对象除了拥有实体对象的空间属性、语义属性和拓扑关系之外，还可以拥有表达实体对象的符号、色彩、大小等属性。与通过码属性区分实体实例不同，空间对象通过标识代码（identify document，ID）进行区分。空间对象也可以进行分类、聚合和关联等操作。

空间特征是空间实体和空间对象的组合，用来指代一个以数字形式表达的空间实体及其丰富的空间、时态和语义关系。空间特征类则是空间实体类及其空间对象类的交集，表示拥有代表性空间对象的空间实体类。

SDTS 概念模型为正确理解和科学描述地理现象提供了一个通用的概念框架，如图 4-4 所示。但是，不同领域面对不同的应用需求，常常对同一地理现象进行不同程度的抽象和不同形式的概念化，形成不同的地理特征和地理事件范畴，从而造成数据异构和语义异质等问题，不便于地理特征和地理事件在不同领域的共享和互操作。为了形式化描述地理特征和地理事件及其相关关系，实现地理概念在不同领域的共享，本书引入地理本体来表示不同领域人员关于地理实体的共识，主要解决同一现象和事物的感知差异性，实现不同学科间的空间知识传播。

地球与环境术语语义网（semantic web for earth and environmental terminology，SWEET）是由美国航空航天局地球科学技术办公室（NASA Earth Science Technology Office）支持建设的规模最大的地球科学数据与术语研究项目。该项目旨在为地球科学研究提供一个通用的语义框架。其构建的 SWEET 本体通过网络平台实现信息共享，对地球科学研究的数据语义化共享和知识规范化表达具有重要的支撑作用（马胜男等，2010）。

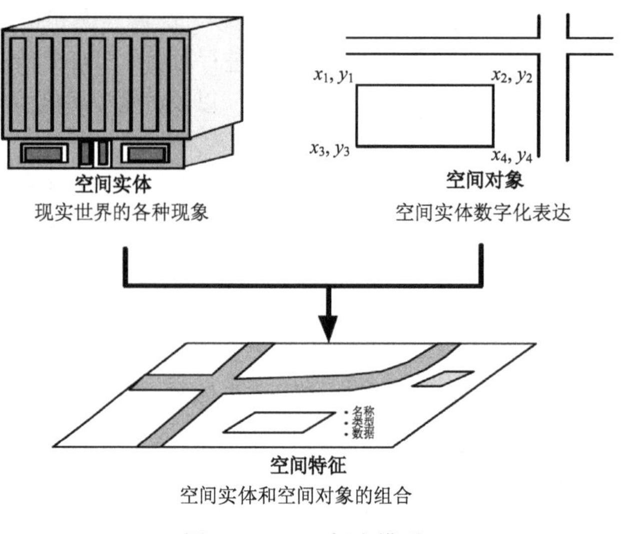

图 4-4　SDTS 概念模型

SWEET 是一套高度模块化的本体，遵循可扩展性、应用独立性、自然语言独立性、正交性和广泛参与性等建设原则（Raskin and Pan，2005）。为了实现还原论（认为复杂的系统、事物、现象可以将其化解为各部分的组合来加以理解和描述）和综合论（将不同的概念组合成为一个复杂概念）这两个科学过程，SWEET 本体涉及刻面概念（空间、时间、属性等）和综合概念（现象、人类活动等）。为避免同一层级出现概念交叉，SWEET 本体将复杂概念分解为不同的刻面概念。刻面从不同侧面描述复杂概念，一个刻面代表复杂概念的一个特定方面，不同刻面之间是一种正交关系。例如，嵩山海拔高度这一复杂概念可以分解成以下三个刻面：嵩山是一个实体，海拔是一个空间概念，高度是一个物理属性。SWEET 本体及其内部关系如图 4-5 所示（Raskin，2006）。图 4-5 中的方框表示本体，箭头表示由其他概念来定义复杂概念的主要路径。因此，从过程到现象的箭头表明，物理、化学和生物过程是定义大规模现象的重要因素。

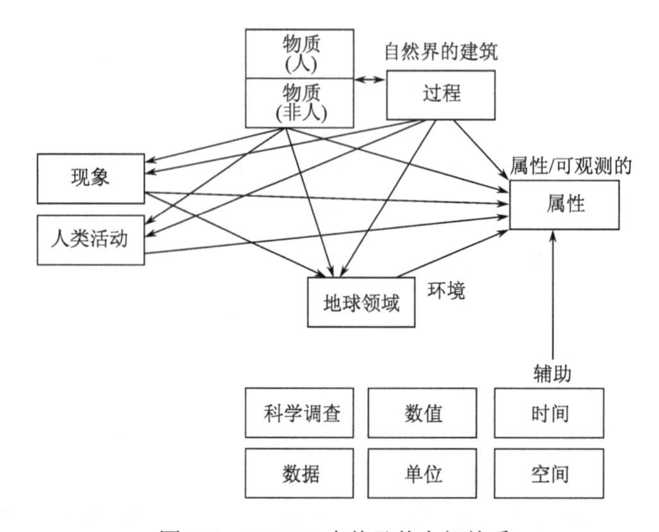

图 4-5　SWEET 本体及其内部关系

2019 年 11 月，SWEET 3.4.0 版本发布。在这个版本中，SWEET 本体由 224 个本体文件组成，每个本体文件代表一个不同的名称空间。不同的名称空间之间存在许多依赖关系。这些名称空间涵盖地球系统科学的 6000 多个概念，形成一个概念化的地球系统科学知识空间。SWEET 本体为地球系统科学提供了一个顶级本体，由九个顶级概念（领域、生命实体、非生命物质、过程、属性、空间、时间、单位、数值）组成，为进一步开发特定领域的用户提供了坚实的概念基础，可有效促进地球科学数据的发现和利用。

概念模型是对现实世界的建模，是建立数据模型的前提和基础。它将现实世界中的实体、属性和联系抽象描述为一种独立的信息结构，通常采用实体关系（E-R）图的形式来表达。

参考 SDTS 概念框架和 SWEET 本体架构，空间知识地图概念模型采用本体驱动和面向对象的思想进行建模，并以 E-R 图的形式对建模结果进行表达。空间知识地图涉及地理现象、地理实体、地理对象、地理特征、地理事件等一系列概念。而地理特征可以看作人们对现实世界的基本层次认知，有效表征了地理实体和地理对象的关联关系。地理特征的建立不是一个简单的数据收集而是一个系统的数据处理过程。地理学的区域理论为地理特征概念的形成提供了理论基础。认知范畴理论和制图学的选取原则为地理特征的建立、分类分级、结构化提供了基本框架。集合理论可以用来结构化地理特征的专题集，消除歧义性，进而形成一系列规则集。而地理事件则是地理特征在时间维度上的变化过程的客观描述。因此，空间知识地图概念建模主要是建立地理特征和地理事件的概念框架。

4.2.2　地理特征的概念框架

地理世界由一系列地理现象组成，地理现象由一系列地理实体及地理实体之间存在的普遍联系形成。基于地理特征的概念框架，采用面向对象的方法来描述地理世界，能够更好地描述这种普遍联系，更加符合人们的认知习惯。地理特征对应于人们的基本认知范畴。特征类则是对地理特征的进一步概括，是地理特征的上级范畴。属性和关系是对地理特征的进一步描述和说明，对应于地理特征的下级范畴。地理特征属于人们认识世界的基本层次范畴。

1993 年，美国学者 Usery（1993）提出利用区域理论、认知范畴理论、制图抽象原则、集合理论来建立面向各种应用和尺度的特征概念框架，即地理特征模型。为了更好地对现实世界进行刻画，Usery（1996）认为应从空间、专题和时间三个维度及属性和关系两个角度来描述地理特征。地理特征的维度、属性和关系如表 4-2 所示。

表 4-2　地理特征的维度、属性和关系（Usery，1996）

描述角度	空间	专题	时间
属性	$x,y,z;\phi,\lambda,Z$, 点，结点，线， 面，体，像素，…	色彩，大小，形状， 名称，属性，类型， 编码，…	时刻， 时段， 周期，…
关系	拓扑关系， 方位关系， 度量关系，…	概念关系， 属性关系， 功能关系，…	在…前， 在…期间， 在…后…

地理特征包含了描述地理实体必需的三个部分（空间、专题、时间），可以有效表达地理实体之间的丰富关系。空间特征主要由地理实体的位置信息和空间关系构成；专题特征主

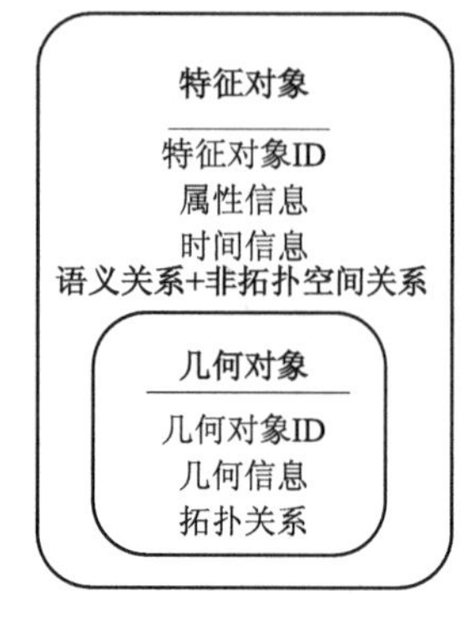

图 4-6　地理特征对象的概念框架

要由特征属性和语义关系构成；时间特征描述地理实体随时间的变化情况，具体体现在空间特征和专题特征中。地理特征与其他特征的明显区别在于其与空间位置密切相关的特性。现有空间分析等许多操作都是基于几何特征进行的，因此，可以将地理实体的空间结构及其拓扑关系单独定义为几何对象。地理特征对象封装几何对象。在利用地理特征描述地理实体及其关系时，属性和关系直接依附特征标识。与传统地图数据模型相比，地理特征对地理实体的数字表达和关系描述更加完备、更加富有整体性，除地理实体的拓扑关系之外，还表达了地理实体的非拓扑空间关系及其属性间的各种语义关系。地理特征对象的概念框架如图 4-6 所示。

基于特征的建模技术产生于 20 世纪 80 年代，是一种较高抽象层次的建模方法，是新一代地理信息系统的发展方向（聂俊兵等，2007）。基于地理特征进行概念建模，具有传统数据模型无法比拟的优势。对于线状特征类型，基于特征方法在特征实体的整体表达和操作及语义共享中表现得更为突出；对于点状、面状特征类型，基于特征方法在特征实体的时态变化描述中表现得更为突出（陆锋等，2001）。另外，特征可以聚集或合并为复合特征，例如，一个城市是建筑、道路、管道等地理特征的复合特征，仅需要知道组成该复杂特征的地理特征的信息，就可准确理解城市这一复杂地理实体的基本特征。基于面向对象方法构建的地理特征概念模型如图 4-7 所示。在该概念模型中，地理特征通过 SDTS 中的提取方法获得，特征类通过分类方法获得，空间、时态、专题类等通过聚集和概括获得，属性子类和各种关系类通过联合获得。

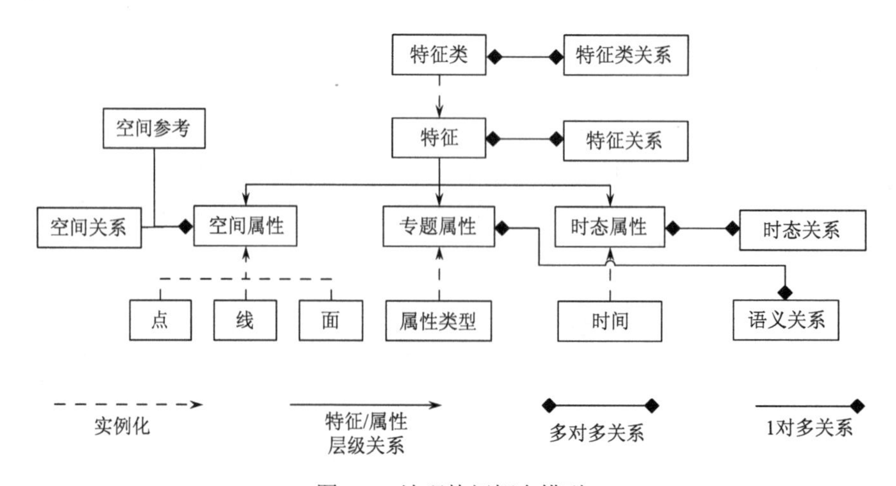

图 4-7　地理特征概念模型

4.2.3　地理事件概念框架

从哲学来看，事件是一定物质和能量在一定时空中的运动及其伴随信息的概括（吴子华等，1995）。在地学领域，地理事件还没有一个统一的概念。不同的学者从不同角度出发给出了不同定义。1984 年，Copeland 和 Maier（1984）为纯时态模型引入了事件概念，认为事件是地理实体状态（表现为实体对象特性值）发生变化的原因，与地理实体状态变化的结果（实体对象新的特性值）有必然的因果联系，并引入了事件时间（事件发生的时间）和事务时间（事件入库的时间）。1992 年，Langran（1992）首次明确提出了表现事件的方法。1995 年，Peuquet 和 Duan（1995）首次提出一个基于事件的时空数据模型，在该模型中，事件指的是实体状态的变化，反映的仍然是时序关系，而不是因果联系。蒋捷和陈军（2000）扩展了事件的范畴，认为事件不但是时空目标状态终结或开始的标志，还是状态变化的原因。郑扣根等（2001）对事件的概念作了进一步的延伸，认为时空模型中的事件不仅可以是引起对象特征发生变化的事因，还可以是使这种变化为人所知的调查事件。黄杏元等（2001）提出全信息对象关系模型，该模型通过时空对象特征状态序列和时空事件序列来综合地表达时空过程，认为事件既是对象特征状态变化的原因，又是另外一个后继事件的起因。为刻画地理实体的演变过程，佘江峰等（2005）从对象间信息、物质和能量的交流过程入手，认为地理进化（也就是所说的演化）既包含特征变化，也包含机制变化，更包含信息、能量或者物质交换过程中形成的因果关系，进而提出了对象进化数据模型。

地理特征从空间、专题、时间三个维度来描述地理世界，能够有效地刻画地理实体的空间状态（空间位置、空间分布与空间相关性）、属性状态（大小、色彩、形状、类型等）和时间状态（存在时间、时间相关性），并较好地表示地理实体的空间关系、专题（语义）关系和时态关系。但是，它缺乏对动态地理实体的描述能力，不能回答如“为什么”“怎么样”等涉及原因（reason）和演化过程（evoluting process）的问题。究其原因，主要是因为它缺乏对事件序列的描述。因此，本书引入了地理事件的概念，来描述地理实体的状态变化及变化原因。

语义是人类在正确认识和领会地理实体的本质特征和内在时空规律性之后形成的一种概念。时空数据模型里的语义包括时间语义、空间语义和属性语义。时间语义既可以通过地理事件序列的记录来显式表示，也可以通过地理状态的时间标记及状态出现的先后次序隐式记录。地理特征往往采用后一种方式来表示地理实体状态的变化，缺乏通过事件序列表示地理实体状态变化原因的能力。舒红和陈军（1998）指出，时间语义本质上位于空间语义和属性语义之上。在此基础上，本书强调把能够描述地理实体状态变化原因的事件序列作为深层次的时间语义，是对基于事件序列的地理对象进行模拟和推理的基础。空间语义、属性语义、时间语义及事件序列的相互关系如图 4-8 所示。

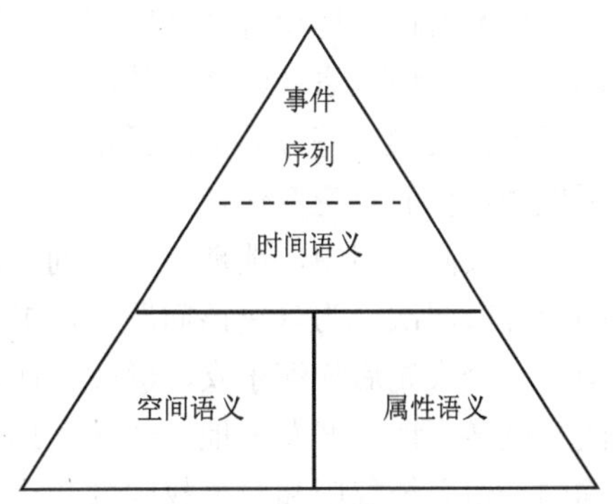

图 4-8　空间语义、属性语义、时间语义及事件序列的相互关系

目前，事件的概念仍在进一步研讨之中。本书在系统分析现有事件概念的基础上，根据空间知识地图描述地理实体动态特征的需要，认为地理事件不仅是刻画地理实体的状态变化，还必须记录地理实体进化的原因。换言之，地理特征的变化（特征对象行为）引发了地理事件，地理事件进一步激发了另一个地理特征的对象行为，引起了其各种变化。按照引起地理实体空间特征或者属性特征发生变化的不同，地理事件进一步分为专题事件和空间事件。空间事件根据拓扑关系是否改变分为空间拓扑事件和几何事件。专题事件则分

为生成事件、进化事件和消亡事件。如同地理特征一样，地理事件也具有嵌套机制。具有因果关联关系的几个地理事件形成反映复杂对象进化过程的复合事件。地理事件具有明显的尺度特征，取决于地理特征的物理尺度及对其进化过程研究的详细程度。地理事件主要包括事件发生的时间、事件作用的地理特征及其变化、事件引发的操作或其他事件。地理事件概念框架如图 4-9 所示。当然，地图人员研究地理事件，并不仅仅是为了解释地理事件发生的原因，而是要识别地理事件发生过程中的地理特征的有意义的特性，标明地理事件所涉及地理特征的相互关系。

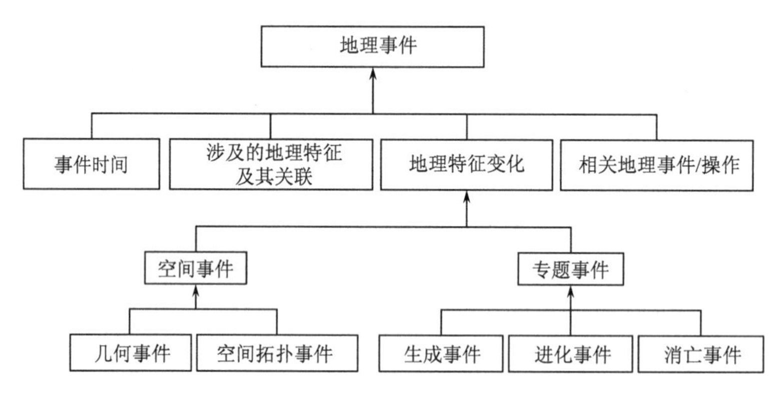

图 4-9　地理事件概念框架

4.2.4　本体驱动的多重时空耦合概念模型

如前所述，地理特征从空间、时间、专题三个维度及属性和关系两个方面刻画了地理实体的状态。地理事件则从事件时间、相关地理特征及其关联关系、地理特征状态变化、相关地理事件及操作等方面描述了地理实体的演化过程。地理特征和地理事件的耦合，完整刻画了地理实体的时空变化。

在实际应用中，地理特征面向不同任务和不同尺度常呈现出不同的特征状态，表现出不同的细节层次。为解决该问题，本书引入了角色的概念。角色通常与时间相关。在现实生活中，一个人先后扮演子女、学生、职员、父母等多重角色；一块土地在房地产开发过程中扮演着储备土地、开发土地、建筑工地、小区用地等多种角色。在数据库中，角色是指具有名称的一组系统权限和对象权限的集合（如数据编辑权限、删除权限等）。随着应用的深入，角色的概念被引入面向对象的设计、本体说明、界面设计等诸多方面。Guarino 和 Welt（2000）认为角色必须拥有自己的层级结构，可以唯一包含于或者包含另一个角色。也有人提出：只有角色作为对象的子类或者超类的情况下，对象才能扮演相应的角色（Bock and Odell，1998；Halbert and O'Brien，1987）。对于角色，人们从不同的角度出发，往往拥有不同的解读：第一，角色被认为是一种指定的关系，强调角色存在于一些特定的语境；第二，角色被认为是一种分类或者归纳，混淆了角色概念的动态特征和分类分级的标准特性；第三，角色被认为是一个附属实例，提出角色完全依赖于扮演其角色的对象，不再拥有自己的标识。对象及其不同角色共同形成一个集合。

为解决地理特征在空间维度的多重表达和在时间维度的动态变化问题，本书对角色采用更广泛、更灵活的方式进行定义，认为角色是地理特征面向不同应用和不同尺度的功能体现，决定了地理特征相应的语义粒度（对地理特征不同详细程度的说明）、空间粒度（对地理特征不同层次分辨率或不同比例尺）和表达粒度（采用不同维度的符号样式）。一个地理特征可以扮演多重角色。角色形成了一个多样化的角色本体。每个角色相当于一个本体的实例，都与地理特征的原始结构相映射。地理特征角色概念模型如图 4-10 所示。

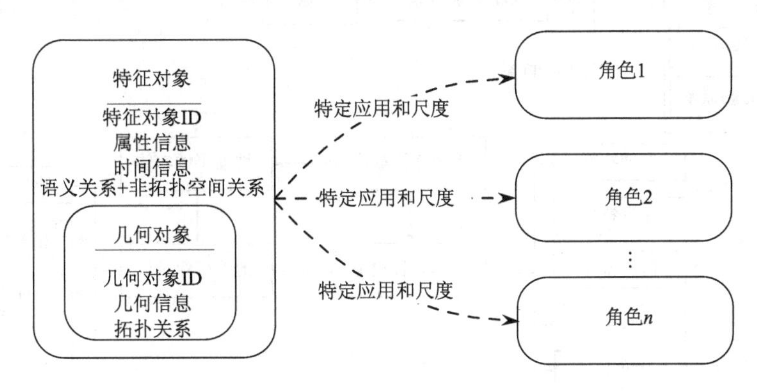

图 4-10　地理特征角色概念模型

在不同应用和不同尺度条件下，同一地理特征（事件）往往表现出不同的特性，呈现出不同的结构。在实际应用中，同一地理特征往往扮演多重角色。不同角色向用户展现了地理特征的不同方面。例如，学校对于该校人员扮演工作地点的角色，需要详细描述办公楼、实验室、餐厅、宿舍、体育场等特性；而对于普通人员来说，其仅仅是一个教育机构，只需勾画出其大致的外部轮廓或者在其中心点以一个⊗表示即可。本书采用面向对象的泛化（generalization，也称为概括）和特化（specialization）方法解决不同尺度下地理特征的角色问题。在泛化过程中，通过基本地理特征角色放弃其一部分属性，形成一个更加抽象、更加概括的地理特征角色。在特化的过程中，通过向基本地理特征角色添加额外的信息形成更加细化、更加具体的地理特征角色。

地理本体是由特定信息领域中的相关术语集合及其相互关联构成的，是语义丰富的源数据，通过它可以获取关于底层数据库的信息。地理本体关注地理世界的概念结构（主要包括地理概念、类别、关系和过程及它们在不同尺度上的相互关系），是对地理实体及其关系应用本体方法分析、建模的结果。地理本体运用包括如定义（描述）、成分（组成）、功能、属性、角色及关系规则等组件构成的严密结构来表达现实世界。也就是说，地理本体既包含地理实体的语义，也包含对地理实体的形式化语言描述，还包含存储地理实体各种关联的元数据。

空间知识地图所采用的本体驱动的多重时空耦合概念模型，采用面向对象的方法和本体驱动的机制整体刻画了地理实体的状态特征、状态变化、状态变化原因，较好地反映了地理实体的本质特征和丰富语义，既有利于维护数据的完整性，也适合于现有 GIS 软件的时空数据组织；基于地理本体描述，在语义层次上实现了关于地理实体信息的共享和互操作；基于角色机制，实现了地理实体面向不同应用和尺度的多重表达。其不仅可以表示地理实体的数据结构和符号表达，还能够有效描述地理实体的深层次语义信息，为获取地理实体蕴含的、潜在的、丰富的空间知识，进而为提供知识服务打下良好的数据基础。本体驱动的多重时空耦合概念模型如图 4-11 所示。基于特征、基于事件和本体驱动的时空数据概念模型对比如表 4-3 所示。

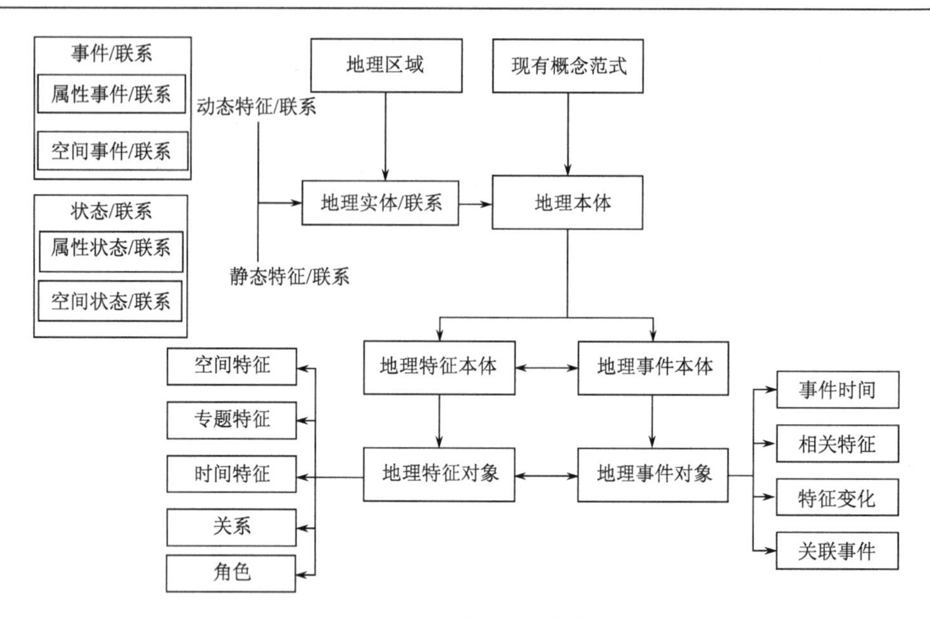

图 4-11　本体驱动的多重时空耦合概念模型

表 4-3　基于特征、基于事件和本体驱动的时空数据概念模型对比

项目	基于特征	基于事件	本体驱动
地理实体表达	从空间、专题和时间三个维度表达地理实体的状态	侧重于对地理实体状态变化及其原因的描述	既表达地理实体的状态特征，也表示其状态变化及其原因
时空变化追踪方法	时空变化的特征标识	时空变化的事件标识	包含特征标识的事件序列
维度属性关联	基于唯一的特征标识建立属性映射关系	基于事件标识连接地理实体及其变化	通过特征标识和事件标识连接地理特征及其相关地理事件

4.3　本体驱动的多重时空耦合数据模型的逻辑建模

4.3.1　建模要求

概念模型用于信息世界的建模，是从客观世界到信息世界的抽象。逻辑模型则是对概念模型的进一步具体化。为满足用户需求，必须说明需要描述概念对象的哪些属性、需要设计哪些系统功能等。时空数据逻辑建模的内容包括时空数据类型、时空数据结构实现、时空数据操作和时空完整性约束四部分。一个有效的时空数据模型必须具有以下五个特点。

（1）降低数据冗余，提高存储效率。主要指避免地理特征未变化数据的重复存储。

（2）支持复合地理特征和地理事件的快速重构。为降低数据冗余，复杂地理特征和地理事件只保存其组成特征或事件的 ID，而不存储相关内容。此外，地理特征面向不同的应用常扮演相应的角色。因此在进行逻辑建模时，必须考虑地理特征快速重构和角色提取的需求。

（3）表达丰富的时空关系。地理本体描述的地理特征和地理事件的各种时空关系最终要体现在数据模型和数据结构中，因此逻辑建模的过程必须顾及其时空关系。

（4）兼顾用户的应用要求和检索效率。需要折中考虑数据的时空内聚性，选择恰当的时间标记对象的粒度，如全局状态的快速提取、局部变化的快速发现、频繁使用和较少使用数据的合理放置。

（5）几何一致性和语义一致性。空间知识地图数据的一致性是指对于地理特征和地理事件的数据表达在认知抽象、时空拓扑等方面不存在逻辑上的冲突，包括空间一致性和语义一致性。其中空间一致性包括空间位置一致性、空间属性一致性和空间关系一致性等。语义一致性包括认知一致性、命名一致性和语义关系一致性等。

4.3.2　基于本体的地理特征逻辑建模

Gómez-Pérez 和 Benjamins（1999）采用分类的方法来组织本体，认为本体包含 5 个基本的建模元语（类、关系、功能、公理、实例），并提出以五元组 $O=\langle C, R, F, A, I\rangle$ 的形式来表示本体。其中，C 代表类或概念，代表对象的集合，可以指代任何事物，通常用框架的结构进行描述，包括概念名称、关联关系、概念描述等；R 代表各种关系，如 is a，part of，kind of 等；F 代表功能函数，是一类特殊的关系，往往可以根据若干参数得到相应的结果；A 代表公理，对类及其关系构成约束；I 代表实例，也就是对象。五元组结构具有广泛的影响。与之类似，任何地理本体也可以用一个五元组来表示：GO=〈GC，GR，GF，GA，GI〉。其中，GO 代表地理本体；GC 代表地理特征类、地理特征和地理事件等一系列地理概念的集合；GR 代表地理关系集合；GF 代表地理功能函数的集合；GA 代表地理公理集合，GI 代表一系列地理特征实例和地理事件实例。如前所述，地理本体包括地理特征本体和地理事件本体。

基于本体的方法对地理特征和地理事件的逻辑建模，实质是用形式化的语言描述其概念定义、属性结构、关联关系、功能方法和组织形式的过程。最终目的是从不同层次给出建模过程中涉及的对象和关系的明确定义，从语义与知识层面为该领域提供共同的概念基础及逻辑建模工具。与基于面向对象的方法构建逻辑数据模型一样，该方法也需要明确基本单元、唯一标识代码、关联关系等。

1. 地理特征本体

地理特征本体包括地理特征类、地理特征、空间特征、专题特征、时间特征、角色、关系等因素。地理特征类由具有相同属性的地理特征概括得到，常常根据现有标准、规范通过分类获得；地理特征由空间特征、专题特征、时间特征聚集而成；空间特征、专题特征、时间特征则由相应的属性组成；角色代表地理特征面向不同应用和尺度的不同表达；关系则是空间关系、语义关系、时态关系的集合。

地理特征本体从空间、专题、时间三个维度描述地理实体，并将地理特征作为基本单元，通过地理特征唯一标识符（FeatureID）建立空间特征、专题特征和时间特征的对应关系。时间特征采用时间区的方式进行描述，采用两个字段 BeginTime、EndTime 来标识地理特征的创建时间和消亡时间。基于时间区，用户可以根据需要从数据库中提取在某时间段的地理特征记录，进而实现某一时刻地理特征状态的回溯。地理特征本体 UML 框图如图 4-12 所示。

2. 地理关系本体

与普通地图相比，空间知识地图更加侧重于对地理实体各种关联关系的表达。地理实体之间的关联关系分为空间关系、语义关系和时态关系三类，形式上定义为 n 维笛卡儿乘积的子集。

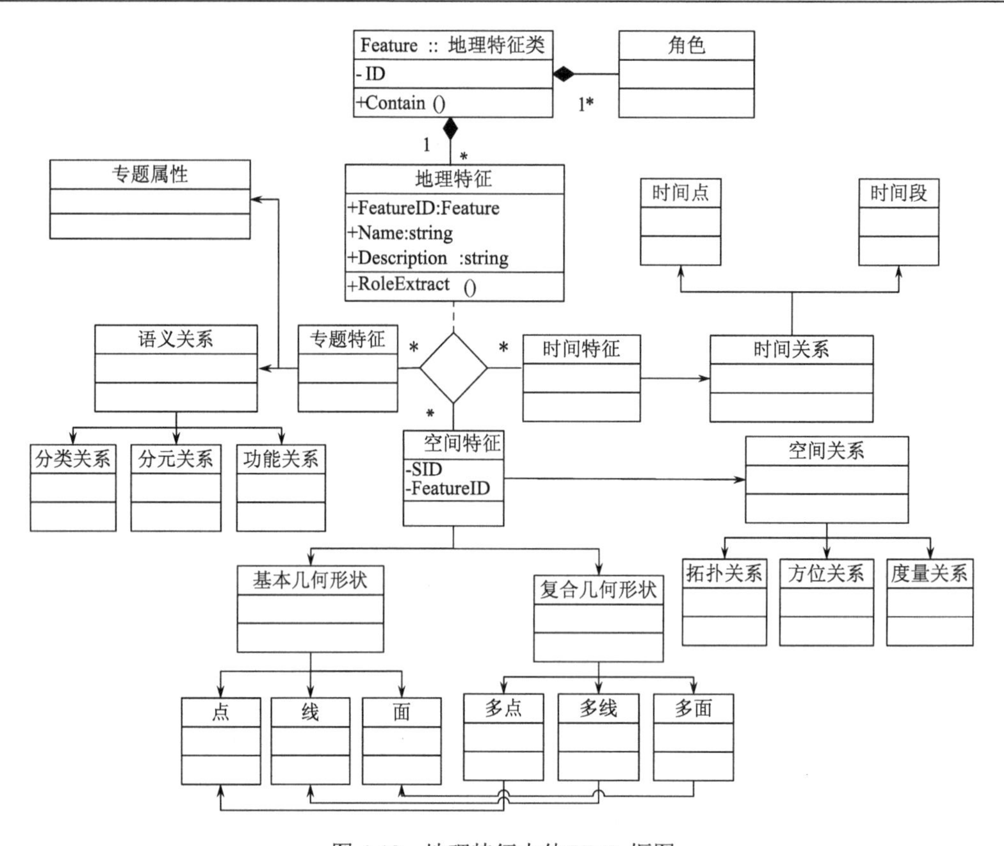

图 4-12　地理特征本体 UML 框图

1）空间关系

空间关系是对地理特征间相互依赖关系的一种建模，主要包括拓扑关系、顺序关系、度量关系。拓扑关系主要指地理特征之间在拓扑变换（旋转、平移和比例变换）下的拓扑不变量，包括空间相离、相接、相交、包含于、交叠等关系；顺序关系主要指在旋转变换下会发生改变而在平移和比例变换下不会发生变化的空间关系，如前、后、左、右，东、南、西、北等方位关系；度量关系指的是地理特征在比例变换下会发生变化而在平移和旋转变换下不会发生变化的空间关系，如距离关系（赵追和黄勇奇，2009）。

目前，国内外许多学者对空间关系及其形式化描述进行了系统的总结和拓展。在现有的拓扑关系表示方法中，比较有影响力的主要有基于点集拓扑理论的 *N* 交集拓扑关系表示法（四交模型、九交模型、V9I 模型等）和基于区域的区域连接计算（region connection calculus，RCC）表示法（RCC5、RCC8、RCC23、RCC15 等）。前者使用更为广泛。

顺序关系通常需要一定的参考系统。Retz-Schmidt（1988）将参考框架分为内部参考框架、直接参考框架和外部参考框架。内部参考框架适用于小范围地理空间，常用前、后、左、右等术语进行描述。直接参考框架适用于人们日常生活中的方向判断描述，主要基于观察者的视点建立。外部参考框架适用于大范围地理空间，常选择磁北、真北、坐标北等不同的北方向进行建立。在 GIS 中，地理空间目标的空间方向参考框架是典型的外部参考框架，比较常见的表示方法有锥形模型、投影模型、九交方向关系矩阵表示模型等。

度量关系既包含定量度量关系，也包括定性度量关系。定量度量关系常用相应的量纲表示。定性度量关系常用定性谓词（如远、近等）表示。黄茂军等（2005）在对地理本体空间特征进行形式化表达时，发现OWL提供的part-of、kind-of、instance-of、attribute-of四种关系在表达空间关系时明显不足，进而在部分-整体学（mereology）、位置理论（location theory）和拓扑学（topology）三种理论相关定义和公理的支持下，定义了覆盖、相等、相离、相接、包含、包含于六种常见关系公理。这些公理可集成到OWL等本体建模语言中。几种常见空间关系新的公理如图4-13所示。

Overlap(x, y): $= \exists z$ (part - of(z, x) $\wedge$ part - of(z, y));

Disjoint(x, y): $= \nexists z$(part - of(z, x) $\wedge$ part - of(z, y));

Touch(x, y): = Overlap(x, y) $\wedge \nexists z$(IP(z, x) $\wedge$ IP(z, y));

Within(x , y): = IP(x, y);

Equal(x , y):=part - of$(x, y) \wedge$part - of (x, y)

Contain(x , y): = IP(y, x)

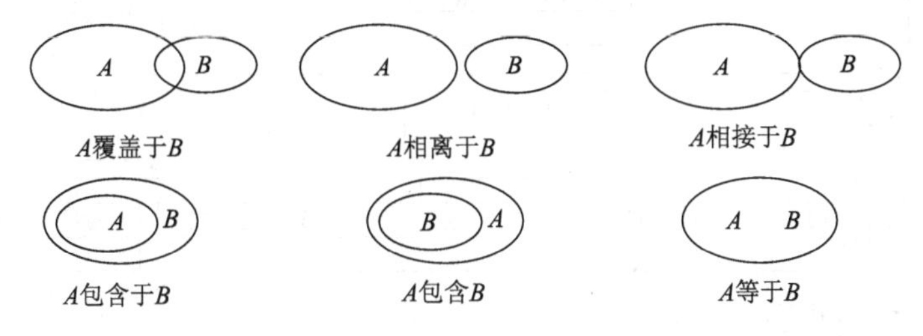

图4-13　几种常见空间关系新的公理（黄茂军等，2005）

2）语义关系

语义关系是指地理实体在语义层次上的关联关系。地理实体的非空间属性之间存在着错综复杂的语义关系。这种语义关系对于人们进行空间决策具有重要作用。例如，仅仅从空间结构来看，医院与供电站并没有直接的空间关系，但存在潜在的供电关系。这就导致一旦供电站出现故障，医院的手术室将因断电而无法使用。

根据空间实体属性之间的关联特性，语义关系可大致分为分类关系、分元关系、功能关系三类。分类关系主要是指地理实体按照不同的非空间属性维度进行重新分类，可分为等价关系、父子关系（父概念-子概念关系）、相交关系、不交关系等四种类型。分元关系主要指的是地理实体专题属性之间的组成、包含等相关关系。功能关系是把具有相关作用的两个实体顺序联系起来的一种关系，可用于描述一个地理过程所涉及的两种以上地理实体。流入、形成、引起、移除等都是功能关系的具体形式，如河流流入大海，台风引起海啸等。

3）时态关系

时态关系表示地理特征和地理事件在时间维度上相互关联。本书采用时间区的方式对其时间属性进行描述，每个时间区包含两个端点（BeginTime和EndTime）。基于区间代数理论，通过对时间区端点之间的关系进行比较，时间关系可以分为13种基本关系：Before（<）、Meets（m）、Overlaps（o）、Starts（s）、During（d）、Ends（e），它们的逆关系After（>）、Met-by（m–）、Overlapped-by（o–）、Started-by（s–）、Includes（i–）、Ended-by（e–）及相等关系Equals（≡）。

地理关系本体 UML 框图如图 4-14 所示。

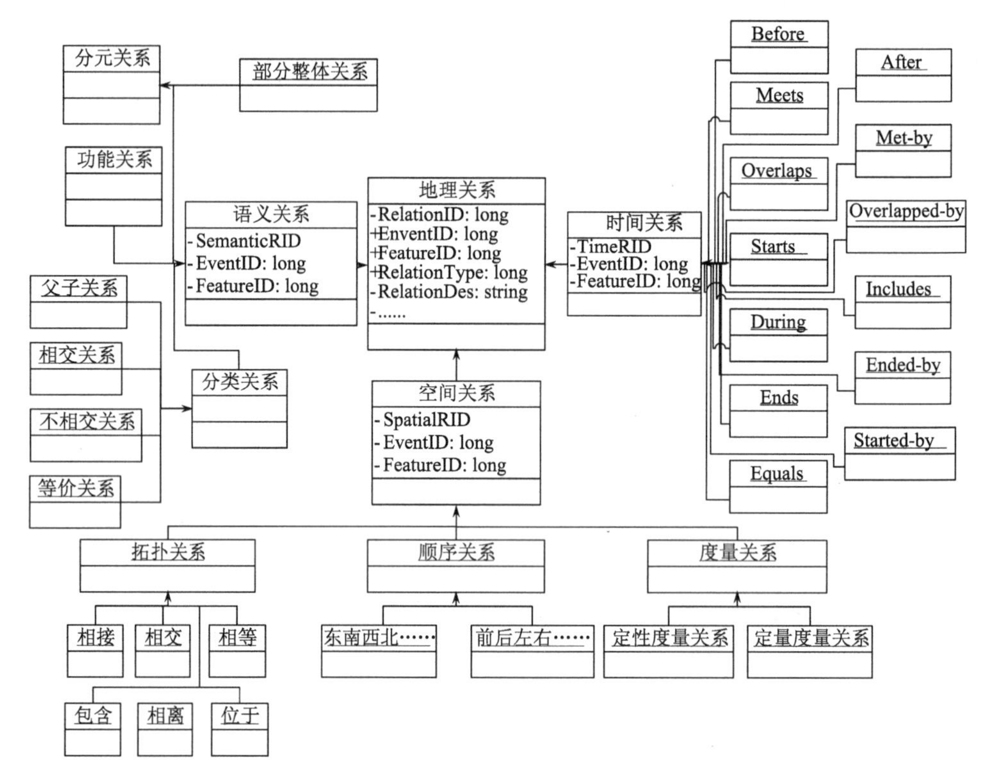

图 4-14　地理关系本体 UML 框图

3. 角色本体

地理特征本体作为领域本体具有严格的定义，在不同的应用本体中作为角色而存在。面向具体应用，开发人员从不同的地理特征本体中提取相关信息，并创建反映用户需求的地理角色。地理特征及其角色形成一个集合，拥有唯一的标识及角色提取等诸多操作方法。例如，建筑物是物理对象的子类。在城市本体中，其既扮演地理区域的角色，也扮演社会空间中组织机构或社会团体的角色。这些角色虽然不具有独立的地理特征标识，但却共同赋予了该地理特征独特的特性。建筑角色示意图如图 4-15 所示。

角色机制使得无须为面向不同应用的同一地理特征构建多种分类系统和数据结构，而只需通过角色提取操作来提取相应属性动态构建相应的特征实例。这样一来，既降低了数据的冗余，减少了认知异构，也实现了地理特征的多重表达。提取操作是角色的基本特征之一。角色提取可以看作对象迁移或者动态分类（Su，1991），经常运用到多重分类（允许一个对象是多个类的实例）、动态分类（允许对象在其生命周期中获取或者遗弃类的成员）和动态重构（允许对象的结构在其生命周期中动态变化）（Kuno and Rundensteiner，1996）诸多方面。

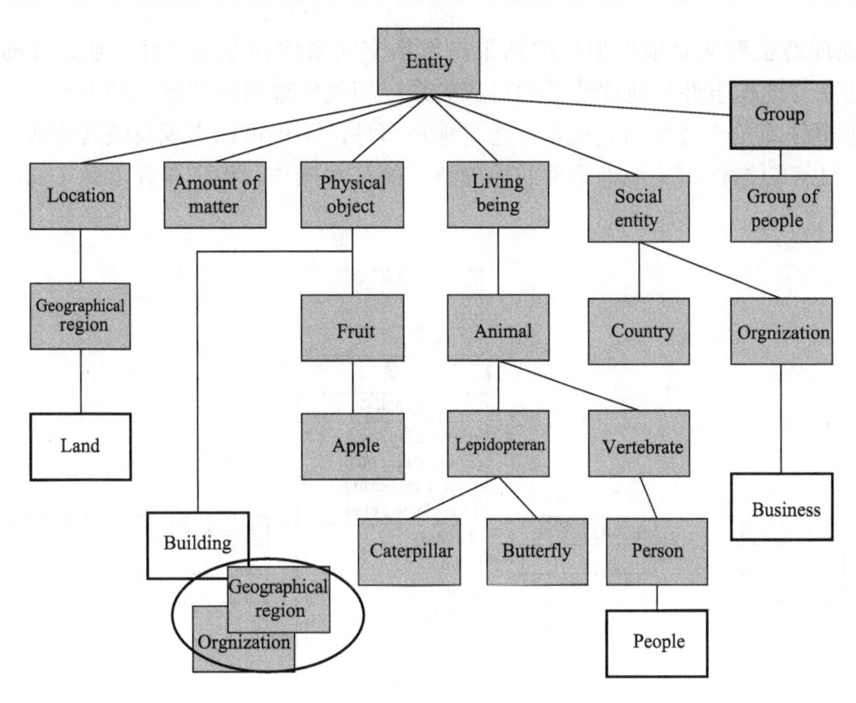

图 4-15　建筑角色示意图（Fonseca，2001）

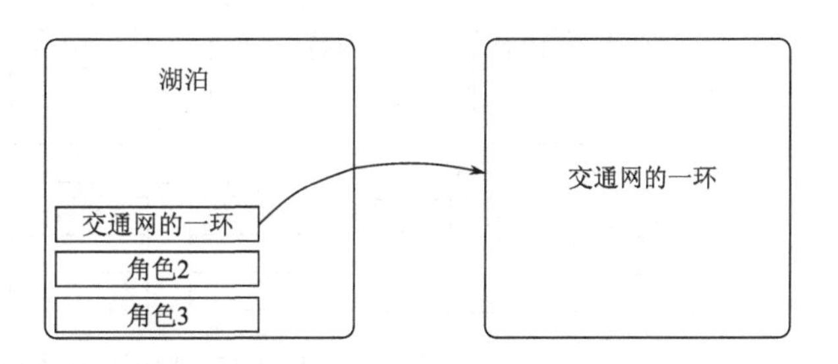

图 4-16　角色提取示意图（Fonseca，2001）

鉴于此，本书在地理特征的操作中添加了角色提取的方法。通过该方法，地理特征所扮演的角色可以根据需要适时提取出来以生成新的实例，供用户使用。角色提取既不是概括也不是特化。因为角色可以被看作和原始类是同一个层级，而不是它的不同层级的子类。例如，湖泊可以看作交通网的一环，水体本体和交通本体在一个水平上。在本书中，角色主要指地理特征扮演的角色。角色类作为公共类被统一定义。但是生成角色实例的规则和方法由地理特征类提供。角色提取示意图如图 4-16 所示。基于角色和角色提取方法，可以实现不同本体（领域本体、任务本体、应用本体）的相互关联。构建角色本体，是对系统内各种地理特征在不同应用和尺度条件下功能的具体描述，是关于地理特征功能的层级结构。

4.3.3　基于本体的地理事件逻辑建模

地理特征状态的变化是地理事件引起的。人们往往采用地理事件来反映地理特征的动态变化过程及其内在亲缘继承关系。地理事件本体涉及事件序列、地理事件、事件时间、涉及的地理特征、地理特征变化、相关地理事件或操作等一系列概念。其中，事件序列是一系列具有因果关系或者先后次序关系的地理事件的集合；地理事件是地理事件本体表示的基本单元，具有唯一标识符 EventID；事件时间表示事件发生的具体时间，仍然采用时间区的形式存储；涉及的地理特征是地理事件作用的对象，通过其 FeatureID 实现地理事件和地理特征的关联；地理特征变化是地理事件的结果，包括空间事件和专题事件，通过 FeatureID 和 EventID 建立与地理事件和地理特征的对应关系；相关地理事件或操作则表示与该地理事件相关的地理事件或操作及其相关关系。通过地理事件，不仅可以直观反映其造成状态变化的地理特征，还可以激活相关地理事件或地理特征的基本操作。地理事件本体 UML 框图如图 4-17 所示。

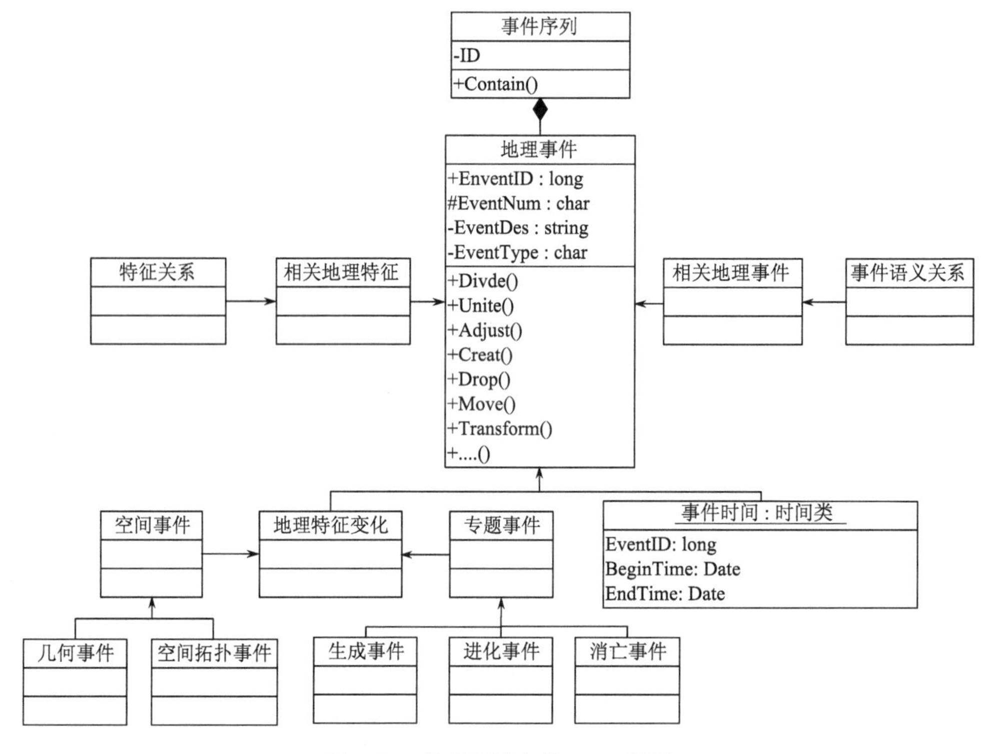

图 4-17　地理事件本体 UML 框图

4.4　本体驱动的多重时空耦合数据模型的物理建模

本体驱动的多重时空耦合数据模型的物理建模实质就是面向具体应用需求，将地理特征和地理事件的逻辑模型转换为便于计算机系统进行存储和管理的物理结构，主要是指面向具体数据库的数据结构设计。

空间知识地图数据的类型多种多样，既有矢量数据，也有栅格数据，既有空间几何数据，也有时态时序数据，既有属性表格数据，也有行为规则数据，既有地理本体数据，也有逻辑概念数据，既有相关数据的元数据，也有数据处理的工具模型。为了实现空间知识地图数据的空间一体化管理和知识可视化表达，必须将相关数据采取统一的物理模型进行存储。

Geodatabase 地理数据模型是美国环境系统研究所在 ArcInfo8 中推出的一种新的面向对象数据模型，属于第三代空间数据模型。Geodatabase 是建立在标准的关系数据库（relational database）之上的统一的、智能化空间数据模型。统一是指该模型在一个统一的模型框架下对地理空间特征信息进行统一的描述；智能是指该模型支持自定义地理特征之间的任意关系，实现了空间对象属性和行为的有效结合，可以让人们通过赋予地理特征的自然行为而使得数据库中的地理对象更具智慧。Geodatabase 为创建和操作不同用户的数据模型提供了一个统一的、强大的平台，使得空间数据的物理模型与逻辑模型的联系更紧密，应用性更强。Geodatabase 模型中地理要素的描述和表达更接近人们对地理世界的认知习惯，更接近现实世界。

4.4.1　Geodatabase 体系结构

Geodatabase 是一种面向对象的数据模型。在该模型中，地理实体被表示为具有性质、行为和关系的地理对象。Geodatabase 支持具有不同类型特征的地理对象表达，既包括地理特征（具有空间信息的对象），也包括简单的物体（不具有空间信息的对象）；既包括拓扑网络要素，也包括逻辑网络要素；既包括注记要素，也包括拓扑相关要素等。对于地理特征的空间信息，Geodatabase 采用矢量数据模型描述空间不连续对象，采用栅格数据模型描述空间连续对象，采用不规则三角格网模型描述地形表面起伏情况；采用 Location 或者 Address 描述对象位置和地址。

Geodatabase 以层次结构的数据对象来组织地理数据，如图 4-18 所示。这些数据对象存储在要素数据集（feature datasets）、要素类（feature classes）和对象类（object classes）中。object class 可以理解为是一个在 Geodatabase 中储存的非空间数据表，而 feature class 是具有相同几何类型和属性结构的要素（feature）的集合。

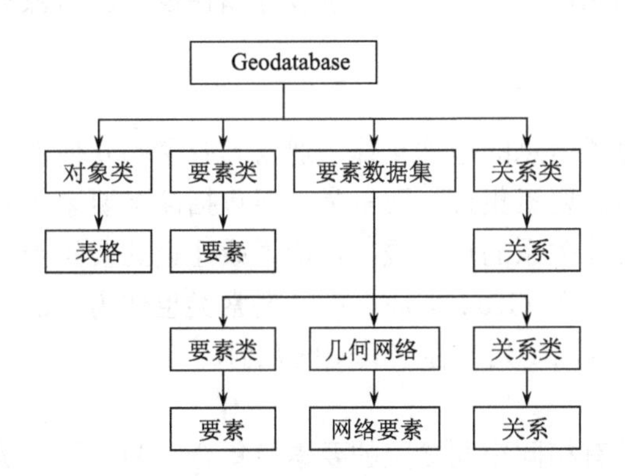

图 4-18　Geodatabase 及其组成要素之间的层次结构

1. Geodatabase 的基本要素

Geodatabase 的基本要素包括表、要素数据集、栅格数据集、不规则三角网（triangulated irregular network, TIN）数据集、独立的对象类、独立的要素类、独立的关系类、工具箱和行为等。其中，要素数据集又由要素类、关系类、几何网络和拓扑构成。Geodatabase 体系结构如图 4-19 所示。

1）表

表是指地理数据集中描述地理对象的属性表，是各种数据记录的集合。表通过关键字段与控件对象相关联。表的每行（记录）可以包含许多列（字段）。每列的数据类型通过默认值、域、规则等方法对其取值范围加以规定。

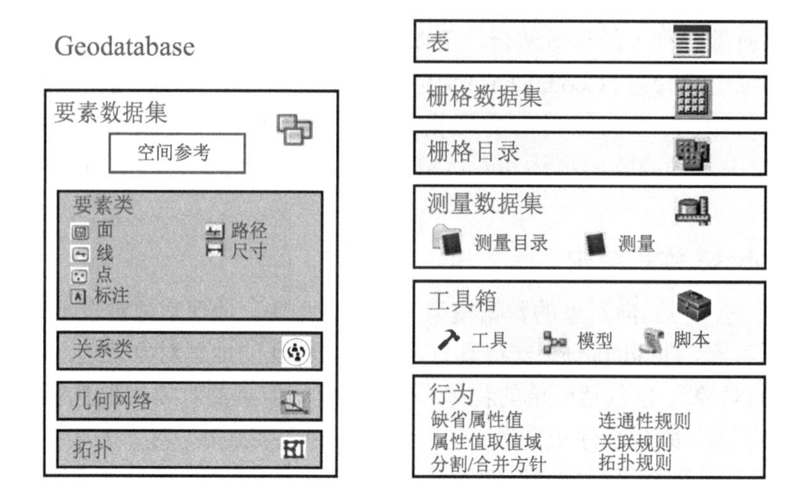

图 4-19　Geodatabase 体系结构

2）对象类

对象就是不具备空间位置信息的地理实体。对象类是描述不具备空间几何的一类实体。例如，土地的所有者与所拥有的土地不具备任何空间关系，就可视为对象类。对象类作为一个表存储在 Geodatabase 中，一个对象对应表中的一行。对象类没有地理位置属性，但可以保留与地理要素相联系的属性数据并作为列字段存储在表中。对象类通过关系类实现与要素类的关联。

3）要素类

要素表示具备空间位置信息的地理实体，通常具有空间几何特性。要素类是具有相同的属性和相同几何表达类型的要素集合。要素类主要包括简单要素类和复杂要素类。简单要素类即彼此之间没有任何拓扑关系的点、线、多边形或注记的要素类。复杂要素类则是有拓扑关联的若干要素类的组合。在 Geodatabase 中，要素类也作为表的形式进行存储，但是有一个特殊的列（geometry 或 shape 列）存储其空间几何。

4）要素数据集

要素数据集是一个具有相同空间参照的要素类集合。简单要素类可以存放在某个要素数据集中，也可以独立于所有要素数据集之外。构成复合数据类的各个要素必须放在具有相同空间参照的同一要素数据集之中。存储拓扑要素的要素类必须在要素数据集内，以确保具有一个共同的空间参照。

5）关系类

在 Geodatabase 中，对象之间的关联机制称为关系。关系既包含空间要素之间的关系，也包含以表的形式表达的非空间要素之间的关系，还包含空间要素和非空间要素之间的关系。关系类用于一个表中的行和另一个表中的行发生关联，这是以每个表中都有一个公共列为基础的。通过关系将两个表（或要素类）有机关联起来。操作一个表的数据可以实现另一个表中相关数据的联动。

6）几何网络

以几何一致性为基础的连通性网络，称为几何网络。要素数据集中的若干要素类作为整体构建一个具备空间连通性的几何网络。Geodatabase 通过拓扑关系确保几何网络的空间连通性。几何网络中的每一个要素都有一个角色：边或连接。建立一个几何网络必须确定哪些要素类参与几何网络的构建，将扮演哪种角色，并指定一系列的权重系数。

7）拓扑关系

拓扑是研究几何图形或空间在连续改变形状后还能保持不变的一些性质的一个学科，只表达物体间的空间关系而不考虑它们的形状和大小。在地学领域，拓扑关系是指满足拓扑几何学原理的各种空间数据间的相互关系。在 Geodatabase 中，拓扑关系被定义成定义和检验要素数据完整性的一系列规则。ArcGIS 10 拥有 32 种拓扑规则。拓扑关系将参与拓扑的各要素类集成到一个拓扑图中并作为一个拓扑单元进行管理，能够清晰表达地理实体间的空间结构和现实世界的各种地理现象。

8）逻辑网络

与几何网络不同，逻辑网络不含空间信息，是由边和接合要素组成的纯网络图，用于存储网络的连接信息和一定的属性。逻辑网络只反映网络要素的逻辑关系，不反映网络要素的空间特征。逻辑网络中的网络要素可以与几何网络中的网络特征存在一对一或者一对多的关系。

9）栅格数据集

在 Geodatabase 中，栅格数据可以以栅格数据集和栅格数据目录两种方式进行管理。栅格数据集管理的是单幅数据，既可以是单一格式的影像数据，也可以是具有不同光谱值或分类值的多波段数据。栅格数据目录管理的则是多个栅格数据的集合。

10）TIN 数据集

TIN 数据集采用不规则三角网来表示连续变化的曲面。在 Geodatabase 中，TIN 数据集以文件目录的形式存储。TIN 目录由七个包含 TIN 表面信息的文件组成。

11）工具箱

工具箱，也称为数据处理模型，包括工具、模型、脚本程序等。

12）行为规则

行为规则包括要素的子类、属性域、关系、完整性规则（拓扑）及要素连通性规则（几何网络）等。Geodatabase 数据模型可以实现绝大多数要素的自定义行为，而不需要编写代码。要素行为通过属性域、验证规则和软件提供的其他功能来具体实现。属性域用来约束表、要素类或其子类中某个字段的有效取值范围。在 Geodatabase 中，不同要素类或表可以共享相同字段类型的属性域。属性域包含范围域和编码值域两种类型。其中，范围域用来定义数字字段的有效取值范围；编码值域则采用枚举的形式定义特有属性的可取值。

2. Geodatabase 的优缺点

1）Geodatabase 的优势

Geodatabase 是一种新型的表达要素、要素之间空间关系和其他专题关系的对象关系模型（宋杨和万幼川，2004）。与 CAD 数据模型和 Coverage 数据模型相比，它扩展了带有行为关系和属性的地理对象的表达能力，在以下几个方面具有明显的优势。

（1）空间数据和非空间数据一体化存储。Geodatabase 基于商业化的关系数据库系统统一管理数据，极大地提高了系统的集成化水平，简化了数据的管理和维护流程，提高了数据的利用效率。个人 Geodatabase 存储在 Microsoft’s Jet 中。多用户 Geodatabase 通过 ArcSDE 存储在 IBM DB2、Informix、Oracle 或 Microsoft SQL Server 中。

（2）空间数据的共享、安全和互操作。Geodatabase 基于商用关系型数据库管理系统，可以有效支持多用户并发访问、事务管理、用户权限策略等数据库管理机制，允许多用户通过使用版本控制和长事务处理等机制连续读写同一数据库。

（3）智能化的要素、规则和关系。Geodatabase 支持多种空间对象和非空间对象，甚至支持用户自定义的复合对象。用户可以自定义拓扑关系、关联关系、相应规则来规范要素类的关联机制。

（4）完善的用户支持。Geodatabase 可以基于 ArcCatalog、ArcMap 和 ArcToolbox 的标准菜单和工具直接访问。编程人员可以使用软件包含的 ArcObjects、OLE DB 和 SQL APIs 读写 Geodatabase。

2）Geodatabase 的局限

由于现实世界的动态性、复杂性和多样性，Geodatabase 数据模型在某些方面仍有其局限性，主要体现在以下几个方面。

（1）Geodatabase 未考虑时间因素，不能有效表达现实世界中的动态特征和时空变化。

（2）Geodatabase 数据模型的约束规则不能有效表达现实世界中的组合关系、因果关系等语义关系。

（3）Geodatabase 数据模型是一种逻辑模型，仅在代码级实现面向对象，未实现空间数据物理模型级的面向对象。

4.4.2 Geodatabase 存储机制

Geodatabase 作为第三代地理数据模型，能够以更符合人类认知习惯的方式来定义和表达空间实体，同时赋予空间实体各种行为特征和约束关系。由于数据库技术所限，Geodatabase 仅在代码级实现面向对象，尚未实现物理存储的面向对象。为在 Geodatabase 中存储表达空间实体，常需要通过中间件技术将其属性与规则分解，并分别存储在相互关联的表、对象类或要素数据集中。

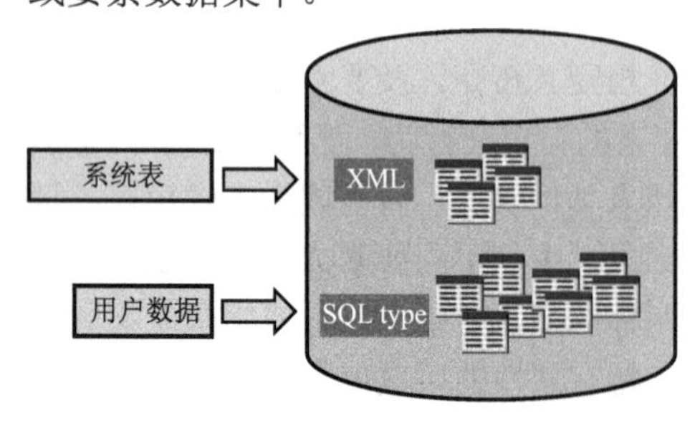

图 4-20　Geodatabase 存储结构

Geodatabase 基于成熟的数据库管理系统，采用多层应用程序架构实现。其核心部分是一个标准的关系数据库方案，包含一系列标准的数据库表、列类型、索引和其他数据库对象。Geodatabase 主要由系统表和数据集表组成。系统表实质是用于指定所有数据集定义、规则和关系的地理数据库方案。数据集表则是使用系统表管理的地理空间数据。每个数据集都存储在关系数据库中的一个或多个表中。而系统表既可以存储在磁盘上，也可以存储在数据库中。Geodatabase 存储结构如图 4-20 所示。

从 ArcGIS 10 开始，以前版本存储地理数据库方案的 35 个系统表被整合为 4 个主表。其中，GDB_Items 是包含地理数据库中的所有项（如要素类、拓扑和属性域）的列表；GDB_ItemTypes 是包含识别的项类型（如表）的预定义列表；GDB_ItemRelationships 包含各个项之间的方案关联，如要素数据集中包含哪些要素类等；GDB_ItemRelationshipTypes 包含识别的关系类型（如 DatasetInFeatureDataset）的预定义列表。数据集表和系统表共同用于显示和管理地理数据库的内容。例如，数据集中的要素类以基础存储格式进行查看时只是一个包含空间列的表。但是通过 ArcGIS 访问时，由于存储在系统表中的所有规则将与基础数据相结合，要素类的呈现具备所有定义的行为。

1. Geodatabase 的存储方案

根据不同的应用需求，Geodatabase 在物理级别上提供三种不同层次的空间数据存储方案，即个人空间数据库（Personal Geodatabase）、基于文件格式的数据库（File Geodatabase）和企业级空间数据库（ArcSDE Geodatabase）。

1）Personal Geodatabase

Personal Geodatabase 依赖于微软的 ACCESS 数据库，仅支持 Windows 平台，最大容量仅 2G。它使用 Microsoft Jet Engine 的数据文件，将空间数据存放在 Access 数据库中。因此，Personal Geodatabase 仅适用于单用户工作的小型 GIS 项目。

2）File Geodatabase

File Geodatabase 采用文件夹下的二进制文件管理空间数据，支持 Windows、Solaris、Unix 及 Linux 系统等多个平台。File Geodatabase 将数据集以文件的形式存储在文件夹内。数据集中每张表都能存储 1TB 的数据，对于超大型影像数据集，可将 1TB 限值提高到 256TB。File Geodatabase 支持矢量数据压缩功能，压缩比率可以达到 2∶1 到 25∶1。用户可以在保证性能的同时减少硬盘占用。存储同样的数据时，File Geodatabase 比 Personal Geodatabase 减少了 50%到 80%的磁盘占用空间。File Geodatabase 支持海量栅格数据集存储，与 ArcSDE raster schema 兼容。与 Personal Geodatabase 一样，File Geodatabase 也不支持多人同时编辑数据。因此，File Geodatabase 适用于单用户环境、需要在没有 DBMS 的情况下使用大数据集的 GIS 项目。

3）ArcSDE Geodatabase

ArcSDE Geodatabase 通过空间数据引擎（spatial database engine，SDE）将空间数据存储在关系数据库管理系统（relational database management system，RDBMS）中，支持多个操作平台和 Oracle、SQL Server、DB2、InfoMix、PostgreSQL 等多种数据库。在网络环境下，ArcSDE Geodatabase 支持通过 ArcSDE 对空间数据进行多用户并行操作，并具有版本控制机制。ArcSDE Geodatabase 主要用于多用户网络环境下工作的 GIS 项目。

2. Geodatabase 数据模型

在 Geodatabase 中，将地理数据按数据要素集（feature datasets）、域（domains）、验证规则（validation rules）、栅格数据集（raster datasets）、TIN 数据集（TIN datasets）和定位器（locators）来组织。Geodatabase 数据模型对象及其关系如图 4-21 所示。

地理数据在 Geodatabase 中是以一系列 RDBMS 表来存储的，但仍被称为图层。单独的属性表被称为表。在 Geodatabase 中注册以后，图层就成为要素类，而表就成为对象类。Geodatabase 通过域和验证规则定义对象和要素之间的常规的和任意的关系，强制实现对象属性的整体约束性，并将要素自然的特征行为绑定在存储要素的表里。例如，对于省界线与国界线这两个不同的要素类，虽然它们的空间属性特征（线形）是一致的，但是它们的属性和行为是不同的。

3. Geodatabase 的创建方法

在设计好 Geodatabase 数据模型之后，常通过基于 ArcCatalog 创建模式、导入现有数据、使用 Case 工具三种方式设计相应的数据结构，实现逻辑模型向物理模型的转换。Geodatabase

创建方法如图 4-22 所示。

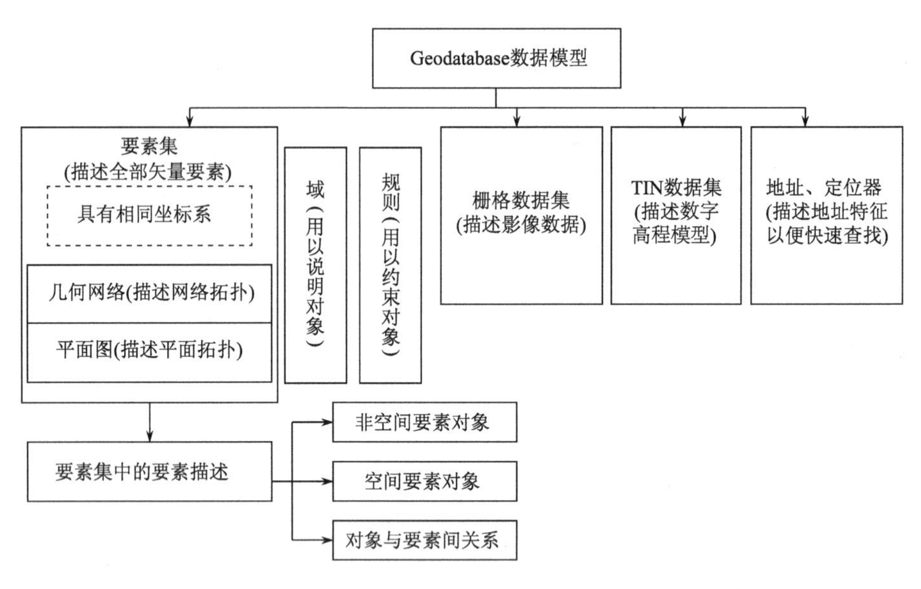

图 4-21　Geodatabase 数据模型对象及其关系

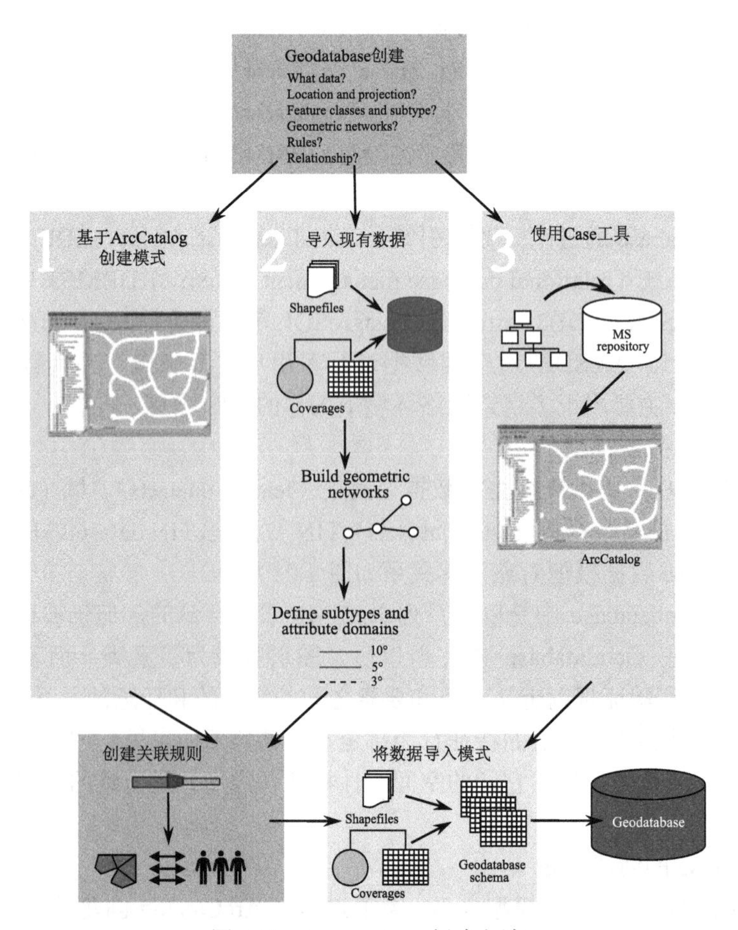

图 4-22　Geodatabase 创建方法

4.4.3 基于 Geodatabase 的地理数据结构设计

本体驱动的多重时空耦合数据模型，通过地理特征从空间、专题、时间三个维度实现了地理实体静态特征的有效刻画；通过地理事件有效表达了地理实体的时态信息和动态变化；通过地理本体有效描述了地理实体的复杂语义关系。该模型更加符合人类的认知习惯，是一种面向对象的时空数据模型。为实现其在 Geodatabase 中存储，必须将逻辑模型中涉及的相关信息和关系转化为 Geodatabase 支持的数据类型和数据结构。

1. 地理特征的数据结构设计

地理特征的空间特征数据按照不同的空间参考系统、不同的数据类型形成相应的要素数据集。在同一要素数据集内部，按照其几何形态分别构建点、线、面、多点、多线、多面、尺寸注记、注记等要素类。专题特征数据则存储到对象表结构中，通过相应的外键与空间特征要素类相关联。时间特征则作为表结构的列而依附于专题特征，当地理特征发生变化时则产生一条新的数据记录，构成地理特征实例的不同版本。地理关系则存储在地理关系类中，用于指定不同数据表具有关联的两个行（对象）之间的关联关系。每个地理特征对象都包含唯一的特征标识码（FeartureID，由该特征的标识码和版本号构成）和相关地理事件标识码（通常包括 StartEventID 和 EndEventID）。前者构成识别特征和关联特征的基础，后者实现地理特征和地理事件的有机关联。此外，为保证数据的一致性和完整性，Geodatabase 提供了有效规则、子类型、属性域、几何网络等一系列规则和操作。

现实世界中，许多地理实体是由其他实体复合而成的。在表达这种复杂地理特征时，不用再重复记录相关基元特征的具体数据，而只需存储其基元特征标识符（FeartureID）和该复杂特征自身的专题属性。例如，学校是一个复杂特征，它由点特征（如电话亭、垃圾桶）、线特征（道路）、面特征（如教学楼、实验楼、食堂、图书馆）等多个特征组合而成，并拥有有关学校的专题属性信息（如校名、位置、师资力量等）。在表达学校这个复杂特征时，通过存储基元特征的 FeartureID 和相关专题属性信息，描述学校与其基元特征的 whole-part 关系、attribute of 关系，从不同尺度刻画学校的特征信息，支持用户对学校这一特征从总体到局部、从概括到详细的查询和认知。

Geodatabase 构建过程，就是在关系数据库技术的框架中物理实现逻辑数据模型。首先，将地理特征类进行逻辑分类，为相关地理特征类集合创建具有共同空间参考的数据集（空间坐标系采用 GCS_China_Geodetic_Coordinate_System_2000，垂直坐标系采用 GCS_China_Geodetic_Coordinate_System_2000），为每个地理特征类指定要素类型。空间知识地图地理特征数据集（部分）如表 4-4 所示。

表 4-4　空间知识地图地理特征数据集（部分）

地理空间	要素集	地理特征类	空间类型	地理特征名称
自然地理空间	行政界线	省会	Point	省会
		省界	Polygon	省级边界
		市界	Polygon	市级边界
		县界	Polygon	县级边界
		乡界	Polygon	乡镇边界
	水系	三级流域	Polygon	Valley

续表

地理空间	要素集	地理特征类	空间类型	地理特征名称
自然地理空间	地形	高程点	Point	ElevationPoints
		等高线	Line	Contours
		地形注记	Polygon	HypsoAnno
		地形起伏数据	Raster	rdls_henan
社会地理空间	交通	机场	Point	Airport
		航线城市	Point	Flight_city
		航线	Line	Flight
		道路	Line	Road
	人口	人口密度数据	Raster	China2020
	经济	夜间灯光数据	Raster	F182013_stable_light
	关注点（point of interest，POI）	风景名胜	Point	风景名胜
		餐饮服务	Point	餐饮服务
		住宿服务	Point	住宿服务
		地名地址信息	Point	地名地址信息
		科教文化服务	Point	科教文化服务
		事件活动	Point	事件活动
		公司企业	Point	公司企业
		政府机构及社会团体	Point	政府机构及社会团体
		交通设施服务	Point	交通设施服务

其次，确定每个地理特征类的字段属性，并设定具体字段的数据类型、属性域和子类型。地理特征类属性项既可按照逻辑数据模型建立，也可导入现有地理特征类模板然后进行修改。同一 Geodatabase 可以共用属性域和子类型。

最后，将数据导入 Geodatabase 之后，通过建立关系类来确定地理特征类之间的空间关系和地理特征类与非空间对象之间的关联关系。同一数据集内部，地理特征类之间可以通过建立拓扑确定地理特征之间的拓扑关系和连通关系。不同要素集地理特征类之间或者地理特征类与地理对象之间通过构建空间关系类来明确其空间关系，如图 4-23 所示。

2. 地理事件的数据结构设计

为正确描述地理特征动态变化，本书引入了地理事件机制。地理事件在 Geodatabase 中以对象类的形式进行存储。不同地理事件对应不同的表结构。每个事件对应用于表的一行记录，拥有唯一的标识码（EventID）。事件对象包含事件时间（BeginTime、EndTime，描述事件发生的时间区间）、事件说明（EventDescription，描述事件的性质）、相关地理特征（一系列 FeatureID，事件作用的地理对象，具体信息及相关关系存储在地理特征要素数据集中）、相关地理事件（一系列 EventID，与该事件相关的地理事件）、地理特征变化（包括几何事件、空间拓扑事件、生成事件、进化事件、消亡事件等一系列子集，具体空间信息存储在要素数据集中，属性信息则存储在相关对象表中）。与复合地理特征相似，事件序列也只存储组成事件的标识码（一系列 EventID）。事件间的各种关系通过构建关系类表达。空间知识地图地理事件数据结构示意图如图 4-24 所示。

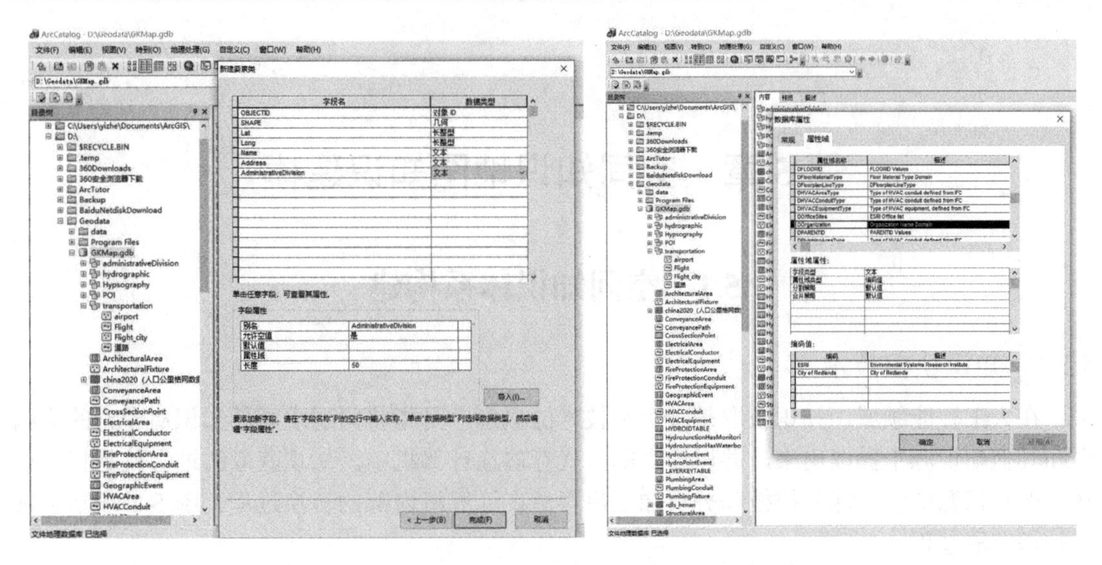

图 4-23　空间知识地图地理特征字段属性设置示意图

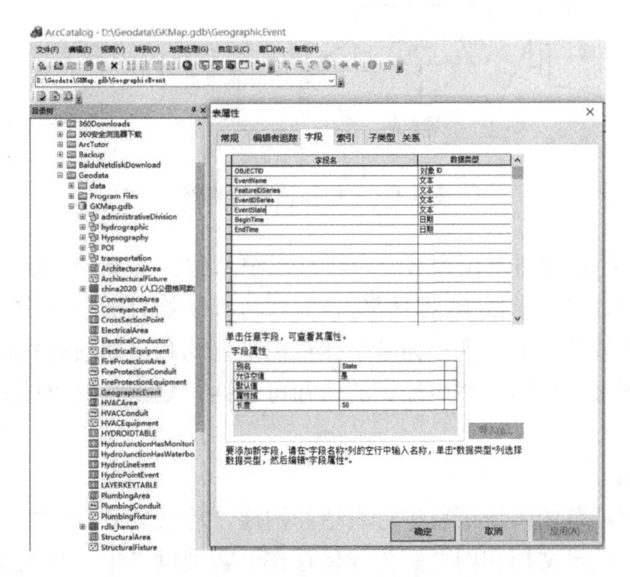

图 4-24　空间知识地图地理事件数据结构示意图

第 5 章　空间知识地图知识建模

5.1　空间知识体系构建

5.1.1　知识获取技术

在人工智能领域，知识获取是一个纯技术的概念，是指将问题求解的知识从专家的头脑中和其他知识源中提取出来，并以恰当的方式存储在计算机中。知识获取的过程就是将知识从外部知识源中经过深入挖掘和分析加工后存储在计算机内部的转换过程。图 5-1 表示了常规知识获取过程。

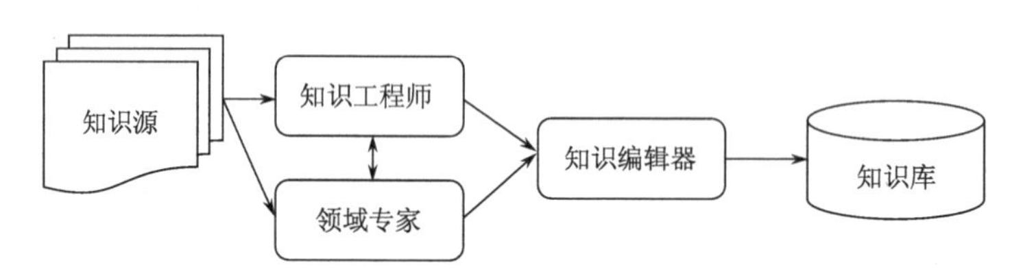

图 5-1　常规知识获取流程

长期以来，知识的获取通常由领域专家经过系统总结、统计、分析、推理和积淀来完成。人工方法获取知识的效率非常低下，据估算，该方法每天平均只能获取 25 条经验性规则知识。信息检索和数据挖掘等技术的出现，为基于计算机半自动和自动获取知识提供了新的途径，知识获取的效率得到极大提高。按照知识的认知可达性，知识获取可以分为显性知识获取和隐性知识获取。

1. 显性知识获取

显性知识能够用规范的系统语言进行表达和沟通，常以文字、公式、图表、语言等形式，以专利、学术著作、技术文档和网页等为载体存在于客观世界中，是人类文明赖以传播和创新的基础。其知识源往往是未经专门收集、组织、分析和加工整理的海量无序信息。为针对某一问题提供相应的知识支持，需要面向待解决问题采用各种获取技术从海量相关信息中提取知识。根据不同的知识获取技术，显性知识的获取方法常分为以下几类。

1）人工分析的方法

人们常常通过整理已有文本、发放结构与半结构问卷、现场研究等方式来获取知识。虽然人工获取知识的效率比较低，但领域专家和知识工程师合作构建的领域知识库的针对性、实用性、准确性更强。常见的知识获取方法有目录网格（repertory grid）、阶层法（laddering）、卡片分拣法（card sorting）、20 问法（20 questions）。

2）搜索引擎的方法

人们所需要的知识具有多源性，如关系型数据库、专用文档库、Internet Web 以及其他非结构化数据等。知识的格式也是多样的，如文本、图片、报表、多媒体等。随着谷歌知识图谱的提出，自动知识获取技术促进了搜索引擎的发展，并促进显性信息或知识在组织和个人之间的共享。借助搜索引擎技术，可以实现对不同来源、不同格式的信息进行检索、访问、关联和重构。

目前，搜索引擎技术已成为仅次于门户的互联网第二大核心技术，涉及信息检索、人工智能、计算机网络、分布式处理、数据库、数据挖掘、数字图书馆、自然语言处理等众多领域，具有综合性和挑战性等显著特点。伴随互联网的普及和网上信息的爆炸式增长，它越来越引起人们的重视。利用搜索引擎技术代替传统的情报分析，便于人们在数据的“汪洋”中发现大量的知识。

3）数据挖掘和知识发现的方法

从 20 世纪 80 年代开始，数字化、信息化快速推进，数据库技术得到广泛应用。数据和信息以几何级数的方式快速增长。随着数据库规模的膨胀，尤其是数据仓库及互联网信息资源的普及，人们面临的主要问题已不再是数据匮乏问题，而是如何从数据的“汪洋”中获取急需的信息和知识。现有的数据库规模和数量的发展远远超过了人类使用传统工具分析的能力。在此背景下，数据挖掘和知识发现应运而生。

数据挖掘技术起源于 20 世纪 90 年代，是一个融合了数据库技术、人工智能、机器学习、统计学、知识工程、面向对象方法、信息检索、高性能计算和数据可视化等众多技术的多学科交叉研究领域（毛国君，2003）。数据挖掘，又称为数据库中的知识发现，就是从大量数据中获取有效的、新颖的、潜在有用的、最终可理解的模式的过程。数据挖掘基本过程如图 5-2 所示。从理论上说，数据挖掘的任务有两个：一个是“机器的数据库理解”；一个是“人的数据库理解”。二者的共同之处是都构建一种模型，前者用于计算机识别和运算，后者用于领域人员的阅读和解释。数据挖掘技术不仅是对过去数据的简单查询，而且是要通过寻找数据之间潜在的相互联系，进行更高层次的分析，以便更好地解决决策、预测等问题；甚至是从中发现数据中蕴含的、具有潜在价值的知识模式，用来指导人们的科学研究和日常生活，进而发现更丰富的知识。数据挖掘通常使用的方法包括决策树法、神经网络法、遗传算法、统计分析方法、粗糙集方法、可视化方法。目前，数据挖掘和知识发现已成为一个飞速发展的技术领域，方法和技术手段日趋丰富，应用也更加广泛、深入，在商业、工业、农业、金融投资、信息网络等领域展现出了广阔的前景。

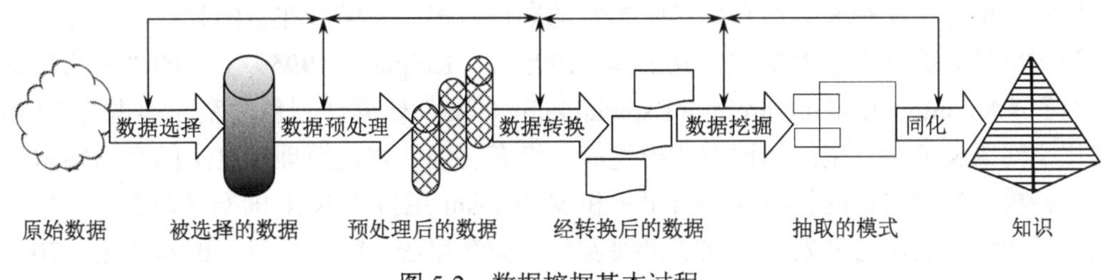

图 5-2　数据挖掘基本过程

2. 隐性知识获取

隐性知识是那些存在于潜意识中、难以形式化描述的、往往与某种情境相关的个人知识。隐性知识来源于从事特定工作的人，尤其是领域专家。领域专家往往使用自己特定的语言而不是形式化语言来描述所掌握的知识，并依靠经验和直觉来处理和解决各种突发问题。这也是隐性知识获取的难点所在。因此，隐性知识的获取通常需要知识工作者和领域专家来共同完成。隐性知识的获取过程就是隐性知识显性化的过程。其获取方法主要包括以下两种。

1）人工交谈法

人工交谈法主要是指知识工作者针对领域中某个主题通过交谈的方式来准确把握领域专家个人的专业概念和专业术语的内涵，获取专家的隐性知识，并以形式化的语言将其存放到计算机中。为了保证知识的可用性和准确性，需要利用获取的知识与领域专家进行反馈式交谈，让领域专家对该知识进行评价、修正和确认。

2）计算机技术方法

人工交谈方法获取隐性知识是一个反复、漫长的迭代过程。但隐性知识中有一部分能够通过机器学习、案例分析、统计分析等方法转化为显性知识。计算机技术的引入，大大提高了隐性知识的获取效率。获取隐性知识的计算机技术方法主要包括半自动知识获取方法和自动知识获取方法两种。目前，许多具备自适应学习功能的系统能够通过对用户求解过程的大量反馈信息进行统计分析，在问题求解过程中自动积累和形成各种有用的知识，并自动修改和完善相应的知识库。为了提高隐性知识获取过程的可控性，人们往往采取人机交互的半自动知识获取方法，进而出现了许多具有一定知识编辑能力和知识库求精能力的知识工程语言和知识获取工具（韦于莉，2004）。

5.1.2 空间知识获取

随着对地观测技术、物联网技术、VGI 的快速兴起和迅猛发展，人们可以获得的空间信息呈几何级数增长，因此出现了空间数据资源爆炸式增长的局面。这些空间数据在满足人类研究地球资源和环境基本需求的同时，也远远超出了人类自身的信息处理能力，给人们带来了“空间数据灾难”。面对海量的空间数据，人们极易迷失在“数据的汪洋”之中。海量的数据、无序的信息比没有信息更可怕。它们无法满足人们应用这些数据或信息去解决自身面临复杂地学问题的潜在需求。因此，人们利用数学、地学、计算机科学、人工智能领域的技术和方法，开发了一系列从无序信息中获取空间知识的模型、规则和方法，试图从知识层面解决人们面临的各种问题。

空间知识是地学领域中反映地学特征、地学现象、地学格局、地学过程的各种形式化描述性信息。地学决策行为则是人们对空间知识与空间信息的灵活、有效的综合运用。为了充分挖掘和应用蕴含在空间数据和信息中丰富的知识，国内外学者在空间知识的特性、获取、表达和应用等方面开展了大量的研究工作。1995 年，Kuipers（1995）主持的“空间知识的本体层级”（An ontological hierarchy for spatial knowledge）研究计划包含空间知识的本体分类、形式化空间语义分类、空间知识表达模型等，没有明确地解决地理尺度上的空间知识，主要用于支持模拟的和物理的机器人。Findler 和 Malyankar 主持了 NSF 的数字政府项目资助——地理空间知识的表示与分发，建立了沿海实体（如海岸线、潮汐面等）的本体论。2001 年，马蔼乃（2001）从信息科学的角度出发，认为地理知识只有经过形式化并转变成数据才能进行数据处理，提出地理知识形式化是地理专家系统中的瓶颈问题。刘瑜等（2007）研究了文本空间信息的表达问题，认为基于广义地名来组织的文本空间信息更符合人们对地理空间知识的表达。2009 年，英国学者 Galton（2009）从人工智能的角度研究了地理信息科学领域时空知识的表示问题，认为时空知识表示应该考虑其连续性、因果性、同一性。俄罗斯学者

Antipov（2009）认为地理知识的质量问题与地理信息的获取、处理、综合、表达的最新技术有关，需要人们从理论和方法上进行持续的研究。

空间知识获取过程如图 5-3 所示，也是一个逐步抽象和求精的过程。首先通过对地理事实和地理现象的感知，获取关于地理世界的相关规则等知识模式，其次对知识模式进一步抽象和概念化，最后形成可用的综合信息结构等地理实体中的内在规律性知识，用来指导人们的进一步地学实践活动。

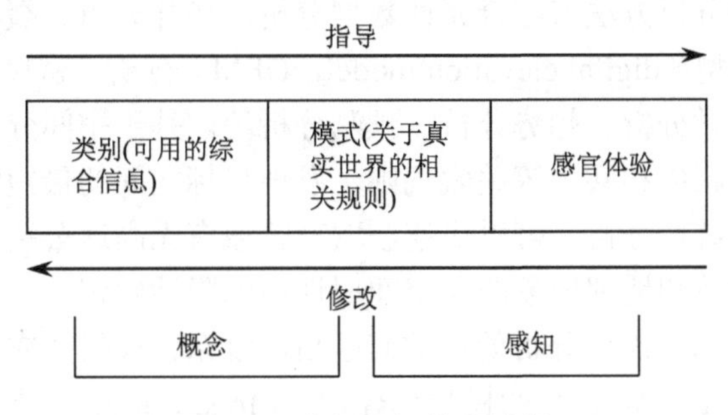

图 5-3　空间知识获取过程

空间知识的来源主要有书籍、年鉴、方志、国家权威部门统计资料；现存各种比例尺普通地图、专题地图、地图集、遥感影像；全球定位系统（global positioning system，GPS）数据等全数字野外测量成果；现有 GIS 的空间数据库、空间数据仓库、空间知识库；网络地图服务和 VGI 信息；地理学者、专家自身的经验、直觉等知识。来源不同，空间知识的获取方式也不尽相同。概括来讲，空间知识的获取方式主要包括以下四种方法：专题信息提取、空间分析和空间组合服务、空间数据挖掘和知识发现、人工分析。

1. 专题信息提取

现有的各种比例尺的纸质地形图、专题地图、地图集及遥感影像是宝贵的地理信息资源，是对人们所处地理空间环境的系统描述。毋庸置疑，也是空间知识的主要来源。在使用地图认识和改造自然界的漫长过程中，尤其是 20 世纪 80 年代数字地图制图实现以来，人们主要采用线划跟踪、数学形态学、模式识别和人工智能等方法从地图等资料上提取信息和发现知识（郝向阳，2001）。其提取的知识大致分为视觉知识、地图制图知识、地学知识、方法知识四类（陈军，2005）。视觉知识是直接从图面上获取的知识，如由河流、湖泊、海岸线、等高线、居民地、山峰、冰川雪被、沙漠、各种交通线的地理位置及相应的地图符号（颜色、形状、大小）等事实材料表达的显性空间知识及地理区域内部的空间结构、地理实体间的空间关系等隐性空间知识。地图制图知识则是指图面上体现的制图过程中所遵循的规范、约定的规则，包括地图投影知识、地图设计知识、地图综合知识、地图编绘知识等。例如，我国从 1∶1 万到 1∶50 万的系列比例尺地形图均采用高斯-克吕格投影，均要遵循国家对应比例尺的图示规范。地学知识则是地图上暗示性反映的地理实体时空分布规律和地理实体之间的关系知识，需要通过形式化表达转换为能够广泛接受的显性知识，例如，居民地附近的道路两旁通常种有成排的树木。方法知识则是从现有信息、知识中获取的深层次知识（如规则、模型、工具、算法和程序等）。与其他知识相比，方法知识具有明显的不确定性。它只给出要获取某类知识的条件和算法，而最终获取的知识事前并不确定。

2. 空间分析和空间组合服务

空间分析是传统地图的三大功能之一，也是 GIS 区别于其他信息系统的主要功能特征（郭仁忠，2001）。随着 GIS 的广泛应用和 3S 技术的融合，空间分析不仅能进行海量空间数据信息查询与计算，还可通过图形操作和数学模拟运算来分析空间数据中隐含的模式、关系和趋势，获取对科学决策具有支撑作用的信息，从而解决复杂的地学应用问题。GIS 的空间分析工具和模型可以用来对空间数据进行分析处理，进而获取深层次的空间信息和知识。

目前，常用的空间分析方法有综合属性数据分析、拓扑分析、缓冲区分析、叠置分析、三维分析、数字高程模型（digital elevation model，DEM）分析、密度分析、网络分析、空间量测与计算、空间统计学分析、趋势分析、预测分析等。基于空间分析功能，可以快速发现目标在空间上的相连、相邻和共生等关联规则，发现目标之间的最短路径、最优路径等辅助决策知识。例如，采用统计分析，可以快速获取某区域有无高速公路、区域内河流的流域面积等一系列关于地理实体和地理现象的非空间属性中的隐性知识。

随着 GIS 应用的深入，需要分析处理的问题日趋复杂，仅仅依靠一种空间分析方法往往不能满足人们的实际需要。ArcGIS 的模型构建器（ModelBuilder）是一个用来创建、编辑和管理模型的应用程序。任何一个空间分析的方法都可以看作一个模型。它支持将一个模型的输出作为另一个模型的输入。多个模型结合形成的复杂模型可以作为新的空间分析方法使用。模型构建器工作过程如图 5-4 所示。此外，空间信息服务的网络化普及，使得利用空间信息组合服务的方法获取地理物体和现象在时空维度和属性维度潜在的各种空间知识成为可能。

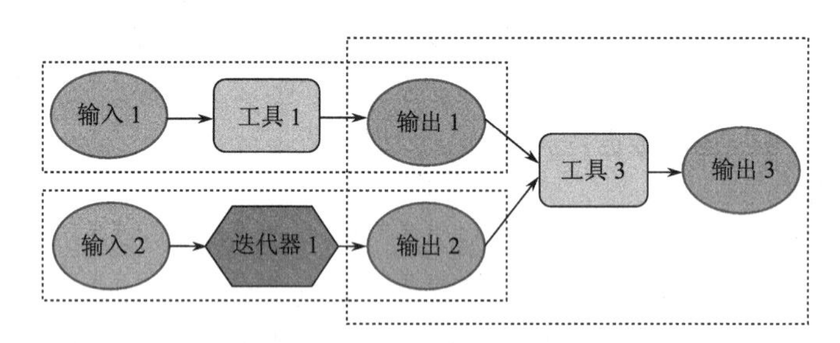

图 5-4　模型构建器工作过程

当前，空间分析方法常作为预处理和特征提取方法与其他数据挖掘方法结合使用（朱长青和史文中，2006）。尽管空间分析常用于空间数据库的数据挖掘，但空间分析并不等同于空间数据挖掘。二者最大的区别在于，空间分析是利用领域知识对现有数据加工处理产生新的空间知识，而空间数据挖掘则是从海量的空间数据中发现空间知识。也可以说，空间分析更依赖于领域知识，其所获取的知识类型是可预期的；空间数据挖掘更依赖于计算机技术，其能获取的知识往往是不可预知的。空间数据挖掘技术提高了使用空间分析方法解决实际地学问题的自动化和智能化程度。

3. 空间数据挖掘和知识发现

1994 年，李德仁在加拿大渥太华举行的国际 GIS 会议上最先提出了从 GIS 中发现知识的概念（knowledge discovery from GIS，KDG），后来进一步发展为空间数据挖掘的系统理论。空间数据挖掘是指从空间数据库中提取隐含的、潜在的、事先未知的、最终可理解的、用户感兴趣的空间和非空间模式、普遍特征、规则和知识的过程（Koperski and Han，1995；李德仁等，2006）。空间数据挖掘是一个交叉学科领域。集合理论、扩展集合理论、仿生学、可视化、决策树、数据场、云理论等为其构建了理论基础。人工智能、机器学习、专家系统、模式识别、网络、云计算等为其提供了技术支撑。空间数据挖掘是数据挖掘的子集。空间数据挖掘的基本过程如图 5-5 所示。

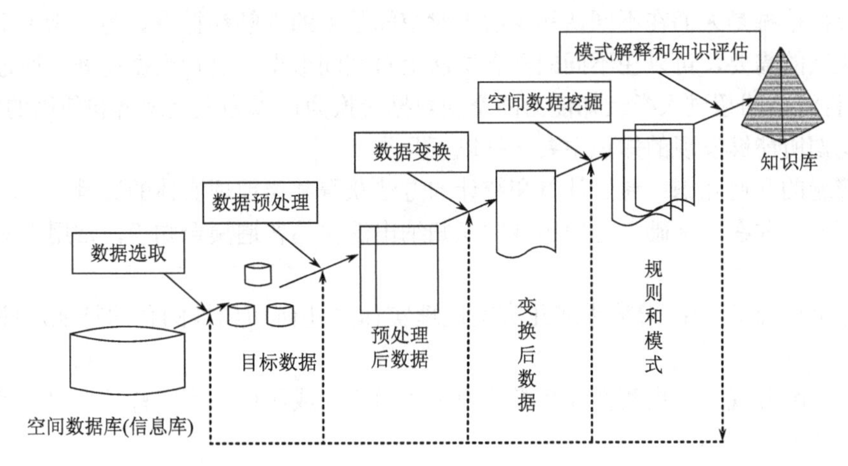

图 5-5　空间数据挖掘的基本过程

由于空间信息的空间特性、层次性、高维性、时间性、不确定性等特点，空间数据挖掘并不能简单套用数据挖掘的技术和方法。经过十几年的发展，现已形成一系列空间数据挖掘方法，比较常用的有空间分析方法、统计分析方法、归纳学习方法、空间关联规则挖掘方法、聚类与分类方法、可视化方法、神经网络方法、遗传算法、粗集理论、云理论、小波理论、空间特征和趋势探测方法、数字地图图像分析和模式识别方法、计算几何方法等。根据所采用的挖掘技术方法的不同，空间数据挖掘方法可分为以下五类（王新华等，2009）。基于统计学和概率论的方法：统计分析方法、空间分类方法、空间聚类方法；基于集合论的方法：粗糙集方法、模糊集理论、云理论；基于机器学习的方法：空间关联规则方法、归纳学习方法、图像分析和模式识别方法、决策树方法；基于仿生学的方法：遗传算法、神经网络方法、人工免疫系统方法；基于地球信息学的方法：空间分析、地学信息谱图。

根据不同功能划分（蒋旻，2002），空间数据挖掘技术可分为以下三类。描述性模型：将空间现象分布特征空间化；解释性模型：用于处理空间关系；预测性模型：根据给定的一些属性预测某些属性。

加拿大的西蒙弗雷泽大学、德国慕尼黑大学、芬兰赫尔辛基大学等国际研究机构，以及我国武汉大学、中国科学院地理科学与资源研究所资源环境信息系统国家重点实验室、中国科学院空天信息创新研究院、中国测绘科学研究院及其他高等院校的研究人员在不同领域和方向对空间数据挖掘技术进行了大量的研究。在空间数据挖掘系统开发方面（蒋旻，2002），国际上有代表性的通用系统有 GeoMiner、Descartes 和 ArcView GIS 的 S-PLUS 接口。加拿大西蒙弗雷泽大学计算机科学系的数据挖掘研究小组在 MapInfo 平台上建立了空间数据挖掘的原型系统 GeoMiner。Descartes 支持可视化的空间数据分析，通过和数据挖掘工具 Kepler 动态链接，将传统的数据挖掘和自动制图可视化以及图形化操作相结合，实现了 C4.5 决策树算法、聚类、关联规则的挖掘。ArcView GIS 的 S-PLUS 接口是由 ESRI 公司开发的，提供了分析空间数据中指定类的专门工具。

上述每种空间数据挖掘方法都有一定的适用范围。为发现某种具体知识，常常根据数据情况和应用需求综合运用这些方法。此外，空间数据挖掘方法还要与 GIS 空间分析、常规的数据库技术充分结合。

空间数据挖掘是人们在不同认知层次上对空间数据的理解和把握。为了满足不同用户、不同层次决策的需要，可以在不同的概念层次上对空间数据库进行数据挖掘。通过空间数据挖掘，可以将海量的超过人类认知能力的空间数据转换为可以为人类理解和使用的空间知识。空间数据挖掘所能够发现的知识主要包括以下几类。

（1）普遍的几何知识：通过计算和统计的方法获得某类地理实体的数量、大小形态等普遍的几何特征，并在此基础上运用领域知识归纳出泛化的普遍集合知识，常用于遥感影像解译中。

（2）空间特征规则：指某类或几类空地理实体的几何和属性的普遍特征，即对共性的描述。

（3）空间区分规则：指两类或多类地理实体间几何或属性的不同特征，即可以区分不同类型对象的特征。

（4）空间分布规律：指地理实体在地理空间的分布规律，包括垂直向分布规律、水平向分布规律、垂直向和水平向联合分布规律。

（5）空间分类规则：根据空间区分规则把数据集的数据映射到某个给定的类上。

（6）空间聚类规则：把特征相近的空间实体数据根据最大化类内相似性，最小化类间相似性的原则进行聚类或分组。

（7）空间关联规则：指地理实体间相邻、相连、共生、包含等关联规则，如村落与道路相连、道路与河流的交叉处是桥梁等规则关系。

（8）空间演变规律：指空间实体随时间的变化规律，即哪些对象易变及怎么变，哪些对象固定不变。

（9）面向对象的知识：指某些复杂空间对象的子类构成及其普遍特征的知识。

（10）空间偏差型知识：从数据库中找出与数据一般行为或模型不一致的异常数据（周海燕，2003）。

空间知识一般表现为一组概念、规则、法则、规律、模式、方程约束等形式的集合，是对数据库中数据属性、模式、频度和对象簇集等的描述（李德仁等，2001）。从应用深度上，空间数据挖掘将空间数据和空间信息划分为 3 个空间层次：①数据空间，主要是基于关键字的信息查询；②聚合空间，主要是提供决策参考的统计分析数据；③影响空间，主要是更深层次上的知识发现。

通过空间数据挖掘所获得的知识，大部分是经过归纳和抽象的定性知识，还有部分是定性与定量相结合的知识。

4. 人工分析

地学领域专家与其他专家相比在地理思维、地理心象、地理推理方面具有明显优势。其独特的知识结构和思维方式常常能通过对统计资料、地方志、网络信息、地图、图集、地理书籍等各种事实材料加以分析、思考、推理，进而得出反映地理事物本质特征和内在联系的地理原理性知识。这些知识是人们认识地理事物过程的高级阶段，属于概念、判断和推理的范畴。地理特征、地理概念、地理规律和地理成因等，都属地理基本原理的范畴。

5.1.3　空间知识分类

空间知识分类是对空间知识进行形式化描述和进一步应用的基础。地理实体包含的信息量丰富，地理实体之间的关系复杂。关于地理实体的各种信息和关系构成了不同的知识层次。最底层的是实体的图形、图像数据，最高层的是关于实体的性质、状态及其相互关系的抽象描述（付炜，2002）。在人工智能领域，地理现象、地理事实、地理概念、地理规律、地理理论，都属于空间知识。从不同的用途和角度出发，空间知识常被划分为不同的类型。根据空间数据来源不同，空间知识可分为地理常识知识、栅格知识、矢量知识、时空知识、三维知识、地图符号知识、遥感影像知识和地物光谱知识等。根据知识获取的方法不同，空间知识可分为空间数据挖掘知识、专题信息提取知识、人工获取知识、空间分析知识、信息检索获取的空间知识。按照空间知识获取的难易程度，空间知识可分为："浅层知识"（如某区域有无高速公路、河流的长度和最大宽度等，这些知识一般通过 GIS 的查询功能就能提取出来）和"深层知识"（现有数据中并不包含此类信息，必须通过计算、统计和挖掘才能获取，如空间位置分布规律、空间关联规则、形态特征区分规则等）。按照不同用途，空间知识可分为描述性空间知识和程序性空间知识。其中，描述性知识主要包括地理术语、地理名称、地理分布、地理演变、地理数据等事实性知识，反映地理事物外部特征和联系，是形成地理知识体系的基础；程序性空间知识，即原理性知识，可分为对外办事的程序性知识——智慧技能，包括地理概念、地理特征、地理规律、地理成因等；对内调控的程序性知识——策略性知识，包括地理感知能力、地理信息能力、地图运用能力、地理阅读能力、地理实践能力及地理思维能力等。

按照知识抽象程度，空间知识可以分为地学现象描述知识、地学事实的归纳知识、地学概念、地学规律、地学理论等由低到高的不同等级。按照知识作用范围，空间知识可分为知识因子层、知识分类层和知识区划层。从形式化描述的角度，空间知识可分为关联规则、特征规则、分类规则、聚类规则、序列模式、总结规则、趋势型知识、偏差型规则等。从空间几何特征的角度，空间可以分为点状空间知识、线状空间知识、面状空间知识。按照知识反映的地理实体和知识现象的侧重点不同，空间知识可分为空间结构知识、语义结构知识和趋势演变知识。

1. 空间结构知识

1）普遍几何知识

普遍几何知识指某类地理实体的数量、大小、形态特征等普遍的几何特征。普遍几何知识有利于人们快速掌握地理区域的总体情况，便于在陌生区域估计、判断居民地分布、植物类型、经济情况等未知信息。地理实体的数量和大小可基于空间数据库，采用统计分析、叠置分析等空间分析方法准确获取。如特定区域内的人口数、等级道路条数、百万人口以上城市个数等。地理实体直观的、可视化的形态特征往往采用定量化的特征值来表示。例如，线状目标的形态特征采用曲折度（复杂度）、方向来表示；面状目标的形态特征采用密集度、边界曲折度、主轴方向等来表示；而聚集在一起的点群（聚类），可以用类似面状目标的方法计算和表示其形态特征。由于空间数据库中一般仅存储图形的长度、面积、周长、几何中心位置等几何特征，而形态特征则要采用专门的算法来进行计算。通过大量的样本数据，可以计算特征量的最小值、最大值、均值、方差、众数等，还可得到特征量的直方图。在此基础上，可根据背景知识归纳出泛化的普遍几何知识，如不同地区居民地的空间密度、人口密度；不同制图单元的平均高程值等。

2）空间分布规律

空间分布规律指某类地理要素在地理空间的分布规律，可分为垂直向分布规律、水平向分布规律及垂直向水平向的联合分布规律。垂直向分布指地物沿高程带的分布，如植被沿高程带分布规律、植被沿坡度坡向分布规律，不同类型和数量的城市沿高程带分布规律等；水平向分布指地物在平面区域的分布规律，如居民地分布规律、人口分布规律、湖泊群的分布中心和分布范围等；垂直向和水平向的联合分布即不同的区域中植被沿高程分布规律。

3）空间区分/分类规则

空间区分/分类规则指根据某类或多类地理实体间不同的几何特征，区分出不同类型地理实体的空间特征。空间分类规则根据空间区分规则把数据集的数据映射到某个给定的类上，用于数据预测，其预测值是离散的。它常表现为一棵决策树，根据数值从树根开始搜索，沿着数据满足的分支往上，到树叶就能确定类别。空间分类规则是普及性知识，实质是对给定对象数据集的抽象和概括。

4）空间聚类/函数依赖规则

空间聚类/函数依赖规则是把空间特征相近的地理实体数据划分到不同的组中，组间的差别尽可能大，组内的差别尽可能小，可用于地理实体的概括和综合。与空间分类规则不同，它不顾及已知的类标记，聚类前并不知道将要划分几个组和什么样的组，也不知道根据哪些空间区分规则来定义组。空间函数依赖规则旨在发现不同空间实体之间或者相同空间实体不同属性间的函数关系。这些空间知识往往用以属性名为变量的数学方程来表示。例如，可以依据居民地之间的距离将其划分为不同的城市群，而不顾及其自身行政归属；根据淡水河流、水库与供水区域居民地距离之间的关系，可以找出水源地与供水区的依赖关系。

5）空间关联规则

空间关联规则指地理实体间相邻、相连、共生、包含等关联规则。例如，村落与道路相连；道路与河流的交叉处是桥梁；不同数量、级别道路的交会点往往是不同人口规模、不同行政级别的居民地；土质类型与典型植被的共生关系等。

6）空间特征规则

空间特征规则指某类或几类地理实体的几何和属性的普遍特征，即对其共性的描述。普遍的几何知识属于空间特征规则的一类，由于它在遥感影像解译中具有重要地位和作用，将其分离出来单独作为一类知识。空间特征规则多为对地理实体类或地理概念的概化描述。在发现状态空间中，空间特征规则存在于特征空间的不同认知层次。例如，河南省大部是平原地区，居民地多为方形结构、大门南向；成都市道路多为辐射状和环状；江浙等省水网密布。

2. 语义结构知识

1）语义分类结构知识

语义分类知识主要是指面向不同的用途，根据地理实体的某一或者某些属性特征进行重新分类分级的知识。与空间分类知识不同，语义分类知识主要是关于地理实体内在属性结构的知识，而不涉及地理实体空间特征。例如，根据道路的技术等级、宽度、铺面、长度等属性特征，可将道路区分为适合飞机起飞、适合大型车辆通行等不同类型，根据水系水质等属性特征可以将其分为直接饮用水、生活用水、废水等。

2）语义分元结构知识

语义分元结构知识主要是指复杂地理实体与其子类共同构成的整体—部分知识。语义分元结构知识有效表达了复杂地理实体的内部结构及空间序列关系。例如，高速公路由匝道、道路及桥梁、隧道、服务区等附属设施构成；河流由入口、河床、水流、堤岸、出口等构成；水系由支流、干流构成。

3）语义功能结构知识

语义功能结构知识主要指多个地理实体之间在语义层面的相互影响、相关作用和相互制约的关系。其与空间关联知识类似，但更侧重于地理实体之间在逻辑层面的关联。例如，供电所与医院在空间层面并没有相邻、包含、共生等关联关系，但供电所与医院之间存在的供电逻辑关系，一旦供电所停电将影响医院正常工作；此外，水系与居民地之间的供水关系、医院与小区的医疗保障关系等都属于此类知识。

3. 趋势演变知识

趋势演变知识分为空间结构趋势演变知识和语义结构趋势演变知识，分别反映地理实体空间特征和专题特征随时间的变化情况。趋势演变知识对于回溯过去、监测现状、预测未来具有重要的意义，为不同领域人员进行地学决策提供科学依据。例如，随着城市化进程的加速推进，城市边界随着时间不断外扩，可以预测未来若干年城市的扩张速度，为城市规划提供决策依据；某一城市地块由荒地、建筑用地、工地最终演变为居民小区，通过此类知识可以了解某一地理实体的历史沿革，便于解决语义异构问题。

5.1.4　空间知识地图知识体系

空间知识得到广泛应用的根本原因主要在于它更加符合人的知识结构和认知习惯，提高了人们的地理思考和地理推理能力，便于人们快速、准确地认识所处的复杂环境。人们随着对地理环境认识的深入，也逐渐积淀了丰富的空间知识。与地理实体和地理现象构成完整的地理空间一样，各种空间知识构成了统一的知识空间。

如前所述，尺度不同、应用目的不同，空间知识的分类也不相同。当前，空间知识研究工作中的最大挑战不是如何获取空间知识，而是如何面向不同应用场景，对现有空间知识进行系统化梳理，并采用计算机可理解的方式加以形式化描述，进而形成统一的空间知识体系，构建面向不同应用场景的空间知识库，最终实现在恰当的时间、恰当的地点以恰当的形式向恰当的人员提供恰当的知识服务。

与传统地图相比，空间知识地图更加强调地理实体语义关系、动态变化及其内在规律性的地图形式化表达。从地图制图的角度出发，空间知识地图涉及的空间知识主要包括地理特征知识、地理事件知识、地图制图知识及其他空间知识等四类。其中，地理特征知识是关于地理实体静态特征的事实性知识；地理事件知识是关于地理实体动态变化的过程性知识；地图制图知识是实现前两种知识正确图形化表达的程序性知识，主要包括空间知识地图制图活动中涉及的地图设计知识、地图投影知识、地图符号知识、地图编绘知识、制图综合知识等一系列地图学领域知识；其他空间知识则是指为保证空间知识地图的可用性、自适应性等涉及的地学、计算机科学等领域的策略性知识和元知识。

从地图形式化表达的角度出发，空间知识地图需要表达的知识既包括反映地理特征和地理事件的位置、方位、几何特征、属性特征等浅层空间知识，也包括反映地理特征和地理事件本质特征及其内在规律性的深层空间知识。其中，浅层知识主要反映单个地理特征或地理事件具有的显性信息（如道路的宽度、里程、路面材质）和多个地理特征和地理事件之间通过方位、拓扑、度量等空间关系形成的地理格局。深层空间知识主要包括反映一组、一类或者多个地理实体空间格局、空间规律等空间结构知识，反映复杂地理实体内部的组成关系（整体和部分关系）、地理概念或者多个地理实体之间的分类关系和功能关系等语义结构知识，反映地理实体空间结构和语义结构在时间维度上的趋势演变知识。从地图可视化表达的角度出发，空间知识地图知识体系如图 5-6 所示。

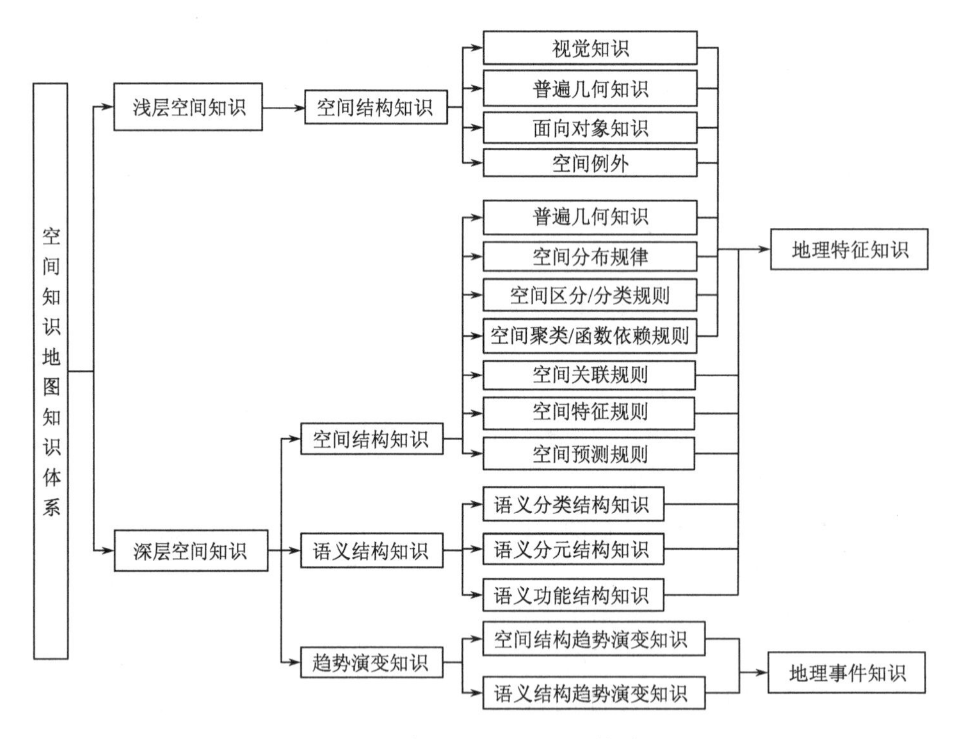

图 5-6　空间知识地图知识体系

5.2　空间知识表示

5.2.1　空间知识表示方法

空间知识表示是为描述地理知识空间所作的一组约定，是空间知识的形式化描述过程，是构建地学专家系统和智能 GIS 的基础和前提。其最终目的是将空间知识编码成一种易被计算机理解和存储的、恰当的数据结构，通常存储在空间知识库中。空间知识库成败的关键在于空间知识是否采用符合地学规律和空间认知规律的方法进行形式化表示和科学化组织。在空间知识库的支持下，这些系统通过数据处理、逻辑分析、空间推理可以较好地解决地学决策过程中的一些不确定性问题（付炜，1997）。

在人工智能领域，常用的知识表示法有产生式系统（规则）、逻辑、框架、语义网络等

（梁怡，1997）。常规知识表示方法主要基于符号逻辑的表达形式来模拟人的心理活动和思维过程。目前，人们常采用产生式系统表达各种具有前提和结论联系的知识，用逻辑表示法中的命题逻辑表示经验、事实等知识，用框架表示具有明确地学属性和空间分布的地物对象状态知识，用语义网络表示地物空间分布和存在关系的知识（周成虎等，1999）。空间知识表示的研究重点是：面向不同应用和尺度的空间知识分类；常规空间知识表示与结构化和非结构化时空信息的有效集成；针对空间知识的多源性、多结构性等特点，基于人工神经网络和面向对象的空间知识表示方法研究，实现与神经计算、统计模型等模型和技术的结构化集成等诸多方面（Fu，1994）。

人们对于周围环境的视觉感知、空间认知、空间分析、空间推理和空间决策等地理行为是基于心理和生理两方面的相互交错的智能活动，以模拟人的空间形象思维和视感觉生理活动为主。这就要求必须发展模拟人类生理活动和心理活动的新型知识表表示模型。随着面向对象理论、人工神经网络、本体和深度学习技术的发展，基于人工智能的并行知识处理模型（主要包括神经网络和遗传算法）、面向对象知识表示模型（适合于表达地学分析中地学属性和地学过程一体化的知识体或者地学对象）、基于本体的知识表示模型（主要用于表达空间知识之间丰富的语义关系，消除不同领域的语义鸿沟）和基于向量的知识图谱表示模型（主要适用于大规模空间知识关系构建，便于与深度学习结合）等一系列新型时空知识的表达架构逐渐出现。

在地学领域，智能应用的实现往往涉及多种类型的空间知识。只有面向不同的问题和用户选择恰当的空间知识表示方法，才能保证人们利用空间知识进行地学决策、趋势预测、历史回溯、动态监测等智能活动的顺利进行。当前，多种知识表示方法有机结合表示空间知识已成为解决地学问题的有效模式。空间知识与地学决策模型的有效融合，能够从形象思维的角度模拟人的空间认知过程，是新一代地理信息系统和地学智能系统的发展方向。

空间知识地图更加强调空间知识的空间化表示和可视化表达，更加侧重消除不同领域空间知识的语义鸿沟和呈现空间知识之间的丰富关系。因此，本书采用基于本体和基于知识图谱相结合的空间知识表示方法，将空间知识分别存储在知识库和图数据库中，以便于空间知识的高效查询和可视表达。

5.2.2　基于本体的空间知识表示

传统的空间知识表示方法，往往由相关领域专家根据领域需要和个人习惯自行规定术语、概念、规则，不利于知识的传播、共享和重用。为解决现实世界中各种复杂地学问题，实现不同领域人员对结构化、非结构化的空间知识与时空信息的综合运用，空间知识地图必须基于本体技术来解决空间知识表示问题。

在特定领域研究中，地理本体被认为是地理空间信息共同体概念化模型或学科感知世界明确的形式化规范说明（杜云艳等，2008）。地理本体分别在语义和知识层次上描述地理实体及其关系，形成了特定领域的一种概念体系或基本知识体系，在空间知识工程和空间知识表示领域具有重要的作用和广阔的应用前景。

在信息领域，本体应用的主要方面不在于用逻辑规则推理来解释现实世界中的现象和实体并达成相对一致的意见，而在于详细阐述专业的术语和含义（陈虎等，2011）。地理本体是空间知识表示的核心。基于地理本体来表示空间知识，能够准确建立空间知识之间的相互关联关系，为不同领域人员交流提供统一的语义基础，有效解决空间知识传递和共享过程中知识理解的唯一性与无二义性等问题。基于本体的空间知识表示不仅可以实现知识共享和重用等目标，而且有助于进一步的空间知识推理和应用。空间知识地图基于本体的空间知识表示模型，对应于地理特征数据和地理事件数据构建地理特征知识本体和地理事件知识本体，实现了从空间数据到空间知识的统一描述，便于建立空间知识与地理实体、空间位置之间的映射关系。无论是地理特征知识本体还是地理事件知识本体都具有自身的分类对象和构成对象，明确了空间知识的本质内涵及彼此间的语义关系，有利于知识的归纳、分解和跨领域运用。空间知识地图基于本体的空间知识表示模型如图 5-7 所示。

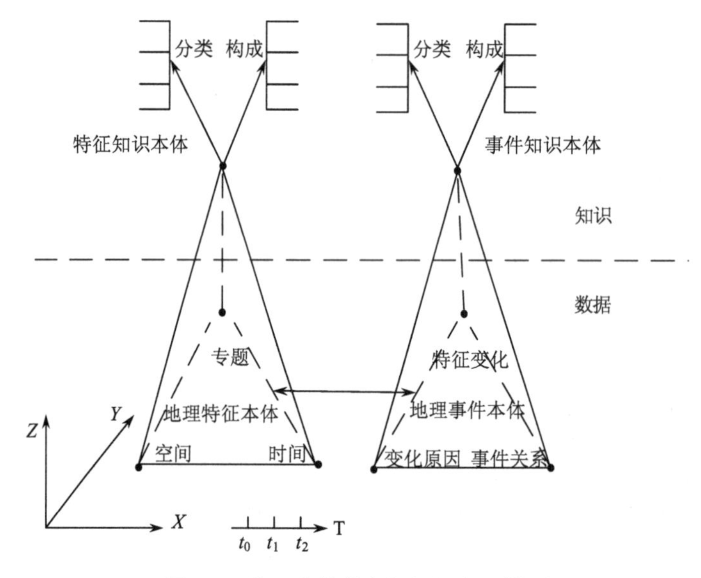

图 5-7　基于本体的空间知识表示模型

将地理本体引入到空间知识表示领域，具有以下三个方面的优势。

1）便于空间知识的跨领域共享和交互

地理本体是对地理实体不同程度的抽象和概念化，规范地描述了地理领域的术语、概念、规则及蕴含的语义关系。它以一种精确的、没有歧义的形式定义地理术语的精确语义，为不同领域人员提供可共享的标准概念。

2）有利于空间知识的推理和应用

地理本体描述了知识的分类对象和组成对象，有利于面向不同的应用、不同的尺度和不同知识背景的用户，对知识进行归纳和特化，提供不同粒度的空间知识。在特定领域，它构成了该领域知识表示系统的核心。

3）有利于空间知识的组织管理

地理本体是一种在语义和知识层次上描述信息的工具。因此，地理本体可以从数据、信息、知识等不同层次给出地理概念之间相互关系的明确定义，建立空间位置、地理实体、空间数据、空间信息、空间知识之间的映射关系，为空间知识的数据库存储和管理、建立统一的空间知识库打下了坚实的基础。

5.2.3　基于知识图谱的空间知识表示

与面向专家系统的知识库强调逻辑推理不同，现代知识图谱更加强调机器可理解，以及规模化扩建需求。因此，知识图谱大多降低对强逻辑表达的要求，而是以三元组为基础的关系型知识为主，通过构建实体之间以及实体属性之间丰富的关联关系来建立一个庞大的知识网络。基于符号逻辑表示的大规模知识图谱使得知识具备显示语义表达能力，但同时也出现了知识维度高维、知识图谱长尾部分实体和关系稀疏、知识噪声及不完整等不利于知识计算和知识推理的因素。

2009 年以来，以深度学习为代表的表示学习在语音识别、图像分析和自然语言处理等领域得到广泛应用。在深度学习领域，表示是指通过模型的参数来表示模型的输入观测样本 X。表示学习，又称为学习表示，是指学习对观测样本 X 的有效表示，是将研究数据转换成为能够被机器学习来有效开发的一种形式。表示学习的最终目的是将研究对象的语义信息表示为稠密低维实值向量，通常是一种分布式表示。其最终结果是建立一个低维向量语义空间，实现知识迁移。在该低维向量空间中，两个对象距离越近则说明其语义相似度越高。

在知识图谱领域，知识表示学习主要是对知识图谱中的实体和关系进行表示学习，通过建模方法将以三元组为基础的关系型知识表示为低维稠密向量空间，进而实现对知识图谱中实体和关系的语义联系的高效计算，有效解决长尾知识数据稀疏问题，显著提升知识图谱在知识获取、知识融合和知识推理等方面的应用性能。当前，符号逻辑与表示学习相结合成为知识图谱表示的一个重要研究趋势。

大数据时代，空间知识关系日趋复杂，空间知识规模日趋庞大，空间知识应用日趋丰富。为实现空间知识在多领域、多场景的共享、传播和重用，基于知识图谱的空间知识表示成为知识导航、知识问答、知识服务、语义搜索、语义分析等智能应用的研究热点。空间知识地图基于知识图谱的空间知识表示流程如图 5-8 所示。

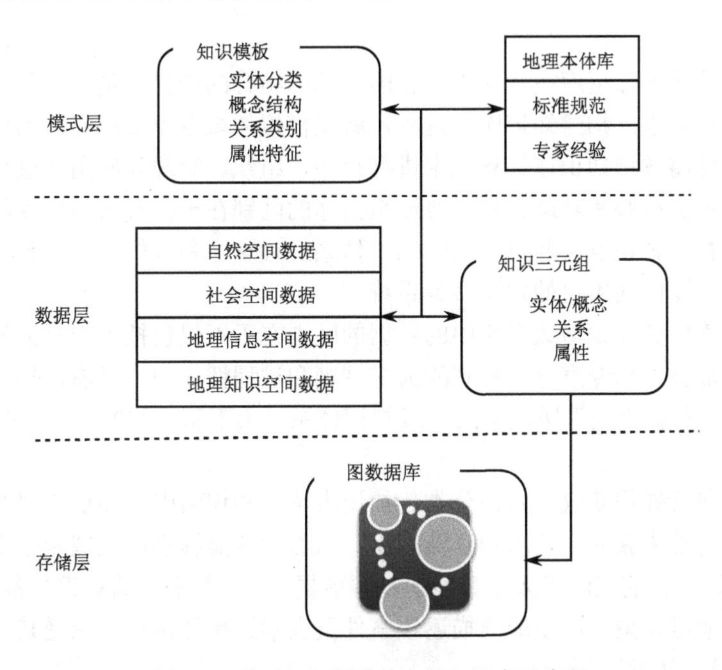

图 5-8　基于知识图谱的空间知识表示流程

基于知识图谱的空间知识表示，以地理本体为主构建知识模板，在知识模板的指导下从相关数据源抽取知识图谱存储的相关信息，并通过表示学习将知识三元组存储在图数据库中。其主要包括以下三个环节。

（1）知识模板构建。知识模板构建的目的是面向不同空间知识应用场景，基于地理本体库、标准规范、专家经验等已有空间知识，厘清知识图谱的实体分类、概念结构、关系类别和属性特征等。为便于与空间数据进行语义映射，本书主要基于地理特征本体、地理事件本体和地理关系本体来设计知识图谱知识结构，并顾及知识可视化和知识空间化的应用需求。

（2）知识三元组获取。知识三元组获取主要是指在知识模板的指导下，从自然空间数据、社会空间数据、地理信息空间数据及地理知识空间数据等现有地理空间数据和知识源中提取空间知识地图所需的实体/概念、关联关系和属性特征等，存入知识图谱的数据，构建空间知识三元组。知识三元组的获取涉及地理实体识别、实体属性抽取和实体关系抽取等工作。其中，地理实体识别是指从网络文本或其他来源的数据中提取具有空间位置特征的对象，如地名和机构名等；实体属性抽取指属性类别定义和属性值提取；实体关系抽取是指识别地理实体之间的语义关系和空间关系（谭剪梅，2019）。

（3）知识图谱存储。为有效平衡符号逻辑的表示能力和表示学习的计算能力，知识图谱将知识及其关系以图模型为数据模型存储在图数据库中。图数据模型的节点、关系、属性结构与空间知识语义网络本质上高度契合。图数据库以图论为基础，用节点和关系所组成的图来建模现实世界，可支持百亿乃至千亿级巨型图的高效关系计算和复杂关系分析。将知识三元组存储在图数据库的过程包括表示学习、知识计算、知识推理、知识融合和知识评价等。

5.3　空间知识存储

5.3.1　基于本体的空间知识库构建

1. 知识库概述

知识库是将传统的数据库技术和人工智能技术相结合的产物，是信息时代知识管理和知识工程发展的必然要求。构建知识库的过程，就是模拟领域专家解决问题的过程，是采用若干种知识表示方法将领域知识在计算机中进行存储、组织、管理和应用的过程。知识库是专家系统和智能系统的核心和基础。它与普通数据库的区别在于在普通数据库的基础上，有针对性、目的性地抽取知识点，并按一定的知识体系进行整序和分析而组织起来的有特色的、专业化的数据库，是面向用户的知识服务系统。

因此，知识库中的知识与数据库中的数据的区别在于不仅包括关于对象的事实描述，还包含通过各种获取技术和专家分析得到的大量规则和过程性知识。目前，知识库系统中一般采用的是“事实-概念-规则”所表示的三级知识体系（韦于莉，2004）。知识库结构如图 5-9 所示。

知识库开发包括知识获取、知识分类、知识表示、知识索引和知识应用等环节。其主要目的是以恰当的方法来获取、表示和存储知识，从而构建能够模拟领域专家求解问题思维方法的智能系统。这种目的来源于人工智能的基本前提：“有关事件的知识具备这么一种能力，它们能形成一种思维模型，以便准确描述该事件及表示该事件执行和承受某一动作的过程”（于鑫刚和李万龙，2008）。

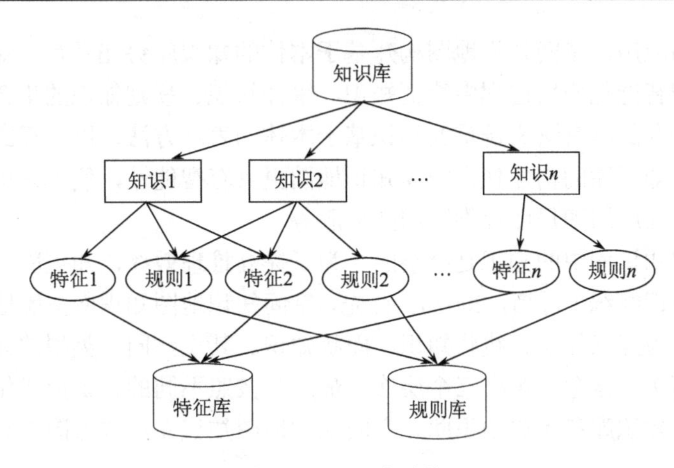

图 5-9　知识库结构

知识库的三级知识表示体系与基于本体的知识表示相适应。理论上讲，基于本体技术可以更好地构建知识库。此外，结合具体应用需求，知识库中通常还存储相应的任务信息，即使用事实、概念及规则解决问题的任务描述（Janko 和孙群，1991）。构建基于本体的知识库是提高知识的共享性、互操作性、可维护性和可重用性的一个有效途径，具有深入研究的价值（刘成亮和李涵，2008）。

1）建立基于本体的知识库主要步骤

（1）建立知识本体。

（2）开发人机交互的本体编辑器界面。

（3）根据本体进行知识编辑。

（4）知识编译和检查。

（5）知识分析与知识推理。

知识库的构建必须确保库中的知识便于修改和编辑，能够进行一致性和完备性检验，在应用的过程中可以迅速、准确地进行知识存取。

2）本体在知识库中的作用

（1）本体为结构化领域知识的形式化描述提供一种新途径。面向不同的应用场景、用户知识背景、使用模式和分类构成等具体需求，基于本体的空间知识表示方法，采用 OWL 等形式化描述语言准确说明知识库中的事实、概念、规则及其相互关系，可实现领域知识的结构化和模块化表示，最终以计算机可理解的方式存储于知识库中。

（2）本体支持知识的分层表示。知识库的知识是分层的：最底层是“事实知识”；中间层是用来控制“事实知识”的“概念知识”；最高层是“策略知识”（被认为是规则的规则），以中间层知识为控制对象。在知识库中，知识之间通常存在相互依赖关系。低层的知识是高层知识的基础，高层知识是低层知识的概括和总结。运用本体技术，可以使得描述性知识和程序性知识分开表示，确保程序性知识（操作知识）可以在不同的领域中得到应用。

（3）本体提高了知识的共享性和可重用性。本体通过对知识库涉及的概念、功能、实例、关系和公理进行规范化描述，为不同领域人员在语义层次的知识共享和重用奠定了基础。

2. 空间知识地图基于本体的知识库构建

空间知识为空间知识地图的智能化应用提供了强有力的知识支撑。为便于空间知识推理及其在不同领域的应用，空间知识地图构建基于本体的知识库势在必行。知识库是空间知识地图可视化表达和智能化应用过程中特征知识、事件知识、规则知识的集合，是将从空间数据、空间信息中获取的具有语义逻辑的知识基于本体的表示方法，以合理的数据结构存储在计算机中的产物。知识库的构建使得空间知识地图更具有智能性，便于采用知识索引、知识检索等技术面向不同应用和尺度提供空间知识服务。

空间知识地图知识库中的知识是庞杂的。为了提高推理效率，知识库一般采用分类和分层的方法来进行知识组织（付炜，2002）。首先，空间知识地图知识库按照地图可视化表达的形式将空间知识分为点状知识、线状知识、面状知识。其次，同一类型的知识则按照知识本体的不同，分为事实、概念、策略三个层次。最后，按照不同的知识形式化方法形成相应的事实知识库、概念知识库和策略知识库。空间知识地图知识库结构如图 5-10 所示。

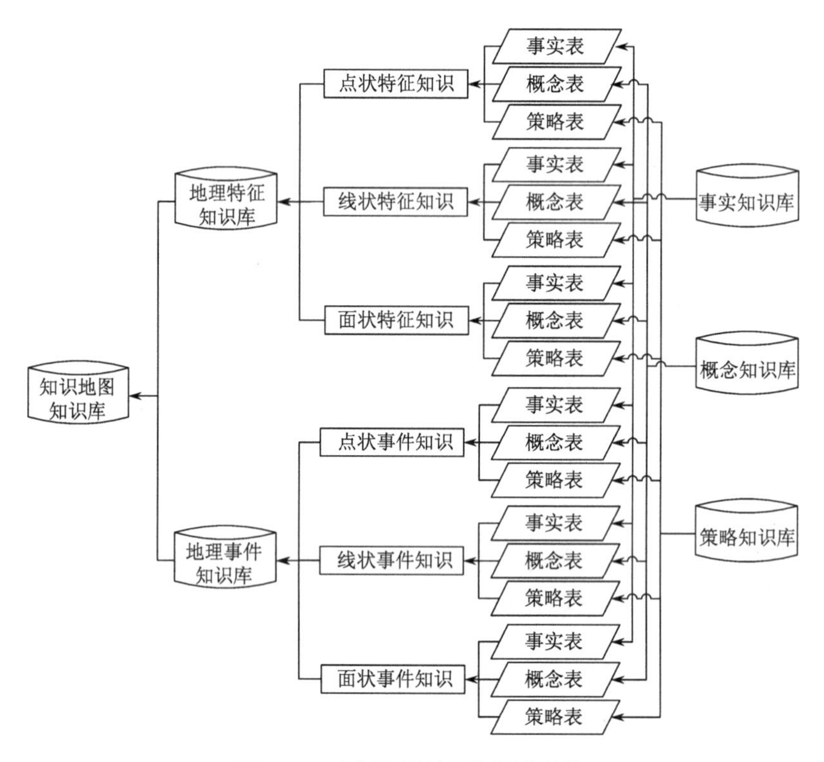

图 5-10　空间知识地图知识库结构

1）基于本体的空间知识库构建

（1）空间知识的地理位置映射。空间知识与其他领域知识的区别在于与空间位置直接或者间接相关。人们描述位置的方法通常包括经纬度坐标、地址（邮编、IP 地址、门牌号、电话区号等）、空间关系、地名等（边馥苓和梅琨，2008）。与地理实体大多能够精确定位相比，空间知识（尤其是概念知识）的位置范围往往更加模糊。空间知识的地理位置映射，一方面便于进一步知识空间化、可视化；另一方面便于基于空间的知识检索和推理。为空间知识确定位置范围的常规方法有两种：一种是将空间知识涉及的地理实体的位置作为其地理范围；二是在使用过程中以人际交互的方式由用户自行确定其地理范围，该方法的前提是对空间知识可能的地理范围进行枚举描述，以及根据用户具体应用场景进行有针对性的推送。

（2）选择合适的知识表示方法。本体详细描述了空间知识的内涵和层次结构。为将空间知识形式化描述并存储进知识库，需要选择恰当的知识表示方法。知识库既可以是数据库中不同类型的表，也可以是按照一定逻辑结构的格式化的文本文件。因此，在空间知识库中，可以为不同类型的知识选择相应的知识表示方法，例如，事实知识常采用命题逻辑的方式进行表示，概念知识则采用框架或者描述逻辑的方法，策略知识则采用产生式规则进行形式化描述。空间知识库则采用总体框架结构将各种知识有效集成在一起。

（3）建立知识本体与数据库之间的映射。陈和平等（2009）提出，关系数据库模式与 OWL 本体模式之间存在着形式化对应关系：关系数据库中包含多张数据表，每张数据表包含多个字段（列），每行记录是数据表中相应字段取值集合；OWL 本体中包含多个类，每个类包含多个属性，实例是类中所有属性值的集合。也就是说，本体的类、属性和实例与关系数据库的表、字段、记录存在某种形式上的映射。转换规则中 OWL 本体部分涉及的标识符及函数说明如表 5-1 所示，转换规则中关系数据库涉及的标识符及函数说明如表 5-2 所示。这使得在语义层次上实现知识本体与数据库的转换成为可能。

表 5-1　转换规则中 OWL 本体部分涉及的标识符及函数说明

标识符	函数说明
ID（T/F/V）	类名/属性名/实例名
Cmt（T/F）	类描述/属性描述
Class（ID,Cmt）	类定义
SubClassOf（T,Γ）	类 T 与类 Γ 存在父子关系
DatatypeProperty（ID,D,R,Cmt）	数据类型属性定义
domain（C）	属性定义域为类 C
range（C）	属性值域为类 C

表 5-2　转换规则中关系数据库涉及的标识符及函数说明

标识符	函数说明
RDB	关系数据库中实体表的集合
Field（T）	表 T 的字段集合
ISFKey（F,T）	字段 F 是否为表 T 的外键
ISMKey（F,T）	字段 F 是否为表 T 的主键
Sub（T,Γ）	表 T 与表 Γ 存在父子关系
Relation（T,Γ,F）	表 T 与表 Γ 通过外键 F 相关联

2）适用于空间知识地图领域的映射规则

在领域本体模型构建过程中，部分学者提出基于软件系统的逆向工程思想，从已有的信息系统数据库模式中抽取领域本体模型，以减少本体创建工作对领域专家的依赖，提高其开发效率，并形成了从 E-R 关系模式到 OWL 本体模式的一系列转换规则（陈和平等，2009；胡静文和赵继娣，2012；于长锐等，2006）。事实上，基于本体构建知识库，是基于逆向工程思想构建领域本体模型的逆过程。借鉴其基本思想，可以构建知识本体转换到 E-R 关系模式的一系列映射规则。本书参考陈和平等（2009）构建的映射方法，设计了以下七条适用于空间知识地图领域的映射规则，以实现基于本体的知识库存储。

规则 1 将本体元素中的类转换为关系数据库中同名表，类说明转换为表描述。即 $\forall C \in OWL \rightarrow Table(ID(C), Cmt(C))$。

规则 2 本体中类的继承关系转换为关系数据库中的表与表之间的“父子关系”。即 $SubClassOf(T,\Gamma) \rightarrow Sub(T,\Gamma)$。

规则 3 本体中类的自有属性，转换为数据库中同名表的同名字段。属性说明转换为字段描述，值域转换为数据类型。

规则 4 本体中类之间的同名对象属性，以关系数据库中表与表之间的外键存在，属性说明转换为字段描述。

规则 5 如果本体中自有属性的数据类型属性的约束限制取值为 1，则关系表中的对应字段取值非空；如果约束限制的最大值取值为 1，则允许为空。

规则 6 如果本体中同名对象属性的约束限制的最小值取值为 1，则关系表中的外键字段不允许为空；如果其约束限制的最小值取值为 0，外键字段取值则允许为空。

规则 7 将关系模式中的语义模式映射到本体模式之后，再将关系数据库的实例数据转换成领域本体实例。

总之，基于本体构建空间知识库是一个需要反复检验、评估和修正的过程。在得到初始知识库之后，需要在应用过程中消除可能存在的矛盾或者冗余的规则，解决使用结果与专家结论不一致的问题，逐步求精，最终得到一个结构良好、功能完善、知识相对完备的高质量知识库。事实上，要获得一个性能优良的知识库，需要反复进行知识获取的三个操作：概念化、形式化和知识库求精。

5.3.2 基于图数据库的空间知识存储

随着信息技术的迅猛发展，适于社交网络、推荐引擎、实时图谱等高度互连数据集存储和处理的图数据库（graph database）也可作为知识存储的一种有效方法。图数据库又称面向/基于图的数据库，是基于图论实现的一种新型非关系型（NoSQL）数据库。不同于传统的关系型数据库将数据存在库表字段中，图数据库将数据和数据之间的关系存储为节点（nodes）和关系（relationships）两种数据类型。节点通过关系相连接构成一个网络图结构（graph）。在图数据库中，知识节点可以用“节点”进行存储，知识节点之间的关系以“关系”的形式进行存储，知识单元可由一系列节点和关系构成的图结构来表示。

1. 图数据库概述

20 世纪 60 年代出现的 Navicational 数据库可看作图数据库的雏形。与传统关系型数据库在集合论基础上构建二维表表示关系不同，图数据库通过“关系”将节点相互关联起来形成“图”这种数据结构来存储和查询数据。图数据库善于处理大量的、复杂的、互联的、多变的数据，数据处理效率远远高于关系型数据库。常见的图数据库产品有 Neo4j、JanusGraph、ArangoDB、OrientDB 等。其中，Neo4j 市场占有率最高。

Neo4j 是一个基于 Java 开发的高性能图数据库，同时拥有商业版本和开源版本，提供了一系列数据库管理工具和可视化工具。2010 年 2 月正式推出 1.0.0 版本。2020 年发布了 Neo4j 4.2 版本。Neo4j 是一个嵌入式的、基于磁盘的、具备完全事务特性的 Java 持久化引擎，也可以看作一个高性能的图引擎，具备原子性、一致性、隔离性和持久性事务支持，集群支持、备份与故障等完整的数据库特性。它提供完善的图查询语言，支持各种图挖掘算法，支持分布式存储，适用于具有丰富关系的关联数据的存储和表示。Neo4j 图数据库体系架构如图 5-11 所示。

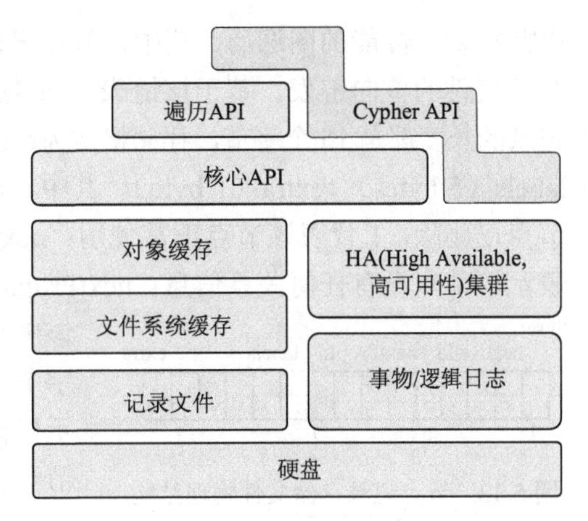

图 5-11　Neo4j 图数据库体系架构

https://blog.csdn.net/Regan_Hoo/article/details/78772479

在数据存储方面，Neo4j 是一个原生图计算引擎。它使用原生的图结构存储数据，支持从关系型数据库或者 CSV 格式数据中批量导入数据。为保证关系查询的速度，Neo4j 基于免索引邻近原则将图结构中的节点、关系、标签、属性等不同部分分别以文件的形式存储在主图形数据库目录中（默认位置是服务器的 data/graph.db），并以 neostore 作为前缀。这种存储机制确保每个节点都会维护与它相邻节点的引用，为图数据库提供了快速、高效的图遍历能力。此外，为最大化提升 Neo4j 性能，应尽量减少硬盘输入输出。

在数据缓存方面，Neo4j 采用文件系统缓存和对象缓存两层缓存策略。其中，文件系统缓存是操作系统保留的提高文件读写速度的内存；对象缓存是 Java 虚拟机（Jave virtual machine，JVM）堆里面的一个区域。Neo4j 通过操作系统利用文件系统缓存减少对物理硬盘中存储文件的加载、读取和写入来提供图数据库底层缓存机制；通过核心 API 利用对象缓存以一种便于图遍历和快速恢复的形式存放 Java 对象的节点和关系版本，进而提供图数据库的高层缓存机制。在实际操作中，往往是将全部或尽可能多的图数据调入文件系统缓存，尽量多地使用对象缓存。

在数据处理方面，Neo4j 提供 Cypher API、遍历 API 和核心 API 三个主要的 API 接口用来访问和操作图数据。其中，Cypher API 用于执行所有 Cypher 查询语言（Cypher query language，CQL）命令以执行数据库操作。遍历 API 是一个具有流畅创建器 API 且基于回调函数的框架，支持在一行代码中以可表达的方式创建遍历规则。核心 API 则用来深入底层对图形布局和图形交互进行灵活控制，可以实现最佳效果和最优性能。

在事务管理方面，为避免缓存数据没有完成存盘操作，Neo4j 每次启动都要查阅最近的事务日志，并且重做针对实际存盘文件的所有事务。在 Neo4j 数据库中，所有事物日志都存储在顶层目录中，并以 nioneo_logical.log.*的格式进行命名。

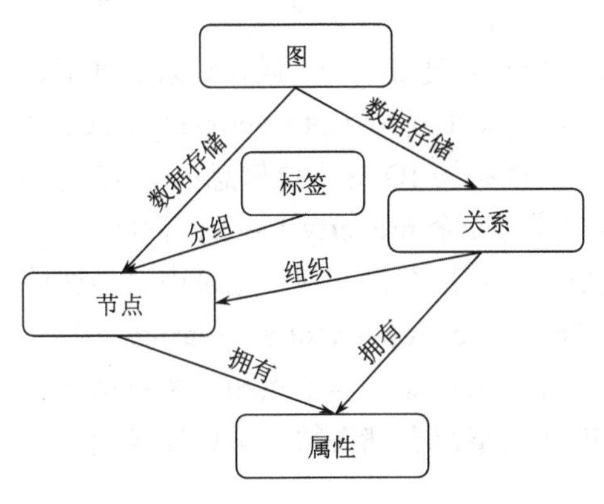

图 5-12　Neo4j 属性图数据模型

2. Neo4j 图数据模型

Neo4j 图数据库按照属性图模型来存储和管理数据。属性图具有以下基本特征：主要采用节点和关系来存储数据；关系拥有名字和方向，每个关系都是从开始节点指向结束节点；节点和关系可以拥有一系列以键值对（key-value）形式存储的属性（properties）；节点可以通过标签（labels）进行分组。Neo4j 属性图数据模型如图 5-12 所示。

如前所述，Neo4j 采用原生图结构进行物理存储。Neo4j 将图结构和属性数据进行分离，以此提供高性能的图遍历。其中，节点记录存储在 neostore.nodestore.db 中，这是一个指向关系和属性的单向链表。基于该链表，可快速获取节点所有关系、属性和标签信息。每个节点记录的长度都是 15 个字节，存储格式为：inuse（1 byte）+nextRelId（int）+ nextPropId（int）+ labels（5 bytes）+extra（1 byte）。其中，inuse 表示该节点是否使用，占用 1 字节，0 表示该节点已删除，1 代表该节点正常使用；nextRelId 表示该节点下一个关系 ID，占用 4 字节，–1 表示该节点没有任何关系信息；nextPropId 表示该节点下一个属性 ID，占用 4 字节，–1 表示该节点没有任何属性信息；labels 表示标签信息，占用 5 字节，当标签信息较少时，可以直接内联存储；extra 表示保留字节，占用 1 字节，表示该节点是否超级节点。节点存储文件物理结构如图 5-13 所示。

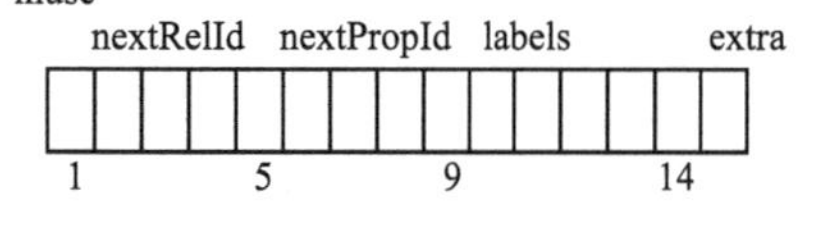

图 5-13　节点记录存储文件物理结构

关系记录存储在 neostore.relationshipstore.db 中，这是一个通过节点前后关系形成的双向链表。基于该双向链表，可快速获取节点所有相关关系。每个关系记录的长度都是 33 个字节，存储格式为：inuse（1byte）+firstNode（int）+secondNode（int）+relationshipType（int）+firstPrevRelId（int）+firstNextRelId（int）+secondPrevRelId（int）+ secondNextRelId（int）+nextPropId（int）+firstInChainMarker（1 byte）。其中，inuse 表示该关系是否使用，占用 1 字节，0 表示该关系已删除，1 表示该关系正常使用；firstNode 表示该关系的开始节点，占用 4 个字节；secondNode 表示该关系的结束节点，占用 4 个字节；firstPrevRelId 和 firstNextRelId 表示开始节点前一个和后一个关系 ID，各占用 4 个字节；secondPrevRelId 和 secondNextRelId 表示结束节点前一个和后一个关系 ID，各占用 4 个字节；nextPropId 表示该关系下一个属性 ID，占用 4 字节；firstInChainMarker 表示该关系是否起点和终点的第一个关系，占用 1 字节。关系记录存储文件物理结构如图 5-14 所示。

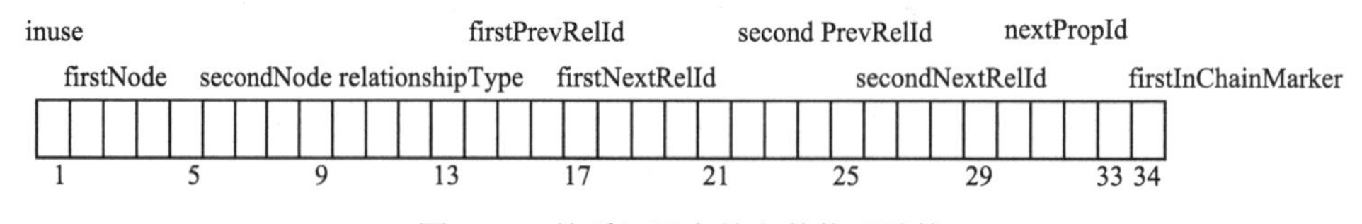

图 5-14　关系记录存储文件物理结构

属性记录存储在 neostore.propertystore.db 中，这是一个双向链表结构。属性记录长度都是 41 个字节，存储格式为：extra（1 byte）+ nextPropId（int）+ prevPropId（int）+property blocks×4（Long×4）。其中，第一个 byte 存辅助信息，即前后属性结构 ID 的高位信息；nextPropId 和 prevPropId 表示存储该属性前后属性 ID，各占用 4 字节；4 个 property blocks 各存储一个属性信息，分别占用 8 个字节。当属性值占用空间较小时，直接存储在属性记录中。当属性值占用空间大于属性块时，属性可以以动态字符存储（neostore.propertysotre.db.strings）和动态数组存储（neostore.propertysotre.db.arrays）的形式进行动态存储。与节点和关系数据记录不同，属性是否被使用及属性记录使用了几个属性块的相关信息存储在第一个属性块中。属性记录存储文件物理结构如图 5-15 所示。

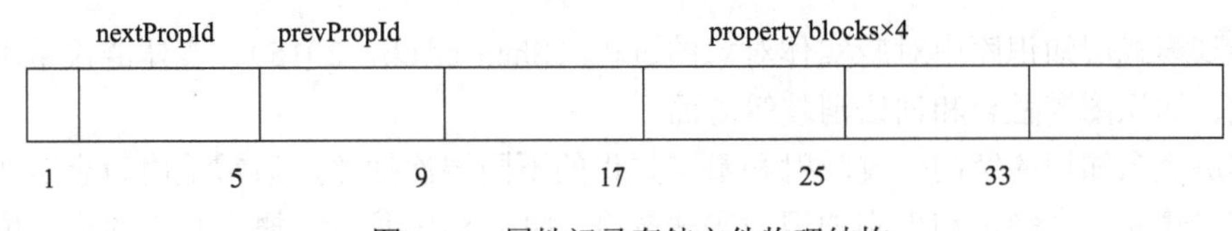

图 5-15　属性记录存储文件物理结构

3. 基于 Neo4j 的空间知识存储

1）基于 CQL 的概念知识存储

面向不同行为决策过程中用户知识可视化和知识空间化的应用需求，基于地理本体库、标准规范、专家经验等已有空间知识构建的知识模板，属于概念知识的范畴。在地理特征本体、地理事件本体和地理关系本体的基础上，依托推理规则库和推理机，可对概念知识关联关系进行推理完善。经过数据清洗操作，可形成包含实体分类、关系类别和属性特征等信息的基于本体的概念知识库。为将概念知识存储到 Neo4j 图数据库，常采用 CQL 进行批量输入操作，实现概念知识的本地持久化存储。基于 CQL 的概念知识存储示例代码如下：

```
CREATE(n0:administrative region{name:'河南',type:'province'}),
(n1:administrative region{name:'郑州',type:'city'}),
(n1)-[:isSubRegionOf]->(n0)
```

2）基于 Neo4j Spatial 库的事实知识存储

Neo4j Spatia 库是一个支持 Neo4j 图数据库进行完整空间操作的插件。它通过建立空间数据模型和图数据模型的映射关系，实现地理实体及其关系以节点和关系的形式在图数据库中存储。Neo4j Spatial 库遵循 OpenGIS 的规范，支持点（point）、线段（line-string）、面（polygon）、多点（multipoint）、多线段（multi-linestring）等多种几何数据类型，支持 ESRI Shapfile 文件和 OSM 数据的批量导入。在空间索引方面，Neo4j Spatial 采用 RTree 索引，主要集成 Lucene 全文索引库，并允许根据需要扩展其他索引。因此，在进行检索操作时，支持包含、覆盖、被覆盖、交叉、不相交、相交、相交窗口、交叠、接触、在一定距离内等一系列拓扑关系。

基于知识模板可以从地理数据空间和地理知识空间抽取关于地理特征和地理事件的事实知识。事实知识由地理实体、地理属性及相关关联关系构成。与概念知识相比，事实知识往往有明确的地理空间位置信息。基于 Neo4j Spatial 库进行事实知识存储，对于点状事实知识，可将其地理坐标作为节点属性进行存储；对于线状或者面状事实知识，可将坐标串采用 WKB（well known binary）格式作为节点属性进行存储。创建点状事实知识并将其加入点图层的示例代码如下：

```
CALL spatial.addPointLayer('geom')
CALL spatial.layers()
CREATE(CHXY:University{latitude:60.1,longitude:15.2})
WITH CHXY
CALL spatial.addNode('geom', CHXY)
```

3）基于标签建立概念知识和事实知识的实体链接

在知识图谱领域，实体链接（entity linking）是指将从网络大数据文本中抽取得到的实体对象链接到模式层知识库中对应实体对象的过程（Shen et al.，2015）。实体链接常用于知识图谱构建、知识图谱融合和词语消歧等方面。

为解决概念知识的空间位置映射和事实知识的不同层次抽象，通常采用为事实知识添加标签的方式建立概念知识和事实知识的实体链接，如图 5-16 所示。概念知识的空间位置往往以其链接的事实知识的范围来表示，而事实知识则可面向不同应用需求、不同用户类型进行不同层次的抽象和表达。

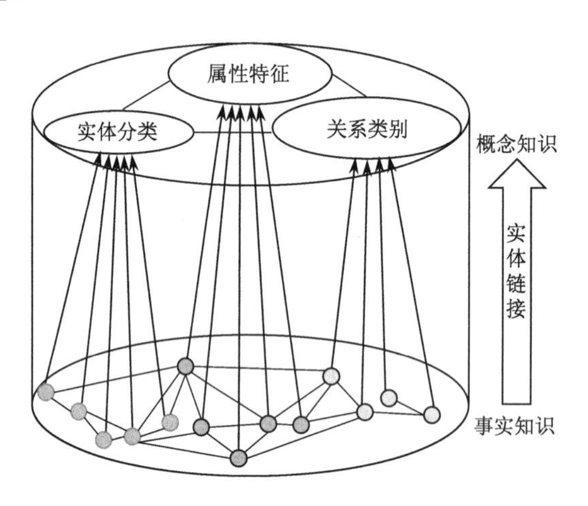

图 5-16　概念知识和事实知识实体链接

第 6 章　空间知识地图表达

6.1　空间知识地图表达模型

6.1.1　空间知识地图表达的概念

地图表达是指使用地图语言，将地理现象及其内在关系和发展变化表示在地图上的过程。地图表达的具体内涵包括（尹章才等，2006）：①用符合特定标准的地图符号表示地理数据；②运用制图理论（如地图的认知理论、视觉变量理论和图形的感受效果等），使地图符号之间搭配协调，体现一定的差异感。空间知识地图表达，是指面向用户行为决策，使用特定的地图语言将地理空间知识、语义知识、趋势发展变化知识等表示出来，辅助人们进行任务决策。

随着可视化技术的发展，地图表达已远远超出了传统符号及视觉变量表示的水平，正在由“供给驱动”向“需求驱动”转变。地图的重点也正从表达客观的地理环境向探究其深层次的内在规律性、表达未知的时空知识漂移。空间知识地图可视化是在信息可视化、知识可视化、地图可视化、空间认知、人工智能、知识工程等理论和技术的支持下，对空间数据、空间信息，以及它们中间蕴含的、潜在的、可获取的空间知识的一体化表达。空间知识地图表达更加强调对地理实体语义关系及其内在规律性的图形化表示，最终目的是实现空间知识在不同领域人员之间的传播、共享、重用和创新，从知识层次揭示自然和社会的发展规律，为人类更好地认识世界和改造世界提供强有力的工具。

空间知识地图不仅表达客观的地理空间信息，还包括见解、经验、态度、价值观、期望、观点、意见和预测等经过形式化描述的、客观的空间知识。它不再只是一种固化的最终产品，也可能是用户思考过程中的活跃设备或者仅为视觉思维服务的中间产品，便于知识的再发现和知识创新。为达到最佳的传输效果，空间知识地图表达引进了知识工程、人脑科学、认知科学、知识可视化技术等领域的最新成果，研究面向不同应用目的、用户行为、尺度、地图环境的可视化技术和方法。

6.1.2　空间知识地图表达的过程和要求

1. 影响空间知识地图表达的因素

空间知识地图不仅是制图人员对地理空间的图形表达，还是各领域人员进行空间知识融合、检索的框架和接口。空间知识地图可视化表达，不仅要考虑地理实体的时间、空间、专题特征及其内在联系，还要考虑地图用户的知识背景、心理思维模式、用图目的及地图显示的介质等一系列要素，进而选择恰当的可视化方法来实现地理实体的空间语义模式、计算机的地图表达模式和人类的心理认知模式之间的同构与协调，减少因信息传输的语义异质、结构变换而造成的有效信息损失，最终提高人们的空间认知水平。概括来讲，空间知识地图表达的影响因素主要包括以下几个方面。

1）地图用途

不同的地图使用目的，导致地图表达侧重点的不同。例如，导航地图更加强调对交通、娱乐休闲设施的表达，而旅游地图更加强调对旅游信息的描述。

2）地图比例尺

大比例尺地图需要对地理实体细节及内部特征的表示，而小比例尺地图则侧重于对地理实体类或者地理现象的表示。

3）地图内容

不同的地图内容，往往选用不同的表示方法。例如，统计数据往往可以采用图表、饼状图等形式表达；而路标性建筑则往往采用图片、三维符号的方式描述。

4）地图环境

地图环境包括地图介质、地图使用时间、场合等诸多因素。例如，纸质地图、电子地图、手机地图的地图符号的尺寸、色彩、样式存在明显差异；电子地图、手机地图在白天和夜晚不同时间段使用，地图的显示效果也有显著区别。

5）地图用户

人的视觉和专业知识是强有力的认知工具。不同年龄、不同性别、不同职业、不同教育背景、不同知识结构、不同生理情况（视力、听力等）、不同兴趣、不同行为的人，对地图的认知方式和使用习惯也不相同。例如，儿童更习惯于形象认知，而成年人更善于抽象思维；女性在空间定位方面主要依赖景观，而男性则趋于利用几何学原理进行辨别。面向不同的用户，要选择不同的地图表达方法。

6）地图可视化方法

随着可视化技术的发展，二维地图、影像地图、三维景观、思维导图、概念地图、主题地图等一系列可视化方法不断涌现。采用不同的可视化方法，往往能够达到不同的认知效果。

总之，空间知识地图的可视化表达远不是空间数据和知识的图形化，而是在与地图用户交互的过程中，充分利用计算机强大的数据处理能力和图形表达效果，激发用户的视觉思维、联想记忆和空间认知能力，提高其对空间知识的理解和运用能力，为人们利用空间知识解决地学问题提供知识支撑。

2. 空间知识地图表达的基本过程

空间知识地图表达的基本过程如图 6-1 所示。

3. 空间知识地图表达的基本要求

1）遵循地图学的基本原理

地图学是使用图形化语言表达地理空间环境的一门古老的科学。一代代制图人员积淀了丰富的图形设计和表达知识，便于将“可视化”的图与准确的概念化认知良好地结合在一起。地图学的基本原理为空间知识地图的可视化表达提供了强大的理论知识支撑。

2）便于建立与地理概念和地理实体的映射

空间相关性是空间知识地图各要素的基本特性。空间知识地图可视化表达在降低知识理解复杂度的同时，必须便于建立与地理概念、地理实体的映射关系。这是进一步利用空间知识地图解决实际问题的基础。

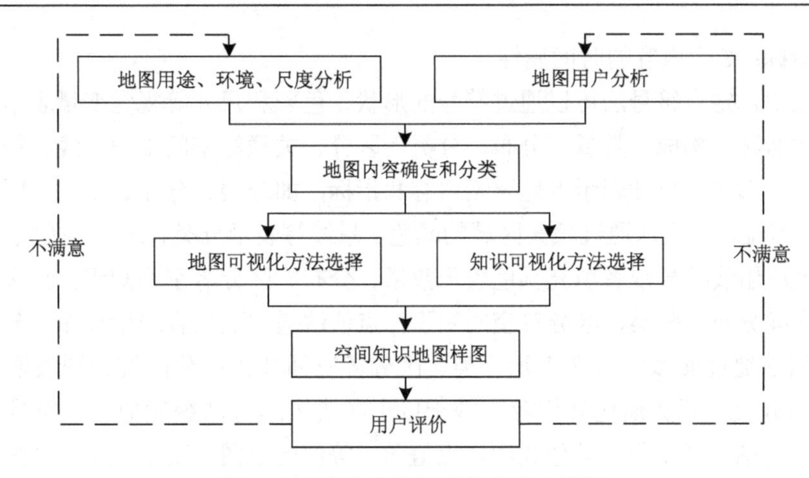

图 6-1　空间知识地图表达的基本过程

3）表达方式简洁且易于理解

人是一个信息处理的复杂系统，通过视觉、听觉、触觉、大脑的有效结合，才能更好地理解当前的环境。必须充分研究人的生理和心理特征，多层次、多角度地综合运用图形符号、文字注记、多媒体等多种技术手段来多层次显示空间知识地图要素，才能减少图的复杂性，降低知识理解的难度，提高地理信息和知识的表达能力，增加其可读性和可认知性。

6.1.3　空间知识地图表达模型构建

知识可视化就是将知识分解为表达知识的要素指标，将数据的属性和值映射到可视化的对应要素，用户就可以通过可视化软件实现可视化成果直观地感受信息传达。成果可以是纸质地图，也可以是电子地图。纸质地图在形成完整的地理认知方面较好，但纸质地图的比例尺、纸张幅面都有一定的限制。电子地图可以任意缩放、漫游和平移，没有比例尺和图幅的限制，利用计算机图形图像技术，可以将各种数据信息转换成合适的图形图像在屏幕上展示出来。近年来，随着增强现实技术、大数据显示技术等地理信息可视化新技术的应用，除了常规的 MapGIS、ArcGIS、CorelDraw、Illustrator 等软件实现可视化输出，基于时间顺序的可视化工具，提升了数据在时间维度上演变的表现效果，同时也有助于引起受众兴趣、增强受众互动等。

地图通过各种表示方法，反映各种现象的空间分布、组合、联系、数量和质量特征及其随时间的发展变化情况（王光霞等, 2014）。在制图过程中，可以根据表达内容将其归为两类：质量特征和数量特征。其中，质量特征主要包括名称、类别、构成、等级，以及指标类别、构成的分布现状、空间差异、空间关联、空间格局等随时间的变化特征。数量特征主要包括绝对数量（如国家面积）、相对数量（如人均 GDP）、数量指标分布现状、空间差异及随时间的变化特征（如变化率等）。地图内容可以用地图表示方法和地图表达指标来表示，用函数表示为

$$C=f(M,D,T) \tag{6-1}$$

式中，C 为地图表示的知识内容；M 为各类地图表示方法；D 为质量特征和数量特征包含的

单项或多项指标；T为内容的时间属性。

具体应用中，定点符号法可以通过符号的形状、色彩和尺寸等视觉变量表示专题要素内容和指标，如名称、构成、数量、分布、分类、区分、关联等空间知识；线状符号法通过线状符号的色彩、形状、尺寸表示专题要素内容和指标，如分类、分布、范围、区分、关联等空间知识；类似地，质底法通过填充区域的颜色、晕线等表示分类、区分、关联等空间知识；等值线法通过成组线符号或者填充颜色表示数量、分布、区分等空间知识；范围法通过面域的填充表示空间分布、分类、区分等空间知识；点值法通过点集合表示分布、分类等空间知识；等值区域法通过面域的填充表示分类、区分等空间知识；分区统计图表通过统计图表可以表示空间分类、趋势演化知识等。基于以上各类表示方法编制成定点符号图、定位图表图、线状符号图、质别图、等值线图、点值图、等值区域图、变形地图、分区统计图表等多个专题图形类别。

语义知识一般可以分为非结构化和结构化知识。文本描述和柱（条）形图、饼状图、折线图、雷达图、散点图等统计图表方法可以表示非结构化的语义知识。拓扑图、概念图、社交网络图等可以表示特定主题的语义概念，以及语义概念之间的分类、构成功能的关系等结构化的语义知识，能起到提纲挈领的作用。

趋势演化知识，通常以时间和空间为主线。动线图通过箭形符号表示空间演化、语义演化等趋势演化知识；时间线图、折线图等能通过专题内容变化表示语义趋势知识和地缘事件知识；等值线图通过成组线符号可以表示空间趋势演化知识。时间序列图、动态地图两者都可以表示空间和语义知识的趋势演化。

基于知识分类和各类地图表示方法特点，两者之间可以看作存在特定的映射关系。分析知识的内涵特征，包含了空间、语义、时间特征。知识内容可以通过地图表示方法、地图表达的各类指标、知识内容的时间约束建立关联关系。其函数形式表示为

$$C(g)=f(M,D,T) \tag{6-2}$$

式中，g 为确定的知识分类；$C(g)$为需要表达的知识内容；M 为各类地图表示方法；D 为表示质量特征和数量特征包含的各类指标项；如地理空间知识表达中通常包含数量、位置、等级、类别、关联、分布规律等；语义知识更侧重于空间关系之外的非空间关系、整体结构等；趋势演化知识的重点是从时间维度上表达空间知识、语义知识的演化规律，通常包括空间位置、数量、类别、空间关系、非空间关系等指标随时间的变化趋势。进行指标选择时，可以是单项指标，也可以是多项指标。若为多项指标，可以根据指标的优先级或者指标权重作为地图表示方法的选择依据。T 为知识表示内容的时间约束；在时间序列中，知识内容并非一直保持不变，时间是对空间、语义特征进行约束的一个特征，离开特定时间去谈空间和语义知识，是不准确的。在表示地理空间知识、语义知识时，T 通常为一个时间截面或时间段常量；在表示趋势演化知识时，T通常为一个阶段的时间变量。f为地缘知识内容与地图表示方法、地图表达的各类指标、知识内容的时间阶段的映射函数。

综上分析，空间知识地图表达概念模型如图 6-2 所示。

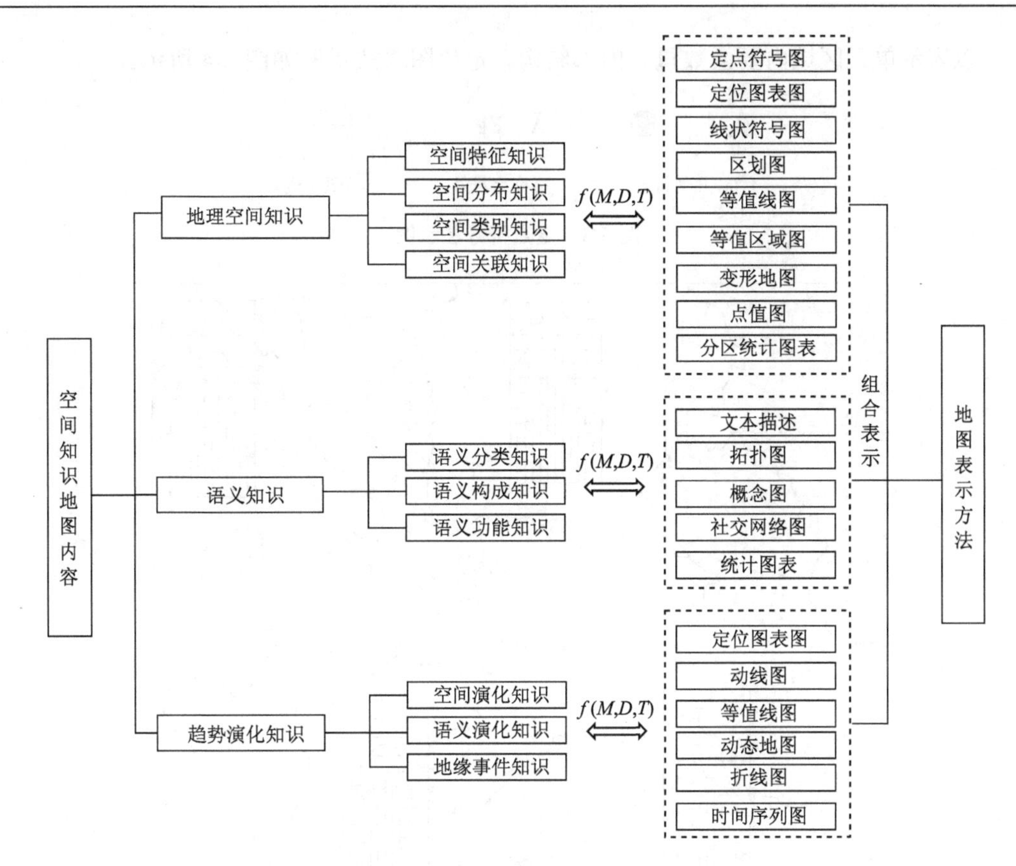

图 6-2　空间知识地图表达概念模型

6.2　空间知识地图表达方法

6.2.1　地图表示方法

地图表示方法是以地图为载体表达制图对象特征的基本方法。通常按照地图要素空间分布特征划分为点、线、面状要素表示方法。此外，还有一些制图对象，不依赖于地理空间，一般常采用统计图表、概念图、拓扑图等方法加以表示。这里对几种主要表示方法进行阐述。

1. 点状要素的表示方法

常用方法有两种：定点符号法和定位图表法。前者用来表示有精确定位的点状分布要素，后者主要表示不精确定位的点状分布要素。

1）定点符号法

点符号的定位即为确切的空间位置。可以简便且准确地识别要素的空间分布和空间变化状态。常用的有几何形状表示的几何符号、直接用文字表示的文字符号和根据实体要素形状轮廓抽象而来的象形符号。定点符号法示例如图 6-3 所示，符号的形状、色彩和尺寸等视觉变量可以表示专题要素的分布、内部结构、数量与质量特征。

2）定位图表法

将同类型的统计图表在各区域单元内定位表示的一种方法。统计图表可以同时表示多类型要素，如采用柱形、圆形、半圆形、环形、扇形等图表符号；根据要素占比划分为几个部分，可以表示单元区域内要素数量、内部结构。定位图表法示例如图 6-4 所示。

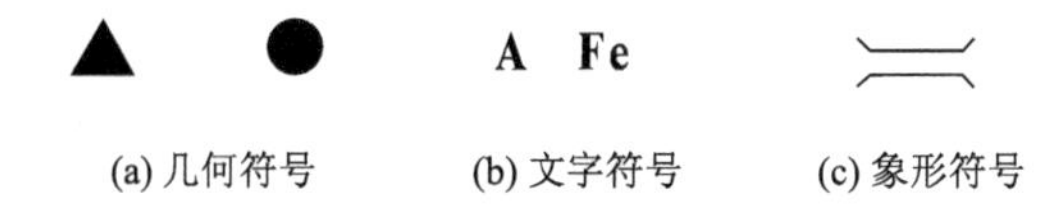

(a) 几何符号　(b) 文字符号　(c) 象形符号

图 6-3　定点符号法示例

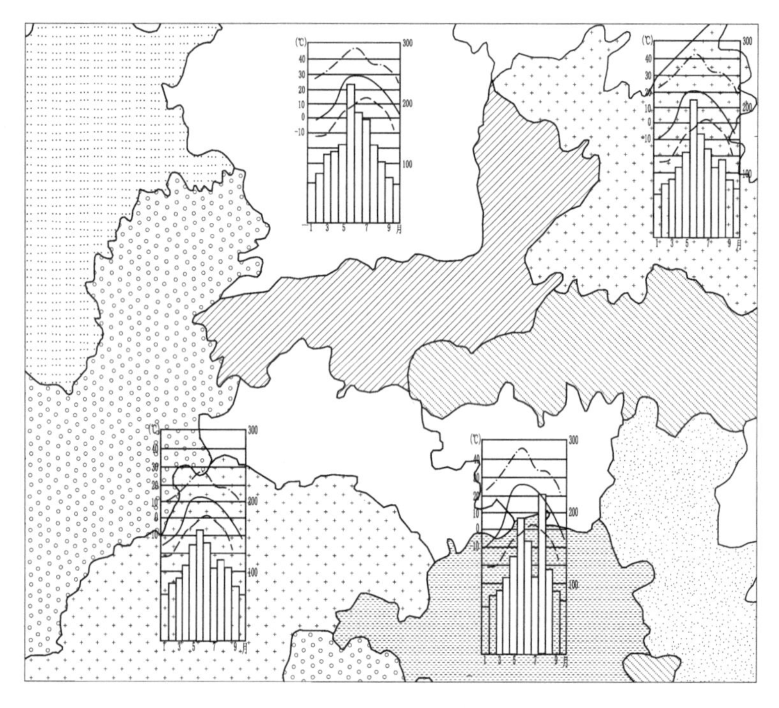

图 6-4　定位图表法示例

2. 线状要素的表示方法

常用的有两种：表示有精确定位的线状符号法和表示无确定位置的动线符号法。

1）线状符号法

既可以表示呈线（带）状的水系、境界线等，也可以表示分界线、构造线等概念线，以及航海线等包含位置的运动的轨迹。如图 6-5 所示，线状符号可以用色彩和形状表示专题要素的质量特征，线状符号的尺寸（粗细）表示专题要素的等级特征。

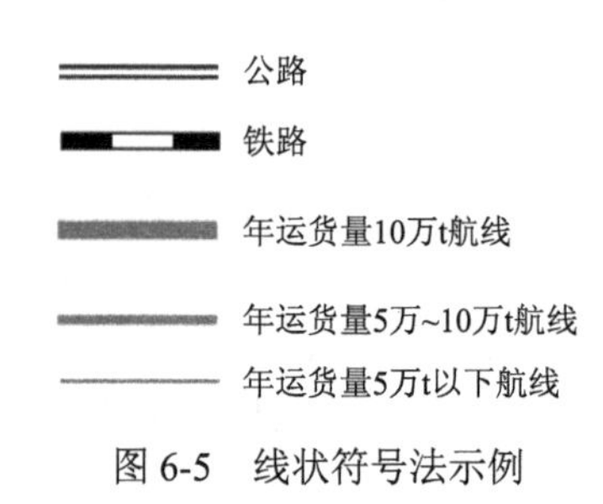

图 6-5　线状符号法示例

2）动线符号法

通过箭头符号表示专题要素的运动方向和路线，通过其色彩、宽度、长度、形状等视觉变量表示要素各方面特征，如气流、贸易流向、人口迁徙、军队行进等。动线符号法示例如图 6-6 所示。

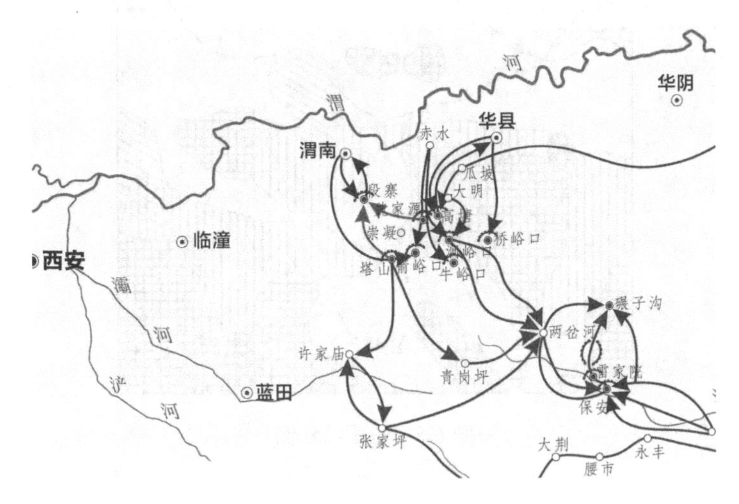

图 6-6　动线符号法示例

3. 面状要素的表示方法

常用的表示方法有：质底法、范围法、等值线法、点值法、等值区域法和分区统计图表法。质底法和范围法主要表示面状要素的质量特征；点值法、等值线法、等值区域法和分区统计图表法主要表示面状现象的数量特征。

1）质底法

根据特定专题的某类指标，将所有的区域划分为多个类型分布范围，通过各分布区域的文字、颜色或晕线填充等，表示整体区域中的专题要素的质量差别，如行政区划、地貌类型、土地利用类型等。图 6-7 为质底法示例，用晕线[图 6-7(a)]和字母[图 6-7(b)]表示某地土地利用情况。

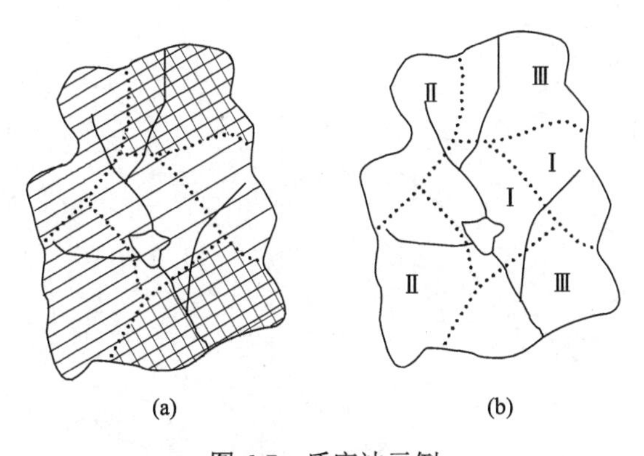

图 6-7　质底法示例

2）范围法

与质底法要求整个区域填充不同，范围法表示要素在分散区域内的分布范围和状况，如石油的分布、经济区的分布等。通常范围法仅表示专题要素的分布范围及类型，不表示专题要素的数量。图 6-8 是用范围法表示区域划分为几种类型的示例。

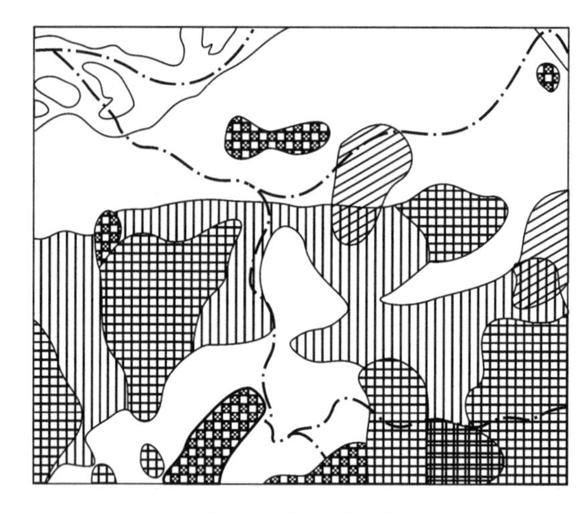

图 6-8　范围法示例

3）等值线法

等值线法指用平滑曲线将指标的等值点有序连接，用一组等值线表示要素的连续分布且逐渐变化现象。等值线间隔一般为常数，可以反映要素随时间的变化和移动等特征。如地形变化，气候温度变化等。图 6-9 是用等值线法表示某地平均气温情况的示例。

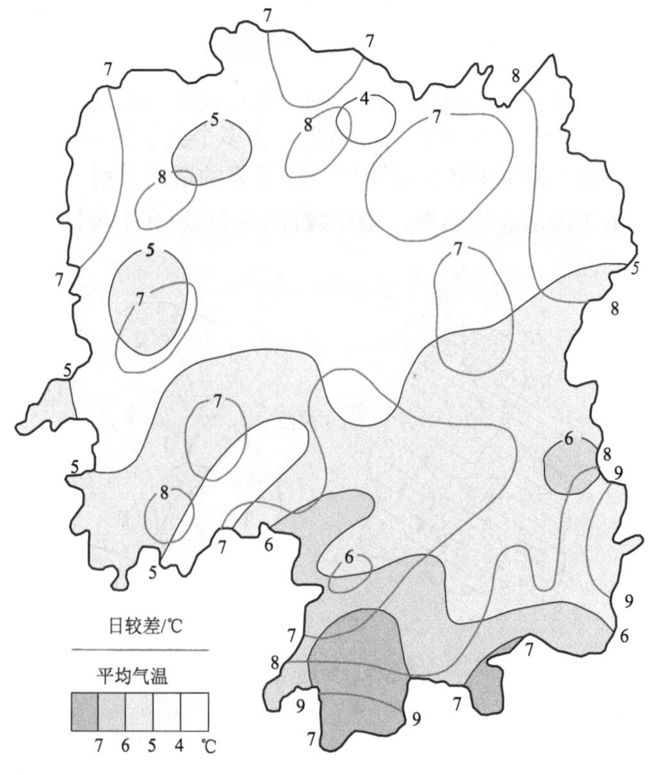

图 6-9　等值线法示例

4）点值法

区别于面域填充，用定位或者均匀的点集合反映制图区域中分散的不易界定其分布范围的专题现象，反映某要素的分布范围、数量特征和密度变化，通常用来表示大面积离散现象的空间分布，如人口分布、植被分布等。图 6-10 是用点值法表示人口分布情况的示例。

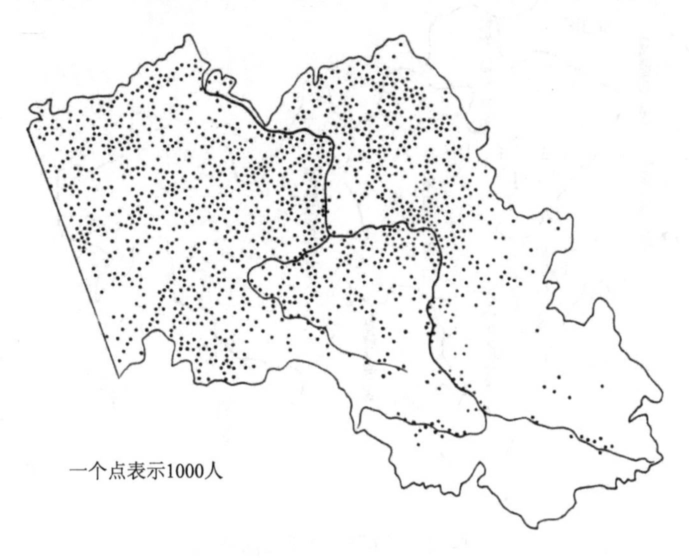

图 6-10　点值法示例

5）等值区域法

制图区域内的面状符号根据专题要素指标的数量均值进行分级颜色或晕线填充，表示各区域指标的数量差别。主要有两种类型，一种类型是相对指标，如人均 GDP、人口密度等，等值区域法示例如图 6-11 所示；另一种类型是比重数据，即制图区域内的各部分占总量的比例情况。由表示比重数据的等值区域法进行拓展延伸，按照各区域单元属性值的比例进行面积变形，拓展为变形表示法，可以克服传统地图的空间使用不合理性对用户的视觉影响。

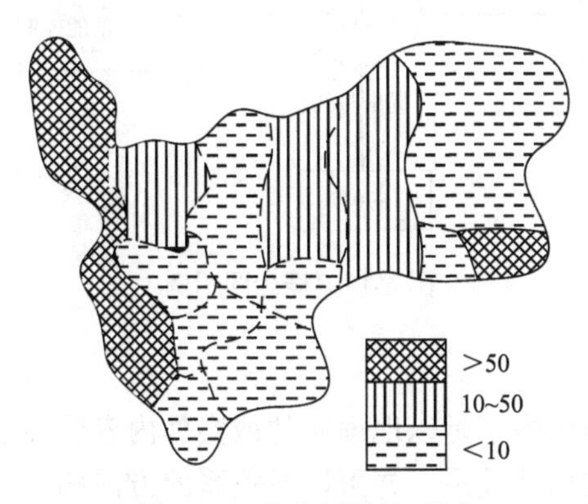

图 6-11　等值区域法示例

6）分区统计图表法

统计图表表示分区单元内专题要素的总和，但不能反映准确的空间位置。图 6-12 是用分区统计图表法表示某地人口的示例。

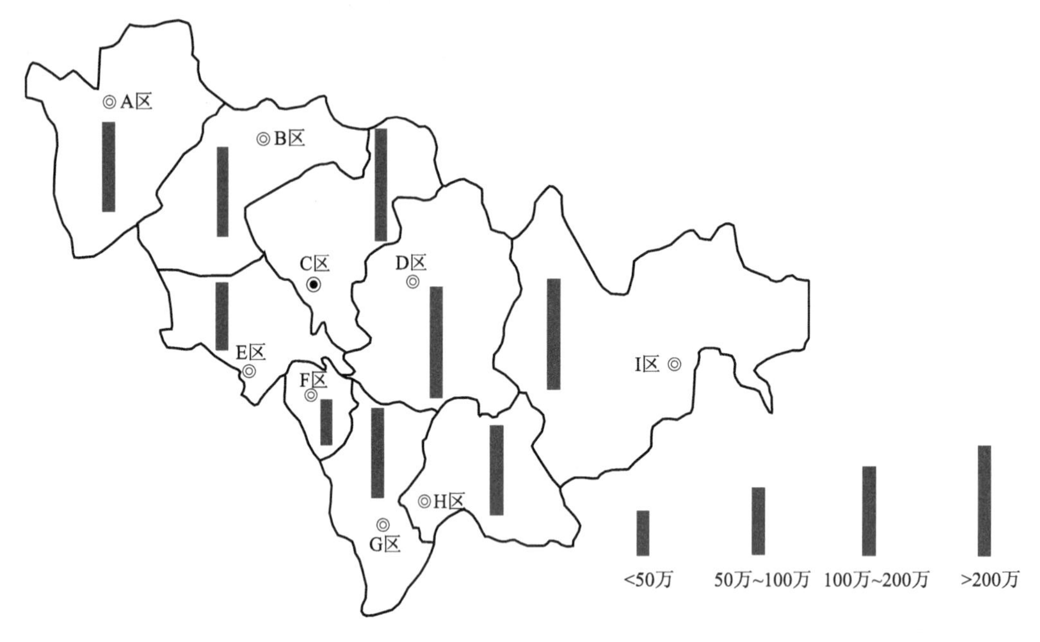

图 6-12　分区统计图表法示例

常用的地图表示方法，主要是对要素进行的空间表示。此外，还有一些表示方法，不依赖于地理空间要素的分布特征。除了统计图表中的柱（条）形图、饼状图、折线图、雷达图、散点图等表示法，还包括以下几种。

1）概念图表示法

概念图表示法是一种用节点表示概念，用连接线表示概念之间关系的图形表示方法。概念节点可以用几何图形、图案或者文字等表示。图 6-13 是用概念图表示“海权论”的示例。

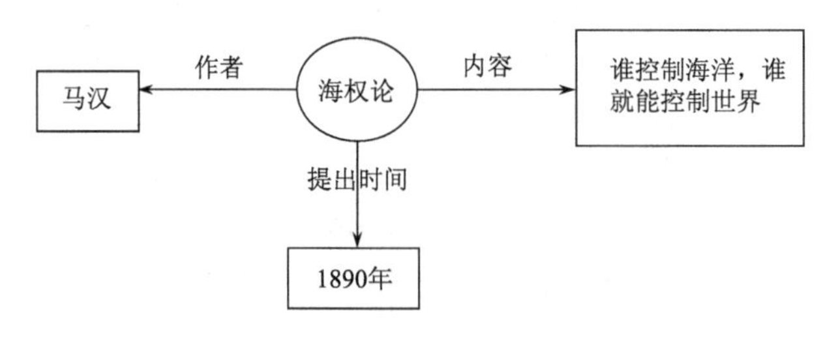

图 6-13　概念图示例

2）拓扑结构表示法

地图表达领域，拓扑结构表示是以地理实体或实体内容属性之间关系为纽带，用树状、网状等连线表示它们之间的拓扑关系，并可以对关系的方向和内容进行标注，来反映分类、构成或其他复杂语义的结构。拓扑结构表示法包括树形图、环形图、组织结构图等。图 6-14 是用拓扑图表示各国之间的贸易往来关系的示例。

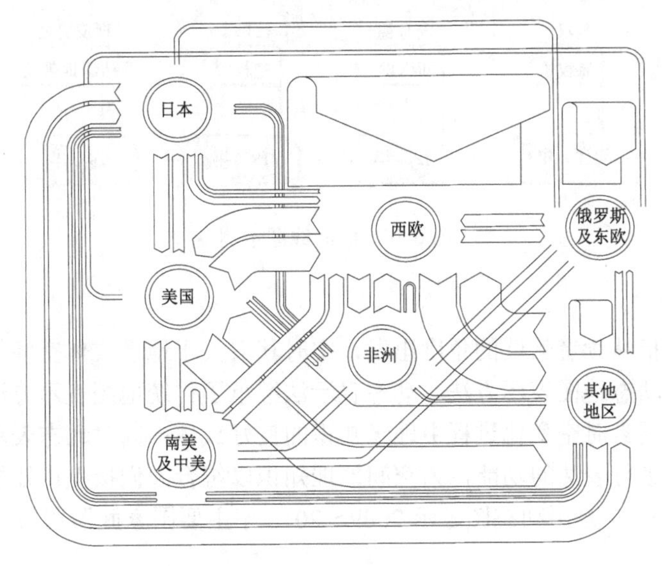

图6-14　拓扑图示例

3）社交网络图表示法

社交网络中节点为实体，节点之间的边为刻画网络内节点之间的关系。如果节点存在大小、节点之间关系存在强弱区别，则可以在每个节点、每条边上标识出节点、节点关系的大小、强弱程度。社交网络图是一种“社交网络图谱”，主要传递非空间关系知识，可以反映概念知识网络关系、要素与指标之间的联系等。图6-15是用社交网络图表示一个人的社会网络关系的示例。

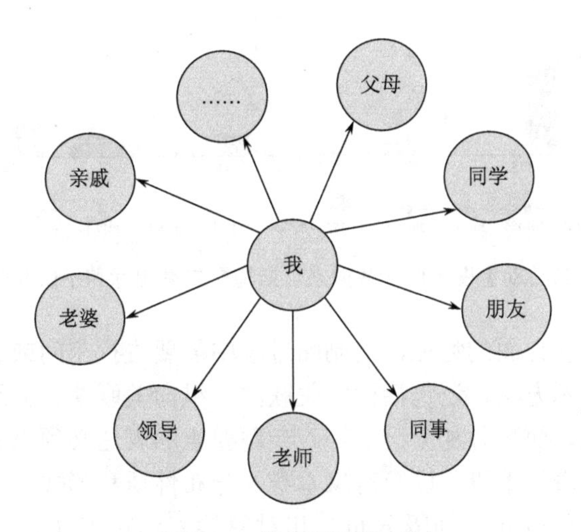

图6-15　社交网络图示例

4）时间线表示法

时间线表示法是以时间序列为主线，将各项专题内容与时间节点关联起来的一种表示方法。它能突出表达专题内容的时间特征和发展脉络。图6-16是用时间线表示美国地缘理论发展过程的示例。

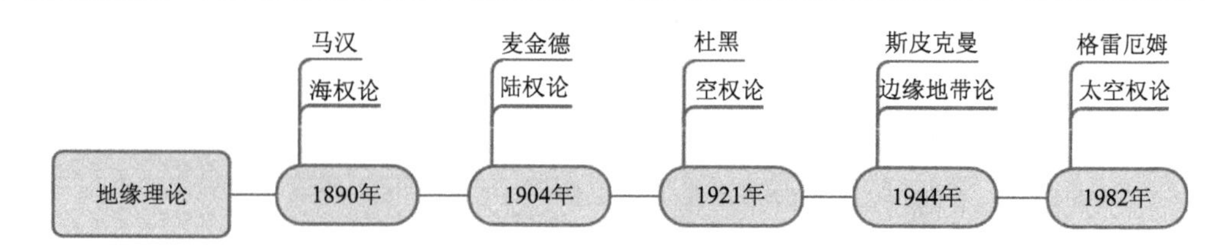

图 6-16　时间线图示例

5）动态表示法

动态表示法是指从读者阅读的角度出发，实时获取关于地理实体空间位置、属性特征运动变化视觉感受的动态地图表示方法。动态表示法继承了传统地图表示方法的符号化特点，使其成为蕴含地缘要素时空变化过程中地缘知识的良好载体；同时动态表示法具有对连续时间变化的地理要素进行表达的功能，为空间地理知识以符合人们接受认知规律的方式表达提供了一个窗口。图 6-17 是用动态图表示 2009～2018 年主要国家武器贸易变化情况的示例。

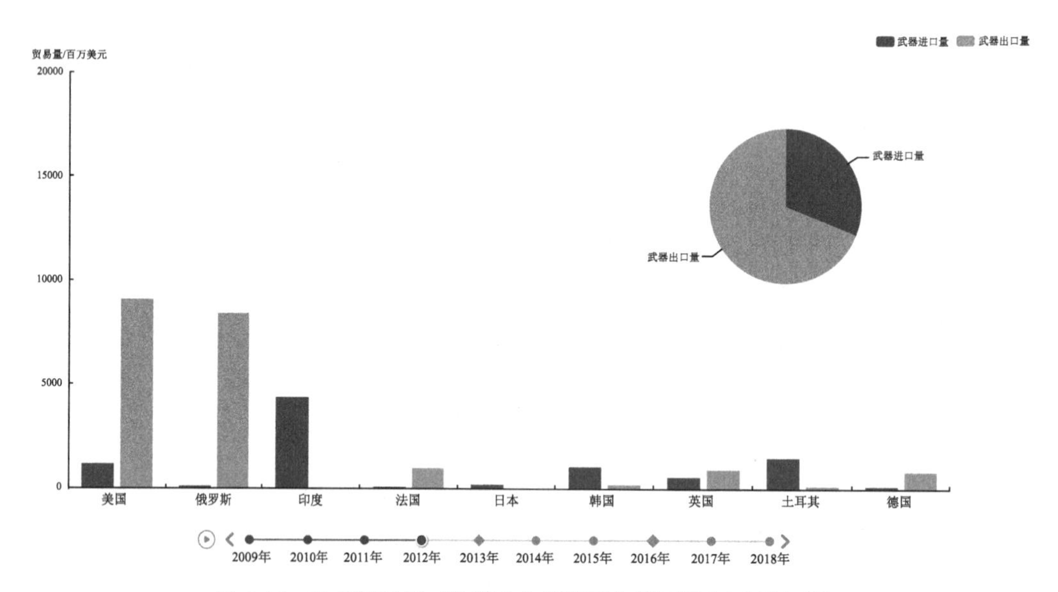

图 6-17　动态图示例（数据来自斯德哥尔摩国际和平研究所）

专题要素往往包含多方面的特征，在制图过程中需要进行空间或时间上的横向、纵向对比。因此，除了上述表示方法，还包括横向关联法、纵向关联法、分级序列图表法、时间序列图法、时空序列图法、面积叠加分析法等。专题要素的表达必须充分考虑各种表现方法的作用和可能使用的地图表示手段，以及对象本身的分布性质和形式（点分布、线性分布、面状分布、零星分布、连续分布、间隔分布）和对象的表示特点（分布范围、数量特征、质量特征、动态变化）等内容。

6.2.2　地理空间知识的表示方法

从空间知识地图表达框架可以看出，常用的地图表示方法都可以表示地理空间类知识，但每种地图类型表达的知识类型侧重点并不完全一致。

1. 空间特征知识

空间特征知识是对某类要素的位置、大小、方向、范围等几何特征的描述，常用的地图表示方法皆包含此类知识，一般结合其他类型知识同时表示。若仅表示此类知识，则通常用定点符号图、质底图、线状符号图、范围图等表示地理空间特征。空间特征知识表达示例如图 6-18 所示，本图利用定点符号法与范围法表达了河南省地理位置、几何形状及与周边地区的方位等描述性空间特征知识，有利于用户快速掌握河南省的空间特征知识。

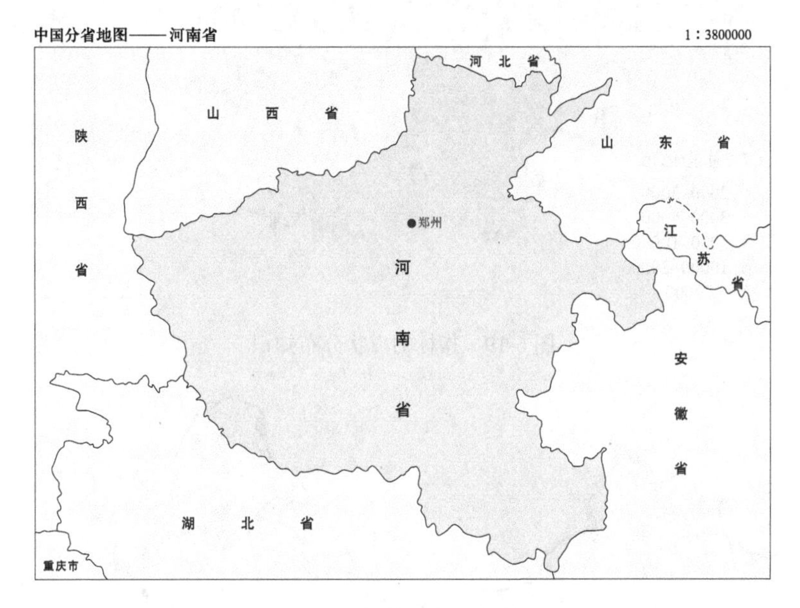

图 6-18　空间特征知识表达示例

2. 空间分布（规律）知识

垂直方向的空间分布规律一般采用等值线图、等值区域图来表示。如表示地势高低起伏的等高线、等深线图。水平方向的空间分布规律一般采用定点符号图、线状符号图、等值区域图、范围图等表示地理事物的分布、数量和质量特征。如图 6-19 所示，采用定点符号法表示 2018 年中国 GDP100 强城市分布的地区、数量和规模等知识。

3. 空间类别知识

空间分类知识是基于给定对象数据集来抽象和概括目标的空间性或者非空间性特征，将目标分类到具体范畴。一般采用线状符号法、范围法、等值区域法等来表示。1935 年，中国地理学家胡焕庸提出了划分我国人口密度的对比线，将全国人口分布密度划分为两个区域，如图 6-20 所示。该图清晰表达了我国人口空间分布规律。如果将土地面积、经济结构及发展同时考虑，还可看出这条线的东南各省与西北各省区经济发展水平的差异等空间类别知识。

空间聚类知识根据聚散程度或数量特征将地理实体划分为多个组别，组内的差别尽可能小，组间的差别尽可能大，实质是根据指标对要素进行分类分级，通常采用定位图表图、范围图、等值区域图、分区统计图表、点值图来表示。如图 6-21（见书后彩图）所示为 2018 年世界各国 GDP 分级，使用定位图表图，以自然间断法将 GDP 总量分为 4 个级别，以此判断各国处于哪个级别，来确定其在世界经济中的地位。

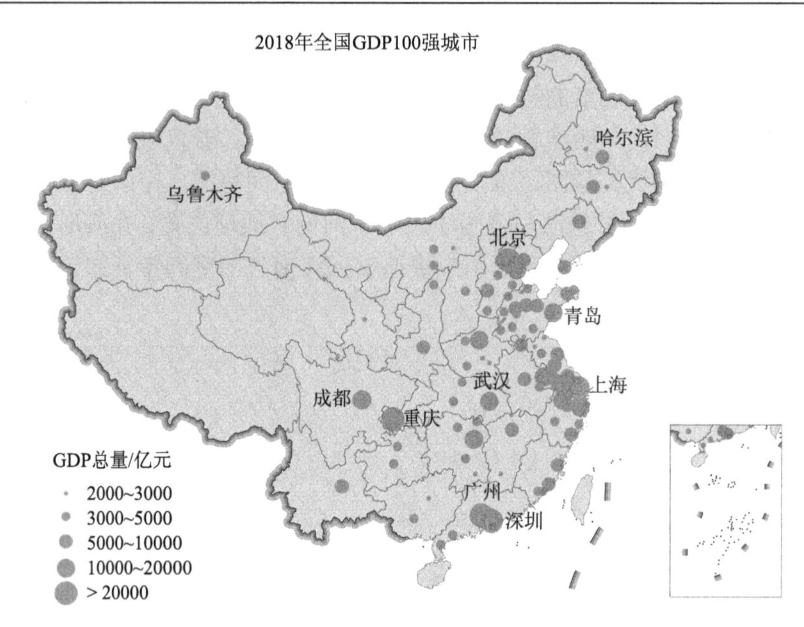

图 6-19　指标的点状分布知识

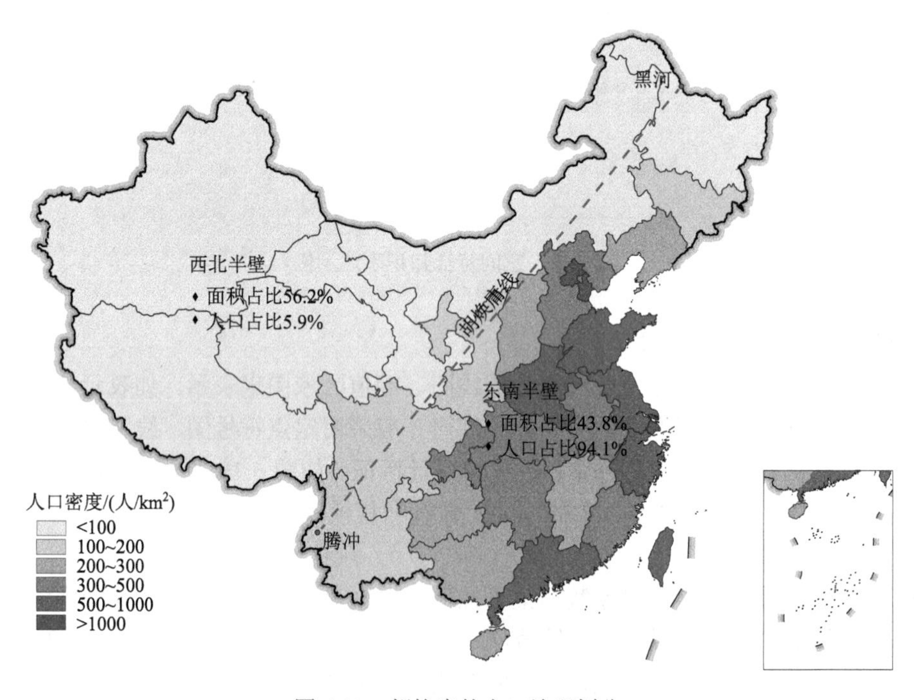

图 6-20　胡焕庸的人口地理划分

4. 空间关联知识

地理实体间相交、相离、邻接、包含等空间关联规则包含在以上各类图形中。如图 6-22（见书后彩图）所示，中国与非洲、南美洲的国家在空间上处于相离关系，但基于能源贸易线，中国与这些地区的国家在空间上形成了关联关系。

6.2.3　语义知识的表示方法

1. 语义分类、构成知识

通常狭义上所指的语义分类、构成知识是关于地理实体内在属性结构的知识，不涉及地理实体空间特征，可以通过文字描述、概念图、树状图、拓扑图、普通图表等来表示。广义上，语义分类、构成皆有对应的实例，将实例的内涵与指标映射到空间属性，即可构成传统的专题地图。地缘体属性分类图如图 6-23 所示，地缘体分类用树形图表示，对应的实例即为具体的国家、组织、团体，也可在传统地图上进行表达。图 6-24 是使用概念图表达图表类型的构成内涵的示例。

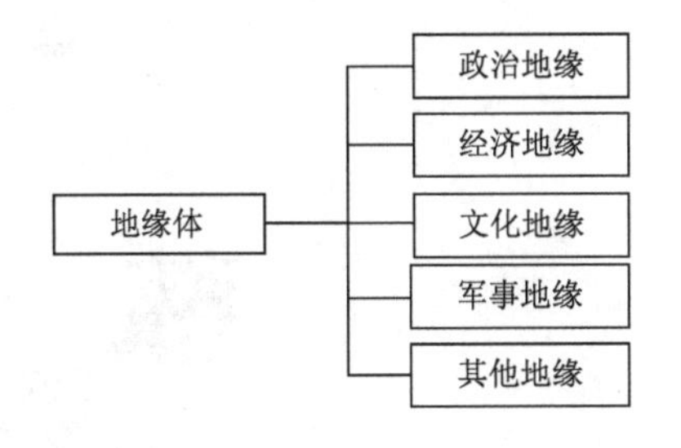

图 6-23　地缘体属性分类图

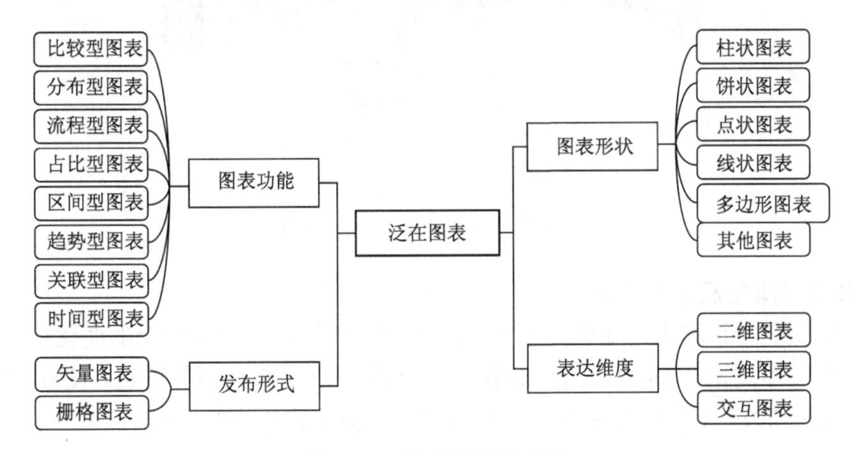

图 6-24　图表类型概念图

2. 语义功能知识

语义功能知识主要包含地理要素作用机制、地理实体之间关系、宏观布局实施等语义层面的逻辑、因果关联关系。这类知识相较于其他知识比较抽象，主要通过文字描述、拓扑图、社交网络图等进行表示。图 6-25 是使用社交网络图表示美国、日本、韩国等国的军事互动疏密关系的示例。

6.2.4　趋势演化知识的表示方法

1. 地理空间趋势演化知识

趋势演化知识是空间知识、语义知识、地理事件等在时间维度上的延伸。地理空间趋势演化知识一般采用不同截面时间序列专题图、动态地图、等值线图、动线图、定位图表图等来表达。其中，动态地图不但继承了传统地图的符号化特点，同时具有对连续时间变化的地理要素的表达功能，为空间地理知识以符合人们接受认知规律的方式表达提供了一个窗口。中国能源贸易演化如图 6-26（见书后彩图）所示，本图通过 2007 年、2017 年两个时间截面的定位图表专题图，表达了中国能源贸易来源国家的空间变化情况及能源贸易数量上的变化。北约东扩动态演化如图 6-27（见书后彩图）所示，地图呈现了北约组织成立后，其他国家陆续加入北约而对俄罗斯形成的紧逼之势。

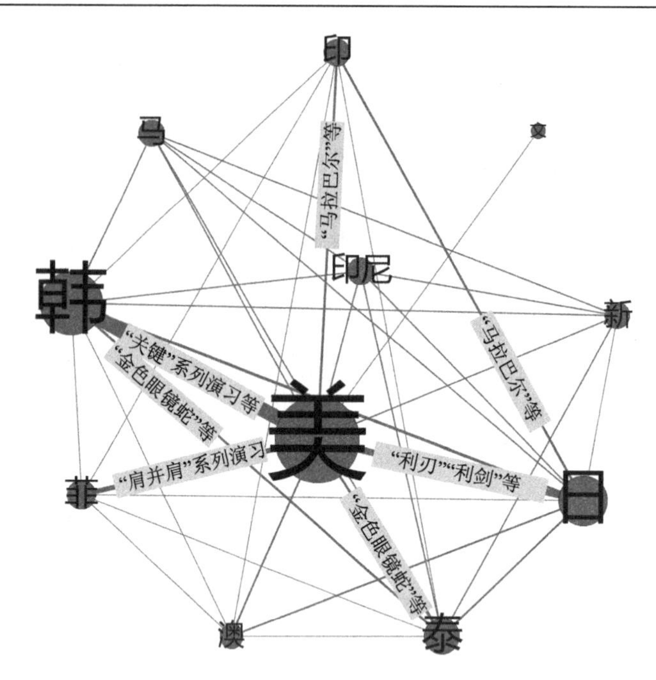

图 6-25　语义功能性知识表达

2. 语义趋势演化及事件知识

语义趋势演化知识和事件知识侧重于表达非空间知识在时间维度上的变化情况，一般采用不同截面时间序列拓扑图、动态社交网络图、时间线图、折线图等表达。图 6-28 是利用折线图表示 2007～2017 年中国石油进出口贸易的增长幅度和趋势的示例。

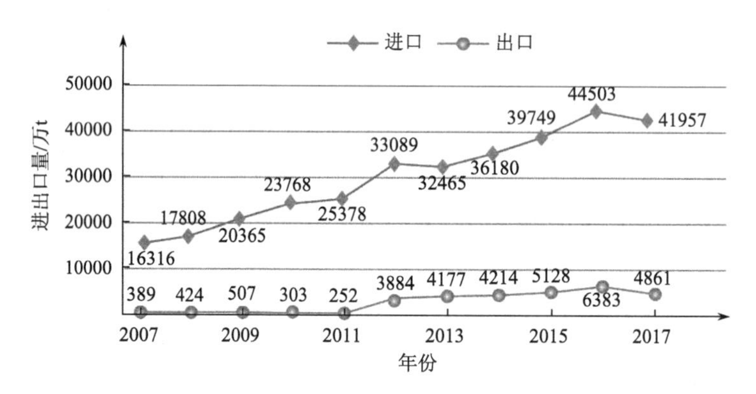

图 6-28　中国石油贸易统计

6.3　空间知识地图表达案例

6.3.1　城市旅游知识地图的表达

1. 城市旅游知识地图的概念及内容构成

1）城市旅游知识地图的基本概念

现代城市是一个高度复杂的综合有机体，在政治、经济、科技、文化、教育等多方面呈放射状发展。城市旅游作为城市发展的一个重要方面，在功能上表现出多元化的特点：城市在旅游中扮演门户、中转站、目的地、客源地等多种角色；城市商场、公园、遗址、博物馆等既是外来人员的旅游景点，也是本地市民的公共资源；城市游客涉及城市管理者、城市居民、外来游客、本地游憩者等诸多人员；城市旅游服务则包括餐饮、住宿、交通、游览、购物、娱乐及相关辅助服务（订票、景点选择、线路规划、线路推荐等）等一系列相关城市旅游公共服务。从产业运行的角度看，城市旅游处理的是人流、物流、信息和资金的流动，实质是通过信息流引导人（游客）的流动及服务的合理配置（李爽和黄福才，2012）。城市旅游服务是临门一脚的服务，往往需要马上解决用户去哪儿、怎么去、吃什么等目的性很强的问题，提供及时的精准化服务。

作为城市旅游服务的媒介和终端产品，城市旅游地图涉及要素众多、人员构成复杂、要素角色丰富、应用范围广泛。为了提供知识化、精准化、适人化服务，城市旅游建设必须以城市旅游要素的空间位置为地理架构、以旅游行程中的时间序列为逻辑架构，适时、适地提供精准化的旅游知识服务，最终让游客从内心感受到安全、便利、快乐。

在充分考虑旅游者认知背景的情况下，通过深入分析旅游景点等地理空间旅游要素和游客旅游行为等社会空间旅游要素，可以发掘隐含在其中的事实、概念、方法、规律等各种旅游知识。城市旅游知识地图就是基于一定数学基础将旅游信息、旅游知识及其关联关系反映在地图上，是旅游知识的地图形式化表达。其最终目的是向城市旅游涉及的各种人群提供知识化、精准化、适人化旅游服务，实现旅游知识在不同人群之间的高效传播、共享、重用和创新，以便人们快速准确获取、重构、记忆和应用这些知识，为其个性化城市旅游提供旅游知识服务。

2）*城市旅游知识地图内容构成*

旅游地图制作目的性、原则性很强。它必须以服务于旅游者为根本目的，充分考虑旅游者的空间认知能力和认知背景，以一位导游或者朋友的身份从旅游者的生活、健康、社交、休闲等各方面对地图要素进行设计、选择、编排（刘艳，2008），同时要适当表达旅游过程中涉及的旅游线路、旅游景区（景点）、人文知识、注意事项等相关旅游知识，以便旅游者快速记忆、重构、识别旅游环境，在服务其旅游行为同时，丰富其旅游知识。城市旅游知识地图由地理要素、旅游要素和知识要素三部分构成。

（1）地理要素。传统旅游地图面临的突出问题是：缺乏容易识别的地标（landmarks）和旅游背景信息，制图要素选取更多是从制图者角度出发，制图综合过程中内容取舍没有考虑用户的具体需求。这就造成了“地图图面信息冗余，而旅游者所需信息缺乏”的尴尬局面。传统旅游地图备受诟病之处就在于缺乏地标要素的描述，给用户定位、寻路、导航等行为带来诸多不便。

地标是一个源于地理学的概念，最初是指为探险者引领航向的标志，后来引申为自远处易辨识的陆标、地标。旅游地标则是在旅游活动中，能够被旅游者所认知的、在一定的空间区域内具有独特之处且具有定位和指向作用的旅游资源（纪花和吴相利，2009）。城市旅游地标是指城市中占据特殊的空间位置、具有一定历史价值、与周围环境显著区别的点状要素。加拿大学者 Grabler 等（2008）在研究旅游地图自动生成过程中，提出应根据建筑物的重要程度（主要考虑其距离主要道路、绿地、广场的远近，颜色，形状及其与附近建筑物的相对高差等要素）来选取路标（roadmark）、地标建筑。

（2）旅游要素。旅游信息要素在空间结构上属于地理要素的子集，在信息结构上则是城市旅游的基本要素。借鉴旅游地标理论，本书从旅游者的角度出发，针对城市旅游过程中所涉及的食、住、行、游、购、娱等基本旅游行为，提出旅游知识地图需要表达的基本旅游要素包括以下几项（陈四平，2007）。

餐饮信息。特色餐馆、特色菜系、特色小吃的分布、价位、历史渊源，接待游客情况。

住宿信息。各类星级宾馆、快捷酒店、旅馆分布及其价位，接待游客情况。

交通信息。航空、公路、铁路、水运等对外交通，各类交通的售票点、交通里程、路况、交通费用、交通咨询服务；城市公共交通、各级道路、地标性建筑、门牌号码、停车场所、交通集散地、旅游专线车等。

景点信息。各类旅游景区、景点的分布状况和特色，景区的消费标准、交通设施、住宿情况；特色旅游线路、城市标志性建筑、具有旅游特色的大型节庆活动、旅行社团等旅游咨询服务机构等。

购物信息。著名的各类商业购物中心、百年老店、地方土特产专卖店、国内外名品店、特色街市、交易市场、各类展览场馆等。

娱乐信息。公园、绿地、剧场、电影院、健身场所、美容院、夜总会、酒吧、慢摇吧、茶座、网吧、欢乐园、农家乐等休闲娱乐场所的分布位置、特色项目及消费情况。

（3）知识要素。城市旅游中游客更多涉及的是“我想去哪儿，哪儿怎么样，有何特色，如何去，什么时间去比较适宜”等旅游决策问题和“现在在哪，要去哪，怎么去”等一系列空间问题（也即定位、寻路、导航问题）。旅游知识要素，是对地理要素和旅游信息要素系统分析和深入挖掘的结果，可以为城市旅游过程中的旅游空间决策行为提供知识支撑。

知识要素可分为三种层次（Tversky，2004）：概览知识（overview knowledge），通过这种知识，游客可以对城市的历史人文景观、自然景观、气候天气、特色美食及各个目的地的方位关系有一个总体的认识；视点知识（view knowledge），便于在抉择点做出正确的选择；行为知识（action knowledge），利用其解决怎么去等旅游行为问题。

为更好地满足游客的食、住、行、游、购、娱等旅游行为，需要立足现有空间信息及相关非空间信息资源，综合运用知识获取的各种方法，获取对旅游行为具有重大影响的事实知识、概念知识和策略知识。

3）城市旅游知识地图基本特征

城市旅游知识地图是旅游知识要素可视化的最终表达结果。其目的是在不同人群之间传递、共享和重用旅游知识，进而简化、便利人们的日常旅游行为。它与普通旅游地图相比具有以下基本特征：

（1）语义性。与传统城市旅游地图提供街道、景点、餐馆、学校、公交线路等详细地址查询不同，城市旅游知识地图更侧重表达旅游景点内部及旅游景点之间语义关系的描述。同一个景点，面向不同的用图目的，往往表现为不同的特征。以郑州市碧沙岗公园为例，它既是普通市民的游憩地，也是儿童的娱乐场，还是北伐历史的见证。这就需要对其各种语义关系进行详细描述。

（2）知识性。城市旅游知识地图强调将“复杂见解”在两个或更多旅游者之间进行传递和创新。这种“复杂见解”，不仅仅是表达制图者对旅游环境的认知，更要考虑旅游者（最终用户）的认知背景及其旅游经历、经验、见解，这就牵扯到制图要素选择问题。与传统旅游地图相比，旅游知识地图制图要素不仅要有食、住、行、游、购、娱等可见的常规旅游要素，更要有见解、经历、攻略、线路等隐性的知识要素。在考虑旅游者知识背景（认知背景）的情况下，为旅游者旅游行为提供知识支撑。这就要求更好地获取和表达旅游者的经历、见解和需求。

（3）多重性。城市旅游知识地图的多重性既包括同一制图要素面向不同的应用和尺度表现出不同的特征，也包括对同一制图要素采用符合用户认知习惯的各种地图表示方法和知识可视化方法进行地图符号化。

2. 城市旅游知识地图的知识表示

新加坡学者 Pyo（2005）通过对城市、山区、遗址、岛屿等四类旅游目的地所在地的景区、酒店、旅行社、政府部门等旅游业相关人员进行开放式问卷调查和封闭式问卷调查，得出了以首尔为代表的城市旅游目的地管理过程中涉及的知识类型。其中旅游产品知识、旅游交通知识、旅游辅助知识构成了城市旅游知识地图的旅游知识要素。旅游产品知识包括旅游纪念品、旅游经历、节日和重大事件，餐饮，节目演出等；旅游交通知识主要包括道路拥堵情况、路标构成情况、出租车、公交线路等；旅游辅助知识包括订票、旅行机构、住宿等。

城市旅游知识地图中的知识要素既包括地理要素中蕴含的空间知识，也包括旅游要素中蕴含的旅游知识。按照反映地理要素和旅游要素的时空特性侧重点不同，其知识要素大致可分为以下三种类型。

（1）空间结构知识。行政区划内景点、景点收入情况统计；景点附近单位距离内公交站点、餐馆、酒店、购物中心、酒吧等空间分布情况。

（2）语义结构知识。地标、路标构成；旅游线路；景点、餐饮、酒店等旅游要素面向不同应用的分类；同一景点内部结构；景点之间公交线路连通情况；景区内旅游纪念品等知识。

（3）趋势演变知识。不同时期景点的节日、重大事件和节目演出情况；道路的通车情况，道路的拥堵情况、道路的改扩建情况等知识。

城市旅游知识地图旅游知识要素类层次如图 6-29 所示。

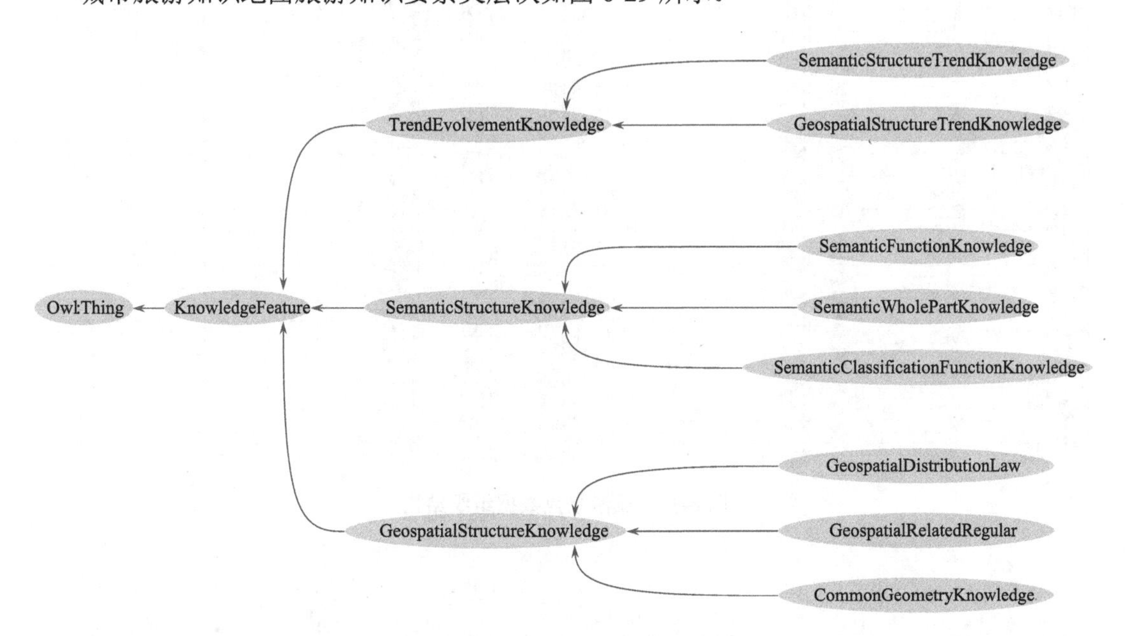

图 6-29 城市旅游知识地图旅游知识要素类层次

3. 城市旅游知识地图的地图表达

1）空间结构知识地图表达

本体驱动的基于特征和事件的时空数据模型，使得以前必须基于空间分析、空间数据挖掘和知识发现、统计分析等技术方法获取的空间知识，通过简单的本体推理和属性查询获得知识成为可能。这里以制作某年某地景点旅游收入情况统计图（模拟数据，非真实数据）为例，对城市旅游知识数据组织、知识获取和知识地图表达等环节加以说明。

（1）数据组织。某地景点旅游收入情况统计图数据包括地理要素的行政区划数据和旅游要素的旅游景点要素。行政区划数据组织结构如图 6-30 所示，行政区划的隶属关系转化为 Parent 字段进行存储。旅游景点与行政区划的空间关系转为 LocatedIn 字段进行存储，面向是否适合儿童游玩和是否历史遗迹等不同应用的语义分类转化为 IsChildren 和 IsHistory 等字段进行描述。admission 字段存储旅游景点旅游收入情况。旅游景点数据组织结构如图 6-31 所示。某地旅游景点区域分布图如图 6-32 所示。

表

行政区划

OBJECTID *	Shape *	adcode	name	center	childrenNu	level	parent	subFeature	ScenicNum	Shape_Length	Shape_Area
1	面	410102	ZY	{1:[113.611576, 34.748286]}	0	district	{ "adcode": 410100 }	0	24	0.767926	0.01934
2	面	410103	EQ	{1:[113.645422, 34.730936]}	0	district	{ "adcode": 410100 }	1	21	0.802692	0.015399
3	面	410104	GC	{1:[113.695313, 34.746453]}	0	district	{ "adcode": 410100 }	2	37	0.824747	0.020189
4	面	410105	JS	{1:[113.686037, 34.775838]}	0	district	{ "adcode": 410100 }	3	23	0.935262	0.023878
5	面	410106	SJ	{1:[113.298282, 34.808689]}	0	district	{ "adcode": 410100 }	4	2	0.398052	0.005673
6	面	410108	HJ	{1:[113.618360, 34.828591]}	0	district	{ "adcode": 410100 }	5	64	0.918254	0.022938
7	面	410122	ZM	{1:[114.022521, 34.721976]}	0	district	{ "adcode": 410100 }	6	13	2.069065	0.140382
8	面	410181	GY	{1:[112.982830, 34.752180]}	0	district	{ "adcode": 410100 }	7	62	1.904476	0.100895
9	面	410182	XY	{1:[113.391823, 34.789077]}	0	district	{ "adcode": 410100 }	8	69	2.245905	0.090703
10	面	410183	XM	{1:[113.380816, 34.537848]}	0	district	{ "adcode": 410100 }	9	41	1.815707	0.097807
11	面	410184	XZ	{1:[113.739870, 34.394219]}	0	district	{ "adcode": 410100 }	10	45	1.780532	0.086682
12	面	410185	DF	{1:[113.037768, 34.459939]}	0	district	{ "adcode": 410100 }	11	112	1.91645	0.119289

图 6-30　行政区划数据组织结构

景区

NAME	PYNAME	KIND	LocatedIn	ZIPCODE	TELEPHONE	DISPLAY_X	DISPLAY_Y	POI_ID	IMPORTANCE	IsChildren	IsHistory	PRIOR_AUTH
汉霸二王城古战场景区	hbewcgzcjq	9080	410182			113.4726	34.9507	986205	2	1	1	
三皇文化苑	shwhy	9080	410182			113.49395	34.95314	986206	2	1	1	
嵩山国家风景名胜区	ssgjfjmsq	9080	410185		0371-62870768	113.04203	34.49239	565658	1	1	1	5A
列子祠	lzc	9080	410104			113.82606	34.74022	162279	2	1	1	
蝴蝶谷	hdg	9080	410103			113.56021	34.6842	48573398	2	1	0	
黄河花园口旅游区西门	hhhyklyqxm	9080	410108			113.6661	34.9046	47857882	2	1	0	
凤凰亭	fht	9180	410105			113.70705	34.74114	18323797	2	0	1	
灵璧石	lbs	9080	410104			113.72314	34.72957	55628401	2	1	0	
幽[illegible]寺	yss	9180	410184			113.52603	34.35429	1814536	2	0	1	
八卦庙	bgm	9180	410103			113.58184	34.71029	2197347	2	0	1	
郑州市老鸦陈基督教会	zzslycjdjh	9202	410108			113.61772	34.83135	2247827	2	0	1	
郑韩故城	zhgc	9080	410184			113.75294	34.39615	2161856	2	1	1	
康百万庄园	kbwzy	9080	410181		0371-64324004	112.9507	34.76286	567907	1	1	1	4A
礼拜堂	lbt	9202	410104			113.73591	34.71939	3188485	2	0	0	
基督教堂	jdjt	9202	410182			113.28059	34.78129	1017660	2	0	0	
东岳庙	dym	9180	410184			113.83856	34.44701	1901024	2	0	1	
铁哥庙	jmg	9080	410108			113.5137	34.95057	201602	2	1	1	
彩虹桥	chq	9080	410108			113.51985	34.94818	201604	2	0	1	
绿茵广场	lygc	9080	410108			113.51401	34.95166	207779	2	1	0	
龙湾岛	lyz	9080	410108			113.51383	34.9512	207780	2	0	1	
清真寺	qzs	9203	410103		0371-67438119	113.64094	34.74642	301876	2	0	1	
东赵基督教堂	dzjdjt	9202	410108			113.64223	34.88002	2249967	2	0	1	
峻极门	jja	9080	410185			113.07412	34.45876	18731457	2	1	1	
郑州二七罢工纪念塔	zzeqbgjnt	9080	410103	450000	0371-66964758	113.6665	34.75228	5801148	2	1	1	
郑州商代遗址	zzsdyz	9080	410104			113.67191	34.75535	190248	2	1	1	
清真寺	qzs	9203	410102			113.47601	34.7997	3804241	2	0	1	
环翠峪风景名胜区售票处	hcyfjmsqspc	9081	410182		0371-64880677	113.27385	34.65187	1639082	1	1	1	
清真寺	qzs	9203	410105			113.68234	34.83746	3157195	2	0	1	
基督教堂	jdjt	9202	410183			113.22275	34.59716	1068601	2	0	0	
北岳殿	byd	9080	410185			113.07382	34.45857	18731461	2	1	1	
天中阁	tzg	9080	410185			113.07413	34.45612	18731452	2	1	1	
财神殿	csd	9080	410185			113.07414	34.45743	18731453	2	1	1	
遥参亭	yct	9080	410185			113.07414	34.45589	18731467	2	1	1	
文昌殿	wcd	9080	410185			113.07412	34.45805	18731454	2	1	1	
南岳殿	nyd	9080	410185			113.07445	34.45835	18731455	2	1	1	
东岳殿	dyd	9080	410185			113.07446	34.45859	18731456	2	1	1	
峻极殿	jjd	9080	410185			113.07412	34.45973	18731458	2	1	1	
寝殿	qd	9080	410185			113.0741	34.46042	18731459	2	1	1	
西岳殿	xyd	9080	410185			113.07382	34.45835	18731462	2	1	1	
西十里铺清真寺	xslpqzs	9203	410102			113.62266	34.76883	649207	2	0	1	
古荥汉代冶铁遗址	gxhdytyz	9080	410108			113.53375	34.87556	4676792	2	0	1	
基督教堂	jdjt	9202	410182			113.47084	34.84349	3487682	2	0	1	
三山圣母殿	sssmd	9080	410185			113.07481	34.4599	18731466	2	0	1	
御书楼	ysl	9080	410185			113.07409	34.46081	18731460	2	0	1	
火神阁	hsg	9080	410185			113.07342	34.4588	18731464	2	0	1	
清真寺	qzs	9203	410182			113.50295	34.71628	3135358	2	0	1	
马庄清真寺	mzqzs	9203	410106			113.73761	34.75462	598621	2	0	0	
白龙潭风景区	bltfjq	9080	410184			113.55105	34.33471	2172397	2	1	1	

图 6-31　旅游景点数据组织结构

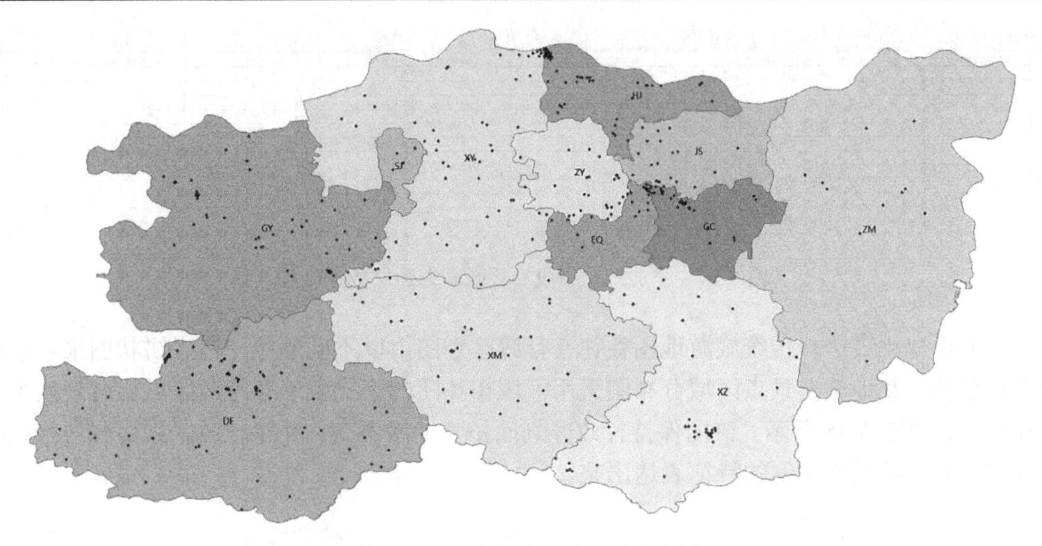

图 6-32　某地旅游景点区域分布图

（2）知识获取。传统旅游地图为获取某一行政区域内旅游景点收入情况往往需要两步：第一，将旅游景点图层和行政区划图层叠加，以空间查询的方法获得某行政区域内旅游景点信息。第二，对这些旅游景点的收入情况进行统计查询。基于城市旅游知识地图中旅游景点和行政区划 LocatedIn 关系描述，为获取行政区域内景点收入情况仅仅对旅游景点图层的 LocatedIn 字段和收入字段进行属性统计查询即可实现。而基于本体的行政区划隶属关系描述，使得通过本体推理，可快速获取更高级别行政区域的景点个数。图 6-33 显示了如何根据 LocatedIn 字段的信息获取行政区域内旅游景点个数并将相关信息以新字段的形式添加到行政区划图层的功能界面。图 6-34 显示了添加字段后行政区划图层数据结构。此外，利用空间分析和空间分析组合功能可快速获取旅游景点附近酒店、餐饮、购物中心、居民地等各种空间分布知识。

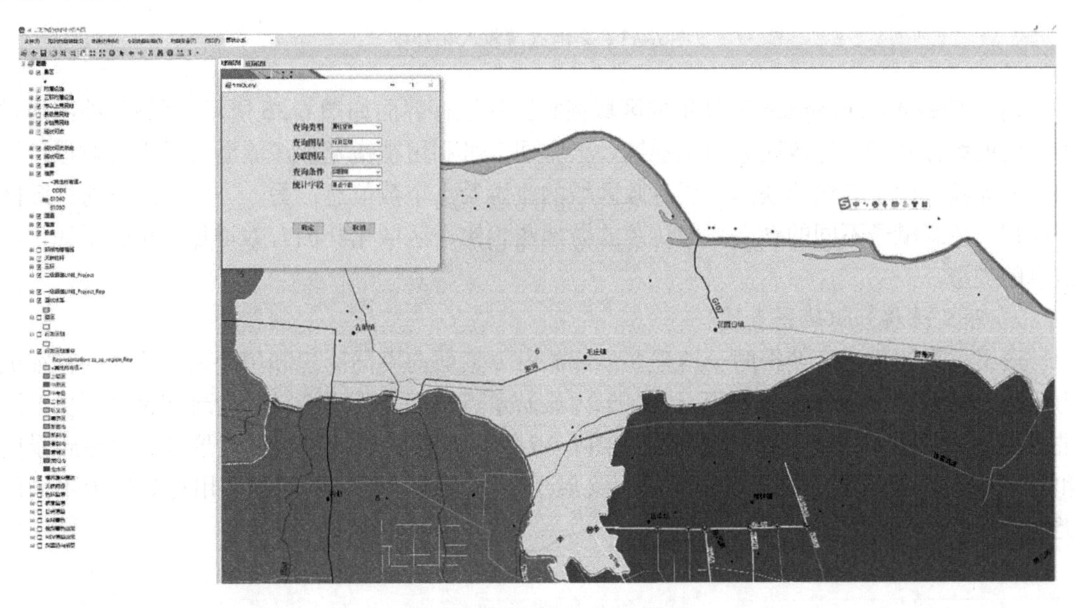

图 6-33　属性查询统计界面

行政区划

OBJECTID *	Shape *	adcode	name	center	childrenNu	level	parent	subFeature	ScenicNum
1	面	410102	ZY	(1:[113.611576, 34.748286])	0	district	{ "adcode": 410100 }	0	24
2	面	410103	EQ	(1:[113.645422, 34.730936])	0	district	{ "adcode": 410100 }	1	21
3	面	410104	GC	(1:[113.685313, 34.746453])	0	district	{ "adcode": 410100 }	2	37
4	面	410105	JS	(1:[113.686037, 34.775838])	0	district	{ "adcode": 410100 }	3	23
5	面	410106	SJ	(1:[113.298282, 34.808689])	0	district	{ "adcode": 410100 }	4	2
6	面	410108	HJ	(1:[113.618360, 34.828591])	0	district	{ "adcode": 410100 }	5	64
7	面	410122	ZM	(1:[114.022521, 34.721976])	0	district	{ "adcode": 410100 }	6	13
8	面	410181	GY	(1:[112.982830, 34.752180])	0	district	{ "adcode": 410100 }	7	62
9	面	410182	XY	(1:[113.391523, 34.789077])	0	district	{ "adcode": 410100 }	8	69
10	面	410183	XM	(1:[113.380616, 34.537846])	0	district	{ "adcode": 410100 }	9	41
11	面	410184	XZ	(1:[113.739670, 34.394219])	0	district	{ "adcode": 410100 }	10	45
12	面	410185	DF	(1:[113.037768, 34.459939])	0	district	{ "adcode": 410100 }	11	112

图 6-34　添加统计字段后行政区划图层数据结构

（3）可视化表达。传统旅游地图往往在行政区划图内以不同颜色，或者饼状图来表示旅游景点数量。某地旅游景点区域分布图采用区域拓扑图的形式表示各行政区域旅游景点个数统计知识，如图 6-35 所示。该图保持行政区划间拓扑关系不变，并将行政区划面积与行政区划内旅游景点数量成比例的特征表达出来。

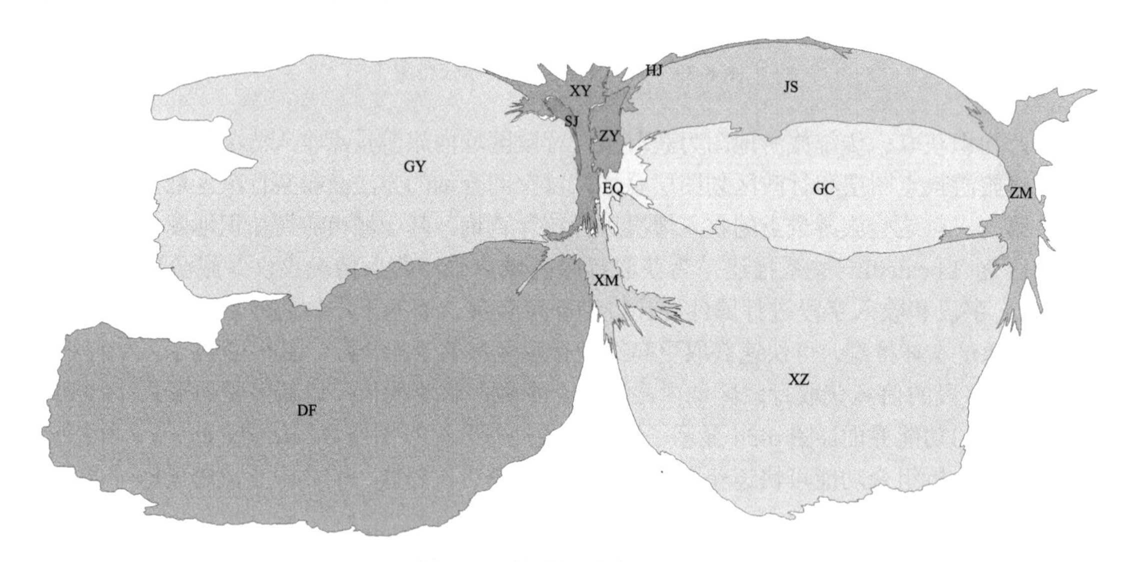

图 6-35　某地旅游收入拓扑图

调用 Create a cartogram 工具生成区域拓扑图的运行界面如图 6-36 所示。区域拓扑图通过将表达的统计知识与行政区划面积挂钩，一方面，可利用视错觉加深旅游管理人员对该统计知识的印象，便于其快速获悉下属行政区域的旅游景点个数信息；另一方面，通过对行政区划面积、色彩赋予不同的含义。与传统旅游地图相比，区域拓扑图有效增加了可表示知识和信息的类型。

2）语义结构知识地图表达

语义关系的描述，使得同一地理要素或旅游要素面向不同用户和用途表现不同的特征成为可能。图 6-37 展示了某地市区（局部）内旅游景点按照是否适合孩子游玩和是否历史遗迹进行不同分类和不同符号化的情况。在图 6-37 中可以看出登封市少林寺景区、中岳庙景区和嵩阳书院景区既属于孩子娱乐场所，又属于历史遗迹。面向不同的应用可划归为不同的类型。

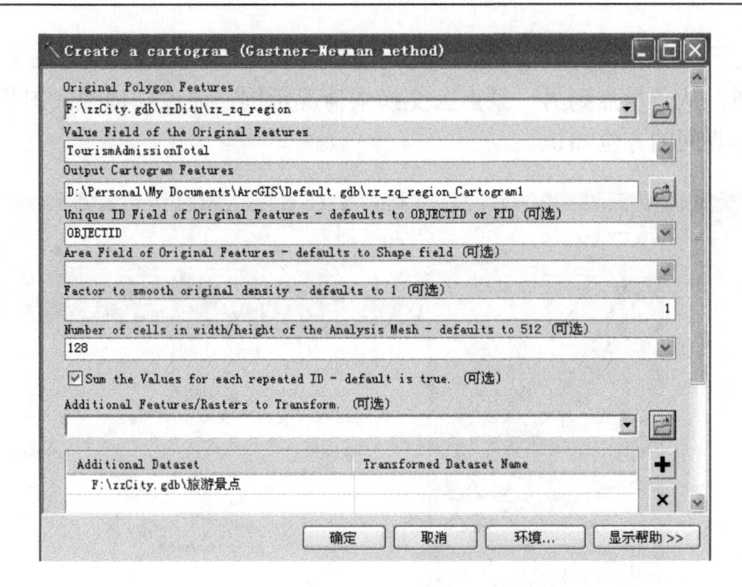

图 6-36　生成区域拓扑图运行界面

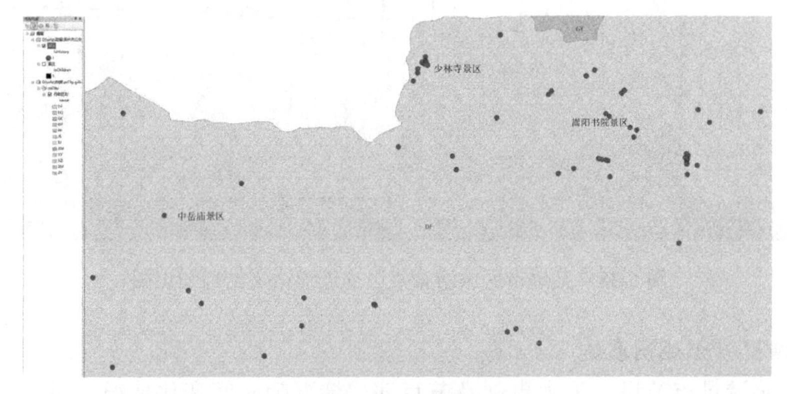

(a) 适合孩子游玩旅游景点分布

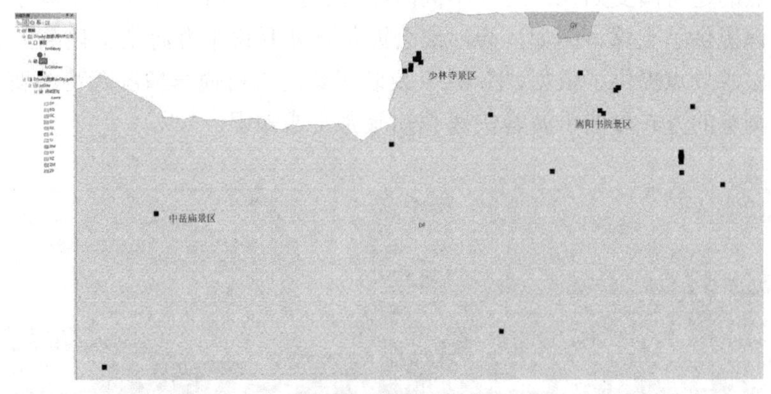

(b) 历史遗迹景点分布

图 6-37　面向不同应用的旅游景点语义分类知识表示

在常规旅游地图中，旅游要素和公交路线均在图上表示。为获知是否有公交线路连接两个旅游景点，需要旅游者在众多地图信息中查询。而通过构建旅游景点公交连通情况语义结构知识地图，便于用户准确获知旅游景点间公交车次情况。图 6-38 为可快速获知两旅游景点是否有公交连通，从一景点到另一景点公交换乘情况示例，通过与地理底图相挂接，还可以快速获取旅游景点间的方位知识。

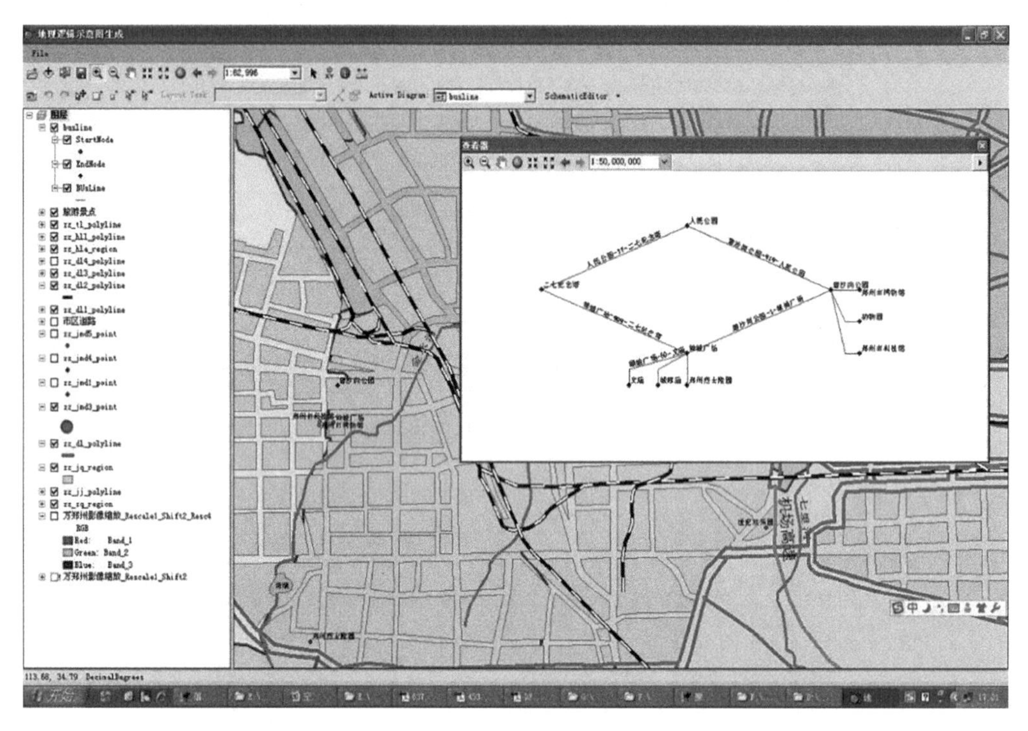

图 6-38　某地市区旅游景点公交连通语义结构知识图

3）趋势演变知识地图表达

通过描述旅游景点节日、重大事件及节目演出情况随时间变化情况，可快速获取某一时间段内旅游景点的趋势演变知识。这为不同时期游客推荐旅游景点和告知道路拥堵、修扩建等旅游交通知识提供了支撑。例如，碧沙岗公园每年 4 月份举办海棠文化节，这就为 4 月份来郑游客推荐旅游景点提供了依据。图 6-39 反映了黄河二桥通车情况趋势演变知识。通过时间标注和附件浏览的方式可便于游客快速获知旅游交通知识。

图 6-39　黄河二桥趋势演变知识表示

4）旅游知识地图的制图过程与方法

旅游知识地图种类很多，这里主要展示三类常用的旅游知识地图：区域拓扑图、地理逻辑示意图和分析模型图。

（1）区域拓扑图。区域拓扑图，又称为依属性值改变面积地图（value-by-area maps），是将统计数据或者知识的某一属性值映射到所在区域面积上，通过对区域面积的扭曲来重点反映区域的某项地理特征。利用一个数量指标构建拓扑图形后，可以将其作为离散面，在其图形上采用相关表示方法进一步显示区域的其他量化特征。区域拓扑图可用来表示与行政区划相关联的面状事实知识。某地景区数量分布区域拓扑图如图 6-40 所示。某地景区数量分布区域拓扑图属于空间结构知识地图的范畴，政府管理人员使用该图可快速获悉辖区内景区数量对比情况。图 6-41 显示了某地景区数量分布拓扑图与原行政区划图对比效果。

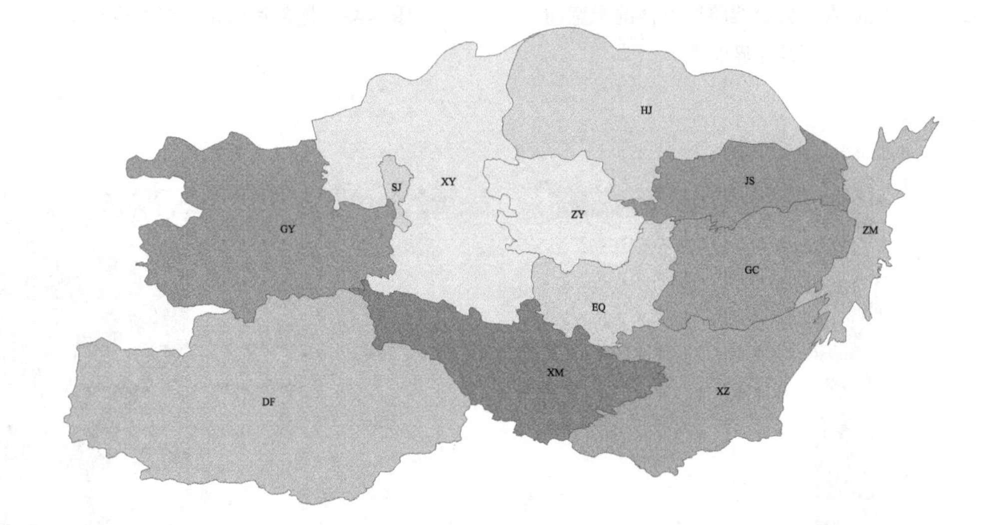

图 6-40　某地景区数量分布区域拓扑图

图 6-41　某地行政区划图与旅游收入区域拓扑图对比

（2）地理逻辑示意图。为反映某地旅游景点之间的公交线路连通情况，设计了某地旅游景点公交线路连通情况逻辑示意图。图 6-42 显示了在 ArcCatalog10 中逻辑示意图模板编辑器设计的某地旅游景点公交线路连通情况示意图设计界面。图 6-43 反映了使用地理逻辑示意图生成模块调用该模板生成地理逻辑示意图生成界面，实际效果如图 6-44 所示。

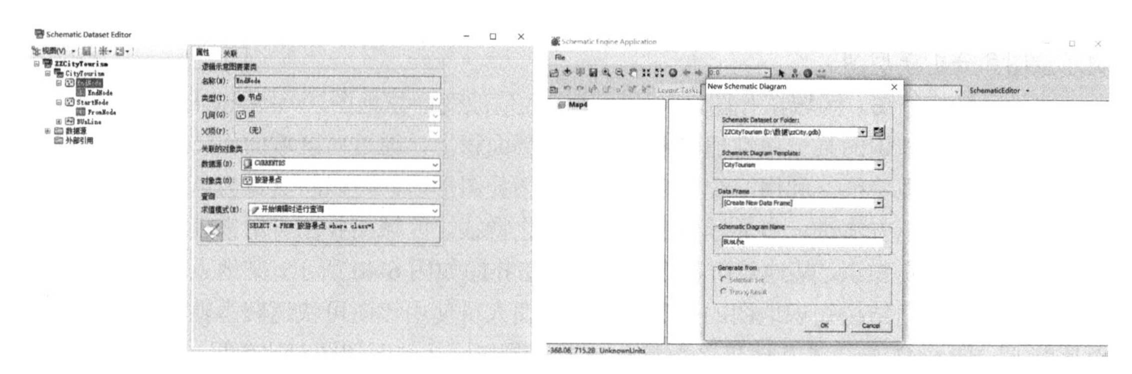

图 6-42　某地旅游景点公交线路连通情况示意图设计界面

图 6-43　地理逻辑示意图生成界面

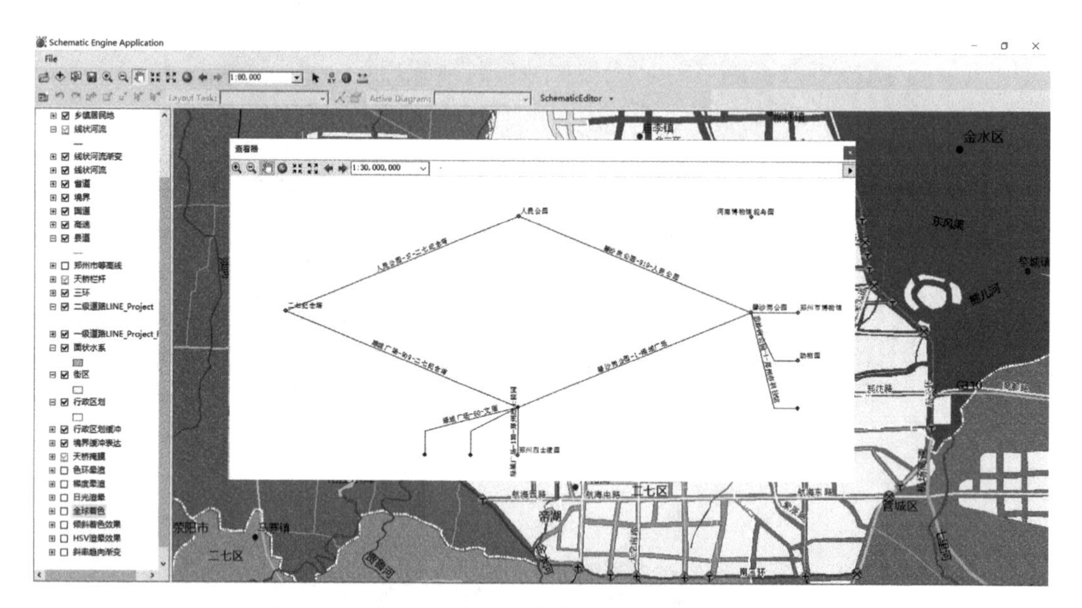

图 6-44　某地旅游景点公交线路连通情况逻辑示意图

图 6-44 某地旅游景点公交线路连通情况逻辑示意图属于概念知识可视化表达的结果，属于语义结构知识地图的范畴。与图 6-45 某地常规旅游地图将公交线路情况断续标注在市区道路相比，图 6-44 便于游客快速掌握各旅游景点之间的公交连通情况、换乘情况，通过逻辑示意图与底图的互动，可快速获取景点之间的方位关系。

（3）分析模型图。面向旅游过程的不同应用，基于构建的地理处理模型，用户根据需要自助生成自己需要的数据，并在地图中加以呈现，实现了地学工具与用户领域知识的有效结合。图 6-46 显示了在 ArcGIS 模型构建器中构建的景点附近道路缓冲区分析模型。通过该模型可快速获知受旅游景点、旅游交通影响的乡镇信息。景点附近道路缓冲区分析模型运行界面如图 6-47 所示。景点附近道路缓冲区分析模型运行结果如图 6-48 所示。

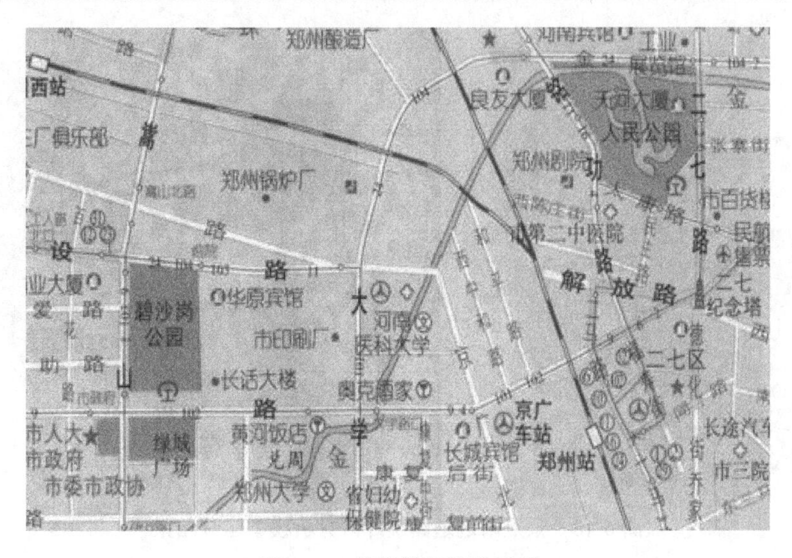

图 6-45　某地常规旅游地图

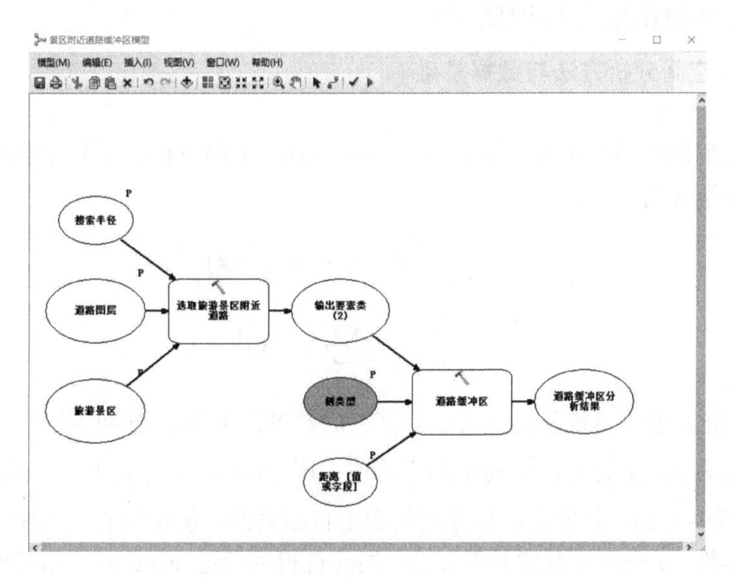

图 6-46　景点附近道路缓冲区分析模型

图 6-47　景点附近道路缓冲区分析模型运行界面

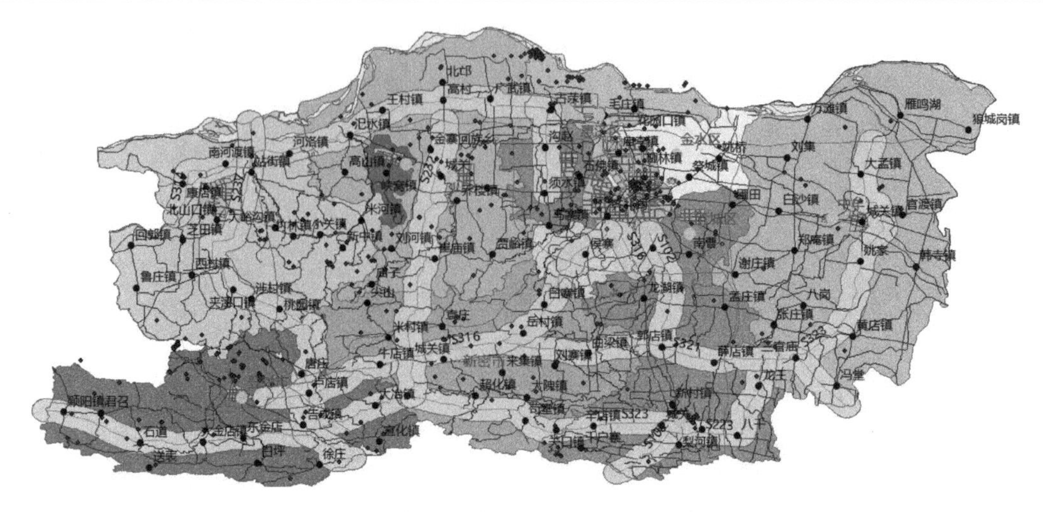

图 6-48　景点附近道路缓冲区分析模型运行结果

6.3.2　能源贸易知识挖掘与地图表达

1. 能源贸易空间分析方法与数据基础

1）空间分析方法

（1）全局及局部空间自相关。全局空间自相关通过全局 Moran's I 指数度量贸易网络空间分布特征，表达式为

$$I = \frac{n\sum_{i=1}^{n}\sum_{j=1}^{n}W_{ij}(x_i - \bar{x})(x_j - \bar{x})}{\sum_{i=1}^{n}\sum_{j=1}^{n}W_{ij}\sum_{i=1}^{n}(x_i - \bar{x})^2} \tag{6-3}$$

式中，n 为中国能源进出口贸易国家（或地区）的数量，x_i 和 x_j 分别为国家（或地区）i 和 j 与中国的能源贸易量；$\bar{x}$ 为能源贸易量的平均值；W_{ij} 为空间权重矩阵，基于欧氏距离关系获得。I 取值范围为[−1, 1]，其值正、负分别代表正负相关性，正相关表示在空间上集聚，负相关表示空间差异性，0 表示能源贸易不相关。局部自相关通过 Moran's I 指数度量相邻国家间的空间差异和关联性，其计算公式为

$$I_i = Z_i \sum\nolimits_j W_{ij} Z_j \tag{6-4}$$

式中，Z_i 和 Z_j 为 i 国和 j 国与中国的能源贸易量；W_{ij} 为空间权重矩阵。利用局部 Moran's I 指数可将贸易网络内国家划分为 4 种不同的局部关联类型。

（2）碎化指数。碎化指数通过国家数量和贸易比重变化来衡量贸易网络的空间分散程度，可测度能源贸易随时间演变的集聚和分散的发展态势。其计算公式为

$$y_i = x_i \Big/ \sum_{i=1}^{n} x_i \tag{6-5}$$

$$I = \sum_{i=1}^{n} \sqrt{y_i} \tag{6-6}$$

式中，I 为碎化指数；x_i 为 i 国与中国的能源贸易量；y_i 为 x_i 在中国能源贸易总量的比重。I 的取值范围为 1～$\sqrt{n}$，理论上的最大值为 15.232（与所有国家和地区均有能源贸易且相等）。I 值越小表明能源贸易空间分布越集中，I 值越大则能源贸易空间分布越均匀。

2）数据来源与处理

石油、煤炭和天然气对国家经济发展、安全建设等具有举足轻重的作用，选取三个要素探索分析能源贸易的进出口空间结构等时空演化规律，具有重要的代表和现实意义。案例采用的数据来源于 2008～2018 年《中国国土资源统计年鉴》《BP 世界能源统计年鉴》《中国统计年鉴》及国家统计局网站。因为石油、煤炭和天然气三者之间存在不同的量纲差异，在综合分析时采用《综合能耗计算通则》（GB2589—2020）将其换算成标准煤单位，以便于衡量数量差异。这里不讨论煤炭、石油和天然气三者价值和作用的高低。

由于各国与中国能源贸易体量悬殊，双边贸易额有可能从几万吨到上千万吨不等。《中国国土资源统计年鉴》文献统计中，将贸易量极小国家再汇集到其他国家序列，本书使用《当代石油石化》中的数据进行了国别资料补充。进行全局自相关、局部相关、碎化指数分析时，其他国家贸易量占比小于总体贸易量的 5%，由于主要是贸易额较小的国家，且不是主要分析对象，并不影响研究结果。

2. 能源贸易的空间自相关性知识挖掘与地图表达

1）能源贸易全局空间自相关

通过全局自相关公式（6-3）计算 2007～2017 年中国能源贸易联系的全局 Moran's I 指数如表 6-1 所示。其值在 1%显著水平上表现显著，且通过 Z 统计量检验。正值表明 2007～2017 年中国能源贸易在空间分布上呈现集聚现象，存在正相关性，即与中国能源贸易联系密切和疏远的国家互相邻近。横向来看，2009 年作为时间拐点，2007～2009 年 Moran's I 指数随时间推移呈下降趋势，2009 年之后 Moran's I 指数呈波动上升趋势。这表明，受 2008 年及 2012 年的国际金融危机影响，中国能源贸易空间格局发生变化，降低了贸易的空间集聚性，总体上 2010～2017 年空间集聚性小幅增强。

表 6-1　2007～2017 年中国能源贸易联系的全局 Moran's I 指数

指标	2007	2008	2009	2010	2011	2012	2013	2014	2015	2016	2017
Moran's I	0.074	0.064	0.0504	0.0594	0.0654	0.0614	0.0634	0.068	0.0714	0.073	0.073
Z 值	3.516	3.188	2.500	2.961	3.342	3.137	3.230	3.333	3.408	3.532	3.517
P 值	0.000	0.001	0.012	0.003	0.001	0.002	0.001	0.001	0.001	0.000	0.000

2）能源贸易局部空间自相关

中国能源贸易全局相关性说明总体空间上有无集聚，并没有表明局部地区的空间集聚特征。由局部 Moran's I 指数生成的 LISA 集聚图反映局部地区的空间关联关系，并按空间集聚程度分为 4 个类型：①高-高区（high-high，HH），此区域内的国家及其周围国家与中国有较紧密的能源贸易联系；②高-低区（high-low，HL），此区域内的国家及其周围国家与中国能源贸易联系相反，分别为联系紧密与疏远；③低-低区（low-low，LL），此区域内的国家及其周围国家与中国能源贸易联系皆为疏远；④低-高区（low-high，LH），此区域内的国家及其周围国家与中国能源贸易联系相反，分别为联系疏远与紧密。各个类型的空间范围随时间推移均有不同程度的变化，2007～2017 年部分年份中国能源贸易集聚图如图 6-49（见书后彩图）所示。

3. 能源进口依赖的空间特征知识挖掘与地图表达

多尺度的地理要素空间下，地缘要素的关联相互作用形成物流、人流、资本流、信息流等流空间（胡志丁和陆大道，2019）。流空间内地缘要素的关联程度是反映国家关系的重要衡量标准。总的来说，各要素之间的密切联系及政治和经济相互依存程度的提高，将会导致冲突后经济损失增加和双边关系恶化，使冲突的可能性得到抑制。以常规的贸易流为例，有研究表明，国家之间"紧密的贸易关系在促进双边合作、减少双边冲突上发挥了作用"（潘峰华等，2015）。

分国能源进口占总体进口量的比重能较好地反映出中国对其能源依赖程度，由公式（6-5）计算 2007～2017 年中国对各国能源依赖如表 6-2 所示。结果表明，在能源方面对中国影响力较大的国家排序已经发生了很大变化。2013 年起，印度尼西亚取代沙特阿拉伯，成为能源依赖程度最大国家。自 2012 年起，印度尼西亚、澳大利亚、俄罗斯、沙特阿拉伯、安哥拉五国稳居前五位。基于中俄能源合作的进一步深入及中俄油气管道的建设，2017 年俄罗斯的能源依赖程度已经升至第二位。将能源贸易量数据与国家面积进行比例变换关联起来，使用 Gastner 和 Newman 提出的扩散算法（陈谊等，2016）将总体和各项分类要素绘制连续型变形地图，可视化显示从各国能源进口贸易的比重，显性化表达地理空间认知（李伟和陈毓芬，2013），能够给读者带来更加直观的视觉效果。

表 6-2　2007～2017 年中国对各国能源依赖程度　　（单位：%）

2007		2008		…	2012		…	2016		2017	
沙特阿拉伯	12.984	沙特阿拉伯	17.028	…	印度尼西亚	16.817	…	印度尼西亚	12.192	印度尼西亚	11.390
安哥拉	12.325	安哥拉	13.997	…	沙特阿拉伯	10.543	…	澳大利亚	10.768	俄罗斯	11.360
伊朗	10.126	伊朗	9.984	…	澳大利亚	9.739	…	俄罗斯	10.559	澳大利亚	11.086
越南	8.496	阿曼	6.827	…	安哥拉	7.852	…	沙特阿拉伯	8.172	沙特阿拉伯	7.416
俄罗斯	7.258	越南	5.936	…	俄罗斯	7.613	…	安哥拉	7.008	安哥拉	7.219
阿曼	6.776	俄罗斯	5.704	…	伊朗	4.287	…	伊拉克	5.802	伊拉克	5.233
印度尼西亚	6.147	印度尼西亚	5.268	…	土库曼斯坦	3.878	…	阿曼	5.633	阿曼	4.447
苏丹	5.082	苏丹	4.916	…	阿曼	3.845	…	伊朗	5.015	伊朗	4.428
澳大利亚	3.029	澳大利亚	3.155	…	伊拉克	3.067	…	土库曼斯坦	4.386	土库曼斯坦	4.194
哈萨克斯坦	2.957	委内瑞拉	3.026	…	蒙古国	3.029	…	委内瑞拉	3.230	蒙古国	3.381
…	…	…	…	…	…	…	…	…	…	…	…

1）能源进口总量空间分布

如图 6-50（a）所示，能源总体进口总量空间结构上形成"两个中心，三个支点"的空间布局。"两个中心"分别为中东和中亚地区国家组成的中心，印度尼西亚和澳大利亚组成的中心。"三个支点"分别为以安哥拉为代表的非洲支点，以俄罗斯、蒙古国等国组成的支点和巴西、委内瑞拉、哥伦比亚等国组成的南美支点。分项来看，石油进口[图 6-50（b）]除去印度尼西亚、澳大利亚、蒙古国三国，布局与总体布局基本一致，从侧面说明中国从此三国进口的主要能源要素是煤炭和天然气。煤炭进口的集聚性特征非常明显[图 6-50（c）]，几乎全部位于中国南北方向的中轴线上。俄罗斯、蒙古国、越南、印度尼西亚、澳大利亚五国占中国煤炭进口量的 86.3%。天然气进口[图 6-50（d）]集聚性也很明显，土库曼斯坦和澳大利亚位于第一梯队，占中国天然气进口量的 59.5%；卡塔尔、马来西亚、印度尼西亚等国位于第二梯队，占中国天然气进口量的 25.1%。

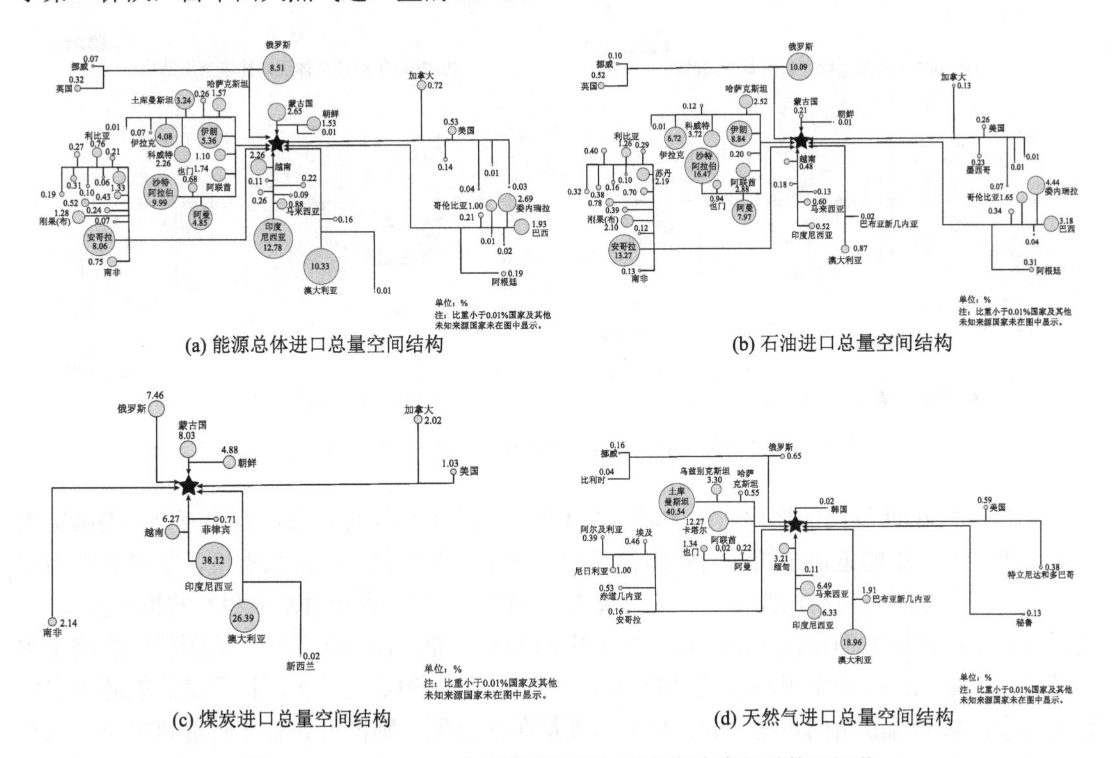

(a) 能源总体进口总量空间结构

(b) 石油进口总量空间结构

(c) 煤炭进口总量空间结构

(d) 天然气进口总量空间结构

图 6-50　2007～2017 年中国能源进口依赖程度空间结构可视化

2）能源进口总体格局变化

2007～2017 年，中国能源进口贸易的“重心”已经发生了变化，从中东地区的绝对中心，明显向中国南北中轴线的方向偏移。从时间截面上来看，2007 年中国能源进口主要集中在中东地区（33.5%），非洲（26.6%）、东南亚（14.6%）、俄罗斯（7.3%）等国家和地区[图 6-51（a）]。2011 年中国从印度尼西亚、澳大利亚能源进口分别已达 16.7%、7.2%。由于南苏丹独立，阿尔及利亚、利比亚等局势动乱的影响，中国对非洲地区的能源进口明显下降[图 6-51（b）]。2014 年，中国从澳大利亚的能源进口量达到 13.7%，位列第一位，且与巴西、哥伦比亚等国贸易联系有了明显增强[图 6-51（c）]。至 2017 年，中国从印度尼西亚、澳大利亚、俄罗斯、沙特阿拉伯、安哥拉等国的能源进口趋于稳定。从越南、朝鲜、南非的煤炭进口大幅减少，提高了从蒙古国的进口量。随着与巴西贸易联系的深化，巴西超过委内瑞拉，成为南美地区中国最大的石油进口国家[图 6-51（d）]。总体结构上，由于中东地区独特的地理位置和资源优势，其地区国家在中国能源安全地位中至关重要。非洲与拉丁美洲地区所占比重不大，主要集中在安哥拉、巴西、哥伦比亚、委内瑞拉等国，成为能源进口的有力补充，也是缓解能源困局的重要方向。

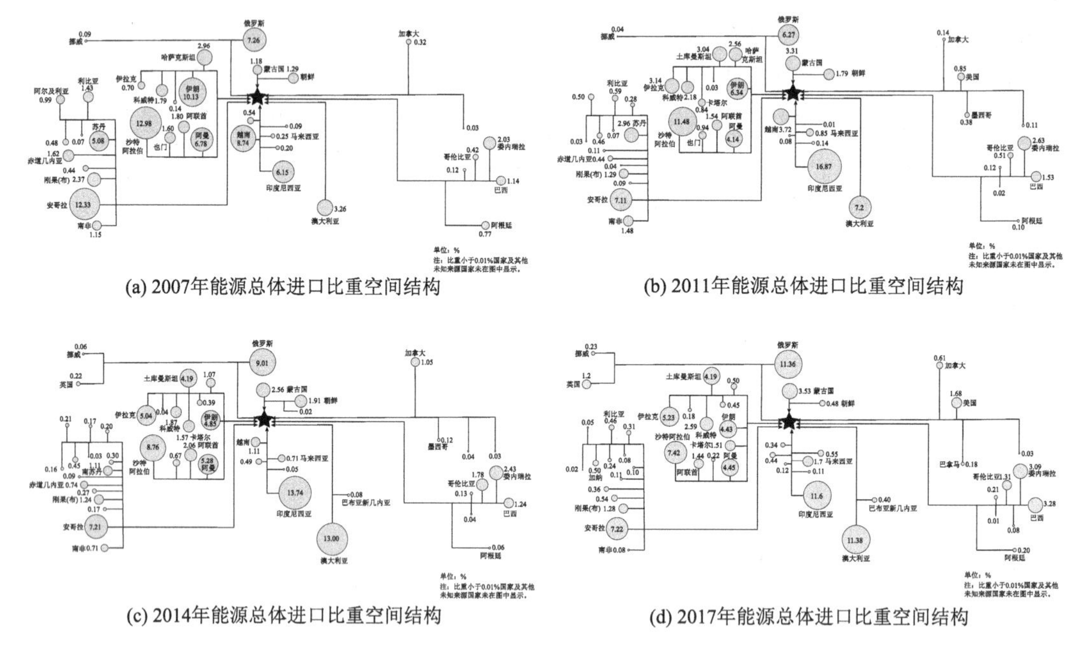

(a) 2007年能源总体进口比重空间结构　　(b) 2011年能源总体进口比重空间结构

(c) 2014年能源总体进口比重空间结构　　(d) 2017年能源总体进口比重空间结构

图 6-51　2007～2017 年中国能源进口比重空间结构可视化

从图 6-51 的四幅图的横向对比来看，北美地区国家对中国能源影响程度不高。美国实施“亚太再平衡”战略遏制中国，对中国提倡的“一带一路”倡议持消极态度，加拿大唯美国马首是瞻，在能源空间结构改变上，难有起色。中国天然气、煤炭对澳大利亚的依赖度较大，其在对待中国问题方面屡次站队美国，处于中国的对立面，需谨防其打“能源牌”影响中国能源进口。中东地区是中国石油进口的“心脏”，但地区稳定性和大国插手是其能源输出的最大隐患，从能源战略的角度来看，如果伊朗被美国控制，则占世界石油储量 60%以上的海湾地区将受美国掌控，如此将会在能源需求上受制于人。非洲、拉丁美洲能源同样蕴含丰富，资源潜力巨大，但在能源空间格局中的比重较小，有很大的提升空间。中国如果能加强与非洲、南美洲的能源合作，实现进口多元化，将会有效缓解能源来源单一化的困扰。

4. 能源贸易的时空趋势知识挖掘与地图表达

碎化指数可以测度能源贸易空间分布随时间演变的集聚和分散的发展态势，2007～2017 年中国能源贸易碎化指数如表 6-3 所示。总体上，能源进口贸易在空间上向波动分散化趋势发展，出口贸易则以 2014 年为分水岭，先降后升。单项石油进出口、煤炭进出口、天然气进口皆低于碎化指数最高值的一半（7.616），表明其进出口贸易的碎化程度并不高，偏向于集聚状态，即进出口的来源和目的地多元化程度有限，正处于集聚状态向均匀分布过渡的中间。石油进口碎化指数较于石油出口和煤炭、天然气进出口指数明显偏高，表明石油进口多元化的情况优于其他项的进出口情况。2007～2017 年中国石油进口、煤炭进口碎化指数浮动仅为 0.603、0.414，表明其进口来源分散性并不明显。石油出口、煤炭出口碎化指数分别在 2014、2013 年达到低谷，其在出口国家数量上有所减少。天然气碎化指数从 2007 年的 1.537 增长至 3.355，中国与其他国家在天然气进口贸易联系日趋多元化，在空间上趋于多向性。

表 6-3　2007～2017 年能源进出口碎化指数

碎化指数	2007	2008	2009	2010	2011	2012	2013	2014	2015	2016	2017
总体进口	5.039	4.956	5.010	5.366	5.355	5.323	5.242	5.453	5.448	5.447	5.627
总体出口	2.851	2.700	2.851	2.815	2.480	2.426	2.295	2.185	2.938	2.752	3.004
石油进口	4.753	4.577	4.744	4.887	4.801	4.864	4.742	4.820	4.846	4.828	5.180
石油出口	2.790	2.677	2.980	3.003	2.414	2.307	1.927	1.685	2.391	2.197	2.725
煤炭进口	2.305	2.496	2.580	2.719	2.686	2.718	2.656	2.601	2.441	2.464	2.448
煤炭出口	2.391	2.412	2.131	2.147	2.070	1.956	1.932	2.075	2.431	2.162	2.326
天然气进口	1.537	1.804	2.504	2.953	2.853	2.611	2.818	3.368	3.065	3.132	3.355
天然气出口	—	—	—	—	—	—	—	—	—	—	—

注：天然气出口国别资料无。

碎化指数变化幅度最大为天然气进口，从 2007 年的 1.537 增至 2017 年的 3.355。但不可忽视的是，2017 年的天然气对外依存度已达到 39%，2016、2017 两年的增幅达到 21.1%、26.6%，若美国等操纵天然气贸易市场，限制我国天然气进口，我国仅通过进口将很难完全解决天然气的供需落差。截至 2017 年底，“一带一路”国家和地区天然气产量约占世界天然气总产量的 53.7%。2018 年，“一带一路”国家和地区提供了我国天然气进口总量的 66%。在天然气的领域中，加大与“一带一路”参与国的合作，发挥中国基础设施建设、贸易流向、技术输出的主体优势（齐玉，2019）将会是一个不错的选择。

将能源贸易数据采用折线图、饼状图和动态时间轴地图可视化，模拟数据变化和趋势走向，通过时空的变化来提供读者视觉上的变化感受，易于读者理解和分析地缘要素在时空演变的过程、规律和趋势（刘婧婧等，2019）。2007～2017 中国能源进口时空可视化如图 6-52（见书后彩图）所示，2013～2014 年中国能源总体进口碎化指数由 5.242 增长至 5.453，主要进口国家由 46 个增加到 53 个，进口比重超过 10%的国家由 16.0%、14.5%下降至 13.7%、13.0%。2015～2017 年进口来源国数量虽然几乎没有变化，但进口量占比前列国家的贸易占比却在逐渐降低，中国能源进口正在向多渠道发展。2007～2017 年中国与其他国家石油、天然气、煤炭进口来源趋于均质化，进一步验证了碎化指数的测算结果。

通过对能源贸易模型和指标的构建分析及内容的可视化，实现了能源贸易空间可视化、趋势可视化，展示了能源贸易环境等信息，对帮助读者推动相关知识解读、认知、传播具有一定的积极意义。案例中的分析模型只是初步的分析框架，指标体系并不完整，还存在很多可以改进提升的方面。能源贸易还需考虑贸易国的政治、经济、金融方面的风险指数，可视化形式上还可以采用构建知识图谱等可视化形式，以适应大数据时代能源贸易建模可视化分析的需要。

主要参考文献

973 计划十周年脑科学研究专题研讨会. 2008. 脑科学研究回顾与展望. 中国基础科学, (5): 44-47.

埃米尔・涂尔干. 2000. 社会分工论. 渠东译. 北京: 生活・读书・新知三联书店.

艾廷华. 2008. 适宜空间认知结果表达的地图形式. 遥感学报, 12(2): 347-354.

柏中强, 王卷乐, 杨飞. 2013. 人口数据空间化研究综述. 地理科学进展, 32(11): 1692-1702.

保罗・S. 麦耶斯. 1998. 知识管理与组织设计. 蒋惠工, 等译. 珠海: 珠海出版社.

贝尔纳 J D. 1980. 科学研究的战略//中国社会科学院情报研究所. 科学学译文集. 北京: 科学出版社.

边馥苓, 梅琨. 2008. 为地理知识库构建位置本体. 地理信息世界, (4): 27-32, 39.

波普尔. 1987a. 科学知识进化论. 纪树立译. 北京: 三联书店.

波普尔. 1987b. 客观知识. 舒伟光, 等译. 上海: 上海译文出版社.

蔡运龙, 陈彦光, 阙维民, 等. 2012. 地理学: 科学地位与社会功能. 北京: 科学出版社.

曹文君. 1995. 知识库系统原理及其应用. 上海: 复旦大学出版社.

柴彦威. 2014. 空间行为与行为空间. 南京: 东南大学出版社.

柴彦威, 塔娜. 2013. 中国时空间行为研究进展. 地理科学进展, 32(9): 1362-1373.

陈和平, 何璐, 陈彬, 等. 2009. 基于关系数据库的本体生成器设计与实现. 计算机工程, 35(5): 34-36, 43.

陈虎, 李宏伟, 马雷雷. 2011. 本体在地理知识库构建中的应用. 地理空间信息, 9(5): 78-80, 83.

陈军. 2005. 基于知识发现的专题信息提取. 成都: 四川师范大学硕士学位论文.

陈立娜. 2003. 知识管理中企业知识地图的绘制. 图书情报工作, (8): 44-47.

陈霖. 2008. 大范围优先对象形成的神经关联: 前颞叶. 生命科学, 20(5): 718-721.

陈强, 廖开际, 奚建清. 2006a. 知识地图及其应用研究现状. 长春工业大学学报(自然科学版), (1): 82-86.

陈强, 廖开际, 奚建清. 2006b. 知识地图研究现状与展望. 情报杂志, 25(5): 43-46.

陈述彭. 1998. 地学信息图谱刍议. 地理研究, 17(增刊): 5-8.

陈四平. 2007. 上海城市交通旅游类地图设计与编制的探讨. 城市勘测, (2): 89-90.

陈威. 2007. 建构主义学习理论综述. 学术交流, (3): 175-177.

陈新保. 2011. 基于对象、事件和过程的时空数据模型及其时变分析模型的研究. 长沙: 中南大学博士学位论文.

陈谊, 林晓蕾, 赵云芳, 等. 2016. SunMap: 一种基于热图和放射环的关联层次数据可视化方法. 计算机辅助设计与图形学学报, (7): 1075-1083.

陈昱. 1980. 现代地图学发展中专题地图的特征. 北京: 测绘出版社.

陈悦, 陈超美, 刘则渊, 等. 2015. Citespace 知识图谱的方法论功能. 科学学研究, 33(2): 242-253.

陈悦, 刘则渊. 2005. 悄然兴起的科学知识图谱. 科学学研究, 23(2): 149-154.

邸凯昌. 2001. 空间数据挖掘和知识发现. 武汉: 武汉大学出版社.

地理学名词审定委员会. 2007. 地理学名词. 2 版. 北京: 科学出版社.

丁晟春, 顾德访. 2005. Jena 在实现基于 Ontology 的语义检索中的应用研究. 现代图书情报技术, (10): 5-9.

东尼・伯赞. 2011. 思维导图使用手册. 丁大刚, 张斌译. 北京: 化学工业出版社.

董南, 杨小唤, 蔡红艳. 2016. 人口数据空间化研究进展. 地球信息科学学报, 18(10): 1295-1304.

杜云艳, 张丹丹, 苏奋振, 等. 2008. 基于地理本体的海湾空间数据组织方法——以辽东湾为例. 地球信息科学学报, 10(1): 7-13.
弗兰克斯·彭茨, 格雷格里·雷迪克, 罗伯特·豪厄尔. 2011. 空间. 马光亭, 章邵增译. 北京: 华夏出版社.
付炜. 1997. 地理专家系统的知识表示与知识库组织. 应用科学学报, 15(4): 482-489.
付炜. 2002. 地理专家知识表示的框架网络模型研究. 地理研究, 21(3): 357-364.
傅伯杰. 2017. 地理学: 从知识、科学到决策. 地理学报, 72(11): 1923-1932.
冈本耕平. 2000. 都市空间の认知こ行动. 东京: 古今书院.
高俊. 1992. 地图的空间认知与认知地图学//中国测绘学会地图制图专业委员会, 中国地图出版社地图科学研究所. 中国地图学年鉴(1991). 北京: 中国地图出版社.
高俊. 2000. 地理空间数据的可视化. 测绘工程, 9(3): 1-7.
龚建华, 李亚斌, 王道军, 等. 2008. 地理知识可视化中知识图特征与应用——以小流域淤地坝系规划为例. 遥感学报, 12(2): 355-361.
龚建华, 林珲, 肖乐斌, 等. 1999. 地学可视化探讨. 遥感学报, 3(3): 236-244.
龚咏喜, 赵亮, 段仲渊, 等. 2016. 基于地标与 Voronoi 图的层次化空间认知与空间知识组织. 地理与地理信息科学, 32(6): 1-6.
顾昱骅. 2018. 地理时空大数据高效聚类方法研究. 杭州: 浙江大学博士学位论文.
关丽, 王平, 刘湘南. 2007. 空间知识网格体系架构及其实现技术探讨. 测绘科学, 32(1): 43-46.
郭平, 范丽, 叶莲. 2004. 空间规则的可视化解释. 计算机科学, 31(5): 169-171, 186.
郭仁忠. 2001. 空间分析. 北京: 高等教育出版社.
郭仁忠, 陈业滨, 应申, 等. 2018. 三元空间下的泛地图可视化维度. 武汉大学学报(信息科学版), 43(11): 1603-1610.
郭仁忠, 应申. 2017. 论 ICT 时代的地图学复兴. 测绘学报, 46(10): 1274-1283.
郝向阳. 2001. 地图信息识别与提取技术. 北京: 测绘出版社.
何新贵. 1990. 知识处理与专家系统. 北京: 国防工业大学出版社.
胡静文, 赵继娣. 2012. 突发危机事件本体知识库构建方法研究. 图书馆学研究, (4): 58-62.
胡萍, 祝方林. 2009. 基于主题地图的土家学知识组织研究. 现代情报, 29(7): 207-209.
胡志丁, 陆大道. 2019. 地缘结构: 理论基础, 概念及其分析框架. 地理科学, 39(7): 10.
黄茂军, 杜清运, 杜晓初. 2005. 地理本体空间特征的形式化表达机制研究. 武汉大学学报(信息科学版), 30(4): 337-340.
黄茂军, 杜清运, 吴运超, 等. 2004. 地理本体及其应用初探. 地理与地理信息科学, 20(4): 1-5.
黄茂军. 2005. 地理本体的形式化表达机制及其在地图服务中的应用研究. 武汉: 武汉大学博士学位论文.
黄杏元, 马劲松, 汤勤. 2001. 地理信息系统概论. 北京: 高等教育出版社.
Janko P, 孙群. 1991. 地图投影知识库系统的设计考虑. 测绘译丛, (2): 30-36.
纪花, 吴相利. 2009. 城市旅游地标理论与实践意义. 黑龙江对外经贸, (4): 103-104.
贾素玲, 王强, 许珂. 2005. XML 核心技术. 北京: 高等教育出版社.
江东. 2007. 人文要素空间化研究进展. 甘肃科学学报, 19(2): 95-98.
姜竹丽. 2001. 浅谈对地理概念的理解. 继续教育研究, (5): 103-104.
蒋捷, 陈军. 2000. 基于事件的土地划拨时空数据库若干思考. 测绘学报, 29(01): 64-70.
蒋录全, 邹志仁, 刘荣增, 等. 2002. 国外赛博地理学研究进展. 世界地理研究, 11(3): 92-98.
蒋旻. 2002. 基于空间数据库的数据挖掘技术. 武汉科技大学学报(自然科学版), 25(2): 183-186.
鞠鑫. 2008. 认知结构研究述评. 四川教育学院学报, 24(6): 12-14.
凯文•林奇. 2001. 城市意象. 方益萍, 何晓军译. 北京: 华夏出版社.

雷金纳德 • 戈列奇, 罗伯特 • 斯廷森. 2013. 空间行为的地理学. 柴彦威, 曹小曙, 龙韬, 等译. 北京: 商务印书馆.
李德仁. 2018. 脑认知与空间认知: 论空间大数据与人工智能的集成. 武汉大学学报(信息科学版), 43(12): 8-14.
李德仁, 王树良, 李德毅. 2006. 空间数据挖掘理论与应用. 北京: 科学出版社.
李德仁, 王树良, 史文中, 等. 2001. 论空间数据挖掘和知识发现. 武汉大学学报(信息科学版), 26(6): 491-499.
李德毅, 肖俐平. 2008. 网络时代的人工智能. 中文信息学报, 22(2): 3-9.
李恒, 沈华伟, 黄蔚, 等. 2018. 地理社会网络数据可视化分析研究综述. 中文信息学报, 32(10): 15-22.
李霖, 许铭, 尹章才, 等. 2006. 基于地图的地理信息可视化现状与发展. 测绘工程, 15(5): 11-14.
李爽, 黄福才. 2012. 城市旅游公共服务体系建设之系统思考. 旅游学刊, 27(1): 7-9.
李伟, 陈毓芬. 2013. 基于用户的空间知识地图可视化探析. 测绘科学技术学报, 30(6): 638-642.
梁秀娟. 2009. 科学知识图谱研究综述. 图书馆杂志, 28(6): 58-62.
梁怡. 1997. 人工智能、空间分析与空间决策. 地理学报, 64(S1): 104-113.
廖克. 2002. 地学信息图谱的探讨与展望. 地球信息科学, 4(1): 14-20.
林珲, 胡明远, 陈旻, 等. 2020. 从地理信息系统到虚拟地理环境的认知转变. 地球信息科学学报, 22(4): 662-672.
刘爱利, 王培法, 丁园圆. 2012. 地统计学概论. 北京: 科学出版社.
刘成亮, 李涵. 2008. 本体知识库系统研究. 电脑知识与技术, 2(18): 1646-1648.
刘红辉, 江东, 杨小唤, 等. 2005. 基于遥感的全国 GDP 1km 格网的空间化表达. 地球信息科学, 7(2): 120-123.
刘婧婧, 张佑铭, 赵子文, 等. 2019. 基于地图可视化技术的地理知识表达研究. 测绘与空间地理信息, 42(9): 219-221, 225, 227.
刘艳. 2008. 关于旅游地图设计的探讨. 测绘与空间地理信息, 31(3): 183-184.
刘瑜, 方裕, 邬伦, 等. 2005. 基于场所的 GIS 研究. 地理与地理信息科学, 21(5): 6-10, 14.
刘瑜, 张毅, 田原, 等. 2007. 广义地名及其本体研究. 地理与地理信息科学, 23(6): 1-7.
刘知远, 孙茂松, 林衍凯, 等. 2016. 知识表示学习研究进展. 计算机研究与发展, 53(2): 247-261.
陆锋, 李小娟, 周成虎, 等. 2001. 基于特征的时空数据模型: 研究进展与问题探讨. 中国图象图形学报, 6(9): 830-839.
闾国年, 俞肇元, 袁林旺, 等. 2018. 地图学的未来是场景学吗? 地球信息科学学报, 20(1): 1-6.
罗纳德 • S. 伯特. 2008. 结构洞: 竞争的社会结构. 任敏, 李璐, 林虹译. 上海: 上海人民出版社.
洛埃特 • 雷迭斯多夫. 2003. 科学计量学的挑战. 马云, 等译. 北京: 科学技术文献出版社.
马蔼乃. 2001. 地理知识的形式化. 测绘科学, 26(4): 8-12.
马费成, 郝金星. 2006. 概念地图在知识表示和知识评价中的应用(Ⅰ)——概念地图的基本内涵. 中国图书馆学报, 32(3): 5-9.
马胜男, 孙翊, 郭明明. 2010. Sweet 本体研究述评. 标准科学(9): 38-43.
马耀峰. 2005. 不同学科概念地图研究的反思. 地球信息科学学报, 7(2): 11-16.
毛国君. 2003. 数据挖掘技术与关联规则挖掘算法研究. 北京: 北京工业大学博士学位论文.
聂俊兵, 谢迎春. 2007. 基于特征的空间数据模型及新一代地理信息系统. 西部探矿工程, 19(9): 73-75.
潘峰华, 赖志勇, 葛岳静. 2015. 经贸视角下中国周边地缘环境分析——基于社会网络分析方法. 地理研究, (4): 775-786.

潘星, 王君, 刘鲁. 2007. 一种基于概念聚类的知识地图模型. 系统工程理论与实践, 27(2): 126-132.
潘云鹤. 2001. 计算机图形学——原理、方法及应用. 北京: 高等教育出版社.
彭述初. 2009. 建构主义理论评价. 湘潭师范学院学报(社会科学版), 30(1): 140-141.
皮亚杰. 1981. 发生认识论原理. 王宪钿, 等译. 北京: 商务印书馆.
齐清文, 池天河. 2001. 地学信息图谱的理论和方法. 地理学报, 56(增刊): 8-18.
齐清文, 姜莉莉, 张岸, 等. 2018. 全息地图建模与多重表达. 测绘科学, 43(7): 7-14.
齐玉. 2019. “一带一路”能源合作对我国天然气国际贸易竞争力的影响分析. 财务与金融, (5): 18-22.
秦长江, 侯汉清. 2009. 知识图谱——信息管理与知识管理的新领域. 大学图书馆学报, 27(1): 30-37, 96.
秦建新, 张青年, 王全科, 等. 2000. 地图可视化研究. 地理研究, 19(1): 15-21.
邱婷, 钟志贤. 2005. 一种概念框架: 知识外在表征在教学中的应用. 现代远程教育研究, (5): 39-43.
阮彤, 王梦婕, 王昊奋, 等. 2016. 垂直知识图谱的构建与应用研究. 知识管理论坛, (3): 226-234.
佘江峰, 冯学智, 林广发, 等. 2005. 多尺度时空数据的集成与对象进化模型. 测绘学报, 34(1): 71-77.
盛骤, 谢式千. 2010. 概率论与数理统计及其应用. 2 版. 北京: 高等教育出版社.
史忠植. 2004. Ontology 的科技译名. 科技术语研究, 6(4): 13-14.
舒红. 2004. 地理空间的存在. 武汉大学学报(信息科学版), 29(10): 868-871.
舒红, 陈军. 1998. 时空数据模型研究综述. 计算机科学, 25(6): 70-74.
舒红, 陈军, 杜道生, 等. 1997. 时空拓扑关系定义及时态拓扑关系描述. 测绘学报, 26(4): 299-306.
宋长青, 程昌秀, 杨晓帆, 等. 2020. 理解地理“耦合”实现地理“集成”. 地理学报, 75(1): 3-13.
宋杨, 万幼川. 2004. 一种新型空间数据模型 Geodatabase. 测绘通报, (11): 31-33.
苏珊 • 汉森. 2009. 改变世界的十大地理思想. 肖平, 王方雄, 李平译. 北京: 商务印书馆.
苏姝, 林爱文, 刘庆华. 2004. 普通 Kriging 法在空间内插中的运用. 江南大学学报(自然科学版), 3(1): 18-21.
孙中伟, 王杨. 2013. 信息与通信地理学的学科性质、发展历程与研究主题. 地理科学进展, 32(8): 92-101.
孙中伟, 王杨, 田建文. 2014. 地理学空间研究的转向: 从自然到社会、现实到虚拟. 地理与地理信息科学, 30(6): 112-116.
谭剪梅. 2019. 顾及多类型用户需求的地震灾害场景知识图谱构建及应用. 成都: 西南交通大学硕士学位论文.
谭玉红, 吴岩. 2005. 关于学校知识管理中的“知识地图”研究. 电化教育研究, (3): 17-19, 26.
陶虹. 2008. 基于场景的可视化地理概念建模方法研究. 南京: 南京师范大学硕士学位论文.
田娇娇, 唐新民, 杨平. 2006. 动态数据库模型的研究与应用. 测绘科学, 31(1): 123-124, 136.
托马斯 • 库恩. 2003. 科学革命的结构. 金吾伦, 胡新和译. 北京: 北京大学出版社.
王步标, 等. 1994. 人体生理学. 北京: 高等教育出版社.
王朝云, 刘玉龙. 2007. 知识可视化的理论与应用. 现代教育技术, 17(6): 18-20.
王恩涌, 赵荣, 张小林, 等. 2000. 人文地理学. 北京: 高等教育出版社.
王光霞, 游雄, 於建峰, 等. 2011. 地图设计与编绘. 北京: 测绘出版社.
王光霞, 游雄, 於建峰, 等. 2014. 地图设计与编绘. 2 版. 北京: 测绘出版社.
王家耀. 2013. 关于信息时代地图学的再思考. 测绘科学技术学报, 30(4): 329-333.
王家耀. 2015. 京城雅集话地图: 地图文化及其价值. 地图, (3): 24-35.
王家耀, 陈毓芬. 2000. 理论地图学. 北京: 解放军出版社.
王家耀, 孙群, 王光霞, 等. 2006. 地图学原理与方法. 北京: 科学出版社.
王家耀, 魏海平, 成毅, 等. 2004. 时空 GIS 的研究与进展. 海洋测绘, 24(5): 1-4.
王君, 樊治平. 2003. 一种基于 Web 的企业知识管理系统的模型框架. 东北大学学报(自然科学版), 24(2):

182-185.
王茂林, 刘秉镰. 2010. 物流企业知识地图构建. 研究科技进步与对策, 27(5): 108-110.
王婷婷, 吴庆麟. 2008. 个人认识论理论概述. 心理科学进展, 16(1): 71-76.
王伟星, 龚建华. 2009. 地学知识可视化概念特征与研究进展. 地理与地理信息科学, 25(4): 1-7.
王晓磊. 2010. “社会空间”的概念界说与本质特征. 理论与现代化, (1): 49-55.
王新华, 米飞, 冯英春, 等. 2009. 空间数据挖掘技术的研究现状与发展趋势. 计算机应用研究, 26(7): 2401-2403.
王佐成, 薛丽霞, 李永树, 等. 2006. 空间数据挖掘知识的地图可视化表达. 计算机应用研究, 23(2): 253-255.
韦于莉. 2004. 知识获取研究. 情报杂志, 23(4): 41-43.
韦鹂, 黎奕林. 2009. 符号学习理论对成人学习的启示. 成人高等教育, (3): 7-9.
维克托 • 迈尔-舍恩伯格, 肯尼思 • 库克耶. 2013. 大数据时代: 生活、工作与思维的大变革. 盛杨燕, 周涛译. 杭州: 浙江人民出版社.
吴立新, 徐磊, 陈学习, 等. 2006. 基于主体人与地学本体的人-地-GIS 关系讨论. 地理与地理信息科学, 22(1): 1-6.
吴子华, 唐常杰. 1995. 时态数据库系统设计中的时间因素处理. 四川大学学报(自然科学版), (2): 139-144.
许珺, 裴韬, 姚永慧. 2010. 地学知识图谱的定义、内涵和表达方式的探讨. 地球信息科学学报, 12(4): 496-502, 509.
鄢珞青. 2003. 知识库的知识表达方式探讨. 情报杂志, 23(4): 63-64.
杨思洛. 2015. 中外图书情报学科知识图谱比较研究. 北京. 科学出版社.
杨思洛, 韩瑞珍. 2013. 国外知识图谱的应用研究现状分析. 情报资料工作, (6): 15-20.
杨先娣, 何宁, 吴黎兵. 2009. 基于范畴论的本体集成描述. 计算机工程, 35(6): 76-78.
杨彦波, 刘滨, 祁明月. 2014. 信息可视化研究综述. 河北科技大学学报, 35(1): 91-102.
尹章才, 李霖. 2005. 基于快照-增量的时空索引机制研究. 测绘学报, 34(3): 257-261.
尹章才, 李霖. 2007. 基于 XML 的地图表达机制研究. 武汉大学学报(信息科学版), 32(2): 135-138.
尹章才, 李霖, 王红. 2006. 基于专家系统的图示表达模型研究. 测绘通报, (8): 53-56.
于长锐, 王洪伟, 蒋馥. 2006. 基于逆向工程的领域本体开发方法. 计算机应用研究, 23(11): 22-24.
于鑫刚, 李万龙. 2008. 基于本体的知识库模型研究. 计算机工程与科学, 30(6): 134-136.
袁国明, 周宁. 2006. 信息可视化和知识可视化的比较研究. 科技情报开发与经济, 16(12): 93-94.
约翰 • 安德森. 2012. 认知心理学及其启示. 秦裕林, 程瑶, 周海燕, 等译. 北京: 人民邮电出版社.
乐飞红, 陈锐. 2000. 企业知识管理实现流程中知识地图的几个问题. 图书情报知识, (3): 15-17.
曾文, 张小林. 2015. 社会空间的内涵与特征. 城市问题, 7: 26-32.
张聪, 张慧. 2006. 信息可视化研究. 武汉工业学院学报, 25(3): 45-48.
张锦明. 2012. DEM 插值算法适应性研究. 郑州: 中国人民解放军信息工程大学博士学位论文.
张靖. 2014. 基于克里金算法的点云数据插值研究. 西安: 长安大学硕士学位论文.
张鹏顺. 2011. 区域理论视野下的旅游扶贫. 理论探讨, 159(2): 100-103.
张强. 2007. 可视化知识获取研究与实现. 合肥: 中国科学技术大学硕士学位论文.
张晓林. 2001. 走向知识服务: 21 世纪中国学术信息服务的挑战与发展. 成都: 四川大学出版社.
张仰森. 2004. 人工智能原理复习与考试指导. 2 版. 北京: 高等教育出版社.
赵国庆, 黄荣怀, 陆志坚. 2005. 知识可视化的理论与方法. 开放教育研究, 11(1): 23-27.
赵红州, 蒋国华. 1984. 知识单元与指数规律. 科学学与科学技术管理, (9): 39-41.
赵慧臣. 2010. 知识可视化的视觉表征研究综述. 远程教育杂志, 28(1): 75-80.

赵琦, 张智雄, 孙坦. 2008. 文本可视化及其主要技术方法研究. 现代图书情报技术, 24(8): 24-30.
赵蓉英. 2007. 知识网络研究(Ⅱ)——知识网络的概念、内涵和特征. 情报学报, 26(3): 470-476.
赵蓉英, 邱均平. 2007. 知识网络研究(Ⅰ)——知识网络概念演进之探究. 情报学报, 26(2): 198-269.
赵追, 黄勇奇. 2009. 基于地理本体和 SWRL 的地理时空信息与时空推理规则表达. 安徽农业科学, 37(3): 1375-1379.
甄峰, 秦萧, 席广亮. 2015. 信息时代的地理学与人文地理学创新. 地理科学, 1: 11-18.
甄峰, 王波, 陈映雪. 2012. 基于网络社会空间的中国城市网络特征——以新浪微博为例. 地理学报, 67(8): 1031-1043.
郑度, 陈述彭. 2001. 地理学研究进展与前沿领域. 地球科学进展, 16(5): 599-606.
郑扣根, 余青怡, 潘云鹤. 2001. 基于事件对象的时空数据模型的扩展与实现. 计算机工程与应用, 37(3): 45-47, 61.
中共中央马克思恩格斯列宁斯大林著作编译局. 1995a. 马克思恩格斯选集. 第 3 卷. 北京: 人民出版社.
中共中央马克思恩格斯列宁斯大林著作编译局. 1995b. 马克思恩格斯选集. 第 4 卷. 北京: 人民出版社.
中国中文信息学会语言与知识计算专委会. 2018. 知识图谱发展报告. https://www.cipsc.org.cn/uploadfiles/2023/02/20230207155930249. [2023-2-7].
周成虎, 骆剑承, 杨晓梅. 1999. 遥感影像地学理解与分析. 北京: 科学出版社.
周成虎, 朱欣焰, 王蒙, 等. 2011. 全息位置地图研究. 地理科学进展, 30(11): 1331-1335.
周海燕. 2003. 空间数据挖掘的研究. 郑州: 中国人民解放军信息工程大学博士学位论文.
周宁, 陈勇跃, 金大卫, 等. 2007. 知识可视化与信息可视化比较研究. 情报理论与实践, 30(2): 178-181.
朱长青, 史文中. 2006. 空间分析建模与原理. 北京: 科学出版社.
朱习军, 李斌. 2000. IDSS 中的知识表示. 泰山学院学报, 22(3): 53-55.
朱欣焰, 周成虎, 呙维, 等. 2015. 全息位置地图概念内涵及其关键技术初探. 武汉大学学报(信息科学版), 40(3): 285-295.
朱智贤. 1985. 心理学大词典. 北京: 北京师范大学出版社.
Alavi M, Leidner D E. 2001. Review: Knowledge management and knowledge management systems conceptual foundations and research issues. MIS Quarterly, (1): 107-136.
Anderson J R, Bower G H. 1974. A propositional theory of recognition memory. Memory & Cognition, 2(3): 406-412.
Antipov A N. 2009. A new quality of geographical knowledge. Geography and Natural Resources, 30(3): 213-218.
Ausubel D P. 1978. Educational Psychology: A Cognitive View. New York: Holt, Rinehart and Winston.
Bainbridge W. 2007. The scientific research potential of virtual worlds. Science, 317(5837): 472-476.
Barlow K E. 1968. The State of Public Knowledge . London: Faber Press.
Beckmann M J. 1995. Economic models of knowledge networks// Batten D, Casti J(eds.). Networks in Actions. Berlin: Springer-Verlag.
Berry B J L. 1964. Cities as systems within systems of cities. Papers of the Regional Science Association, 13(1): 146-163.
Birant D, Kut A. 2007. ST-DBSCAN: An algorithm for clustering spatial–temporal data. Data & Knowledge Engineering, 60(1): 208-221.
Bock C, Odell J. 1998. A more complete model of relations and their implementation: Roles. Journal of Object-Oriented Programming, 11(2): 51-54.
Börner K, Chen C M, Boyack K W. 2003. Visualizing knowledge domains. Annual Review of Information Science

and Technology, (37): 179-255.

Bourdieu P. 1985. The social space and the genesis of groups. Theory and Society, 14(6): 723 -744.

Bourdieu P. 1989. Social space and symbolic power. Sociological Theory, 7(1): 14-25.

Briggs R. 1972. Cognitive Distance in Urban Space. Columbus: Ohio State University.

Briggs R. 1973. Urban cognitive distance. Image & Environment: Cognitive Mapping and Spatial Behavior, 75(6): 361-388.

Brookes B C. 1980a. The foundations of information science: Part Ⅰ. Philosophical aspects. Journal of Information Science, 5(1): 45-48.

Brookes B C. 1980b. The foundations of information science: Part Ⅱ. Quantitative aspects: Classes of things and the challenge of human individuality. Journal of Information Science, 2(3-4): 125-133.

Buttenfield B. 1993. Multiple Representations. NCGIA Research Initiative 3, Closing Report. UC Santa Barbara: National Center for Geographic Information and Analysis. Retrieved from https://escholarship.org/uc/item/888460xs.

Cherkashin A K. 2008. Geographical systemology: Formation rules for system ontologies. Geography and Natural Resources, 29(2): 110-115.

Copeland G, Maier D. 1984. Making smalltalk a database system. SIGMOD Record, 14(2): 316-325.

Cox K R, Golledge R G. 1969. Behavioral Problems in Geography: A Symposium. London: Routledge.

Davenport T H, Prusak L. 1998. Working Knowledge: How Organizations Manage What They Know. Boston: Harvard Business School Press.

Dibiase D W. 1990. Visualization in the earth science. Earth and Mineral Sciences, 59(2): 13-18.

Doignon J P, Falmagne J C. 1985. Spaces for the assessment of knowledge. International Journal of Man-Machine Studies, 23(2): 175-196.

Duffy J. 2000. Knowledge exchange at Glaxo Wellcome. The Information Manage Journal, (3): 88-91.

Edwards W. 1954. The theory of decision making. Psychological Bulletin, 51(4): 380-417.

Egenhofer M, Frank A. 1989. Object-oriented modeling in GIS: Inheritance and propagation. Baltimore: Autocarto Conference.

Eliot J, Hauptman A. 1981. Different dimensions of spatial ability. Studies in Science Education, 8(1): 45-66.

Eppler M J. 2001. Making knowledge visible through intranet knowledge maps: Concepts, elements, cases. The 34th International Conference on System Sciences. Maui, USA.

Eppler M J. 2003. Managing Information Quality: Increasing the Value of Information in Knowledge-intensive Products and Processes. Berlin: Springer-Verlag.

Eppler M J. 2004. Knowledge visualization: Towards a new discipline and its fields application//Rainhardt R, Eppler M J. Wissenskommunikation in Organisationen. Berlin: Springer-Verlag.

Eppler M J. 2006. Toward a pragmatic taxonomy of knowledge maps: classification principles, sample typologies, and application examples. The 10th International Conference on Information Visualization. London, UK.

Falmagne K C. 1989. A latent trait theory via a stochastic learning theory for a knowledge space. Psychometrika, 54(2): 283-303.

Farling T, Book A, Lindberg E. 1979. The acquisition and use of an internal representation of the spatial layout of the environment during locomotion. Man-Environment Systems, 9: 200-208.

Fensel D. 2001. Ontologies. Berlin: Springer-Verlag.

Fisher P F, Langford M. 1995. Modelling the errors in areal interpolation between zonal systems by Monte Carlo simulation. Environment & Planning A, 27: 211-224.

Flavell J H, Miller P. 1998. Social cognition//Doman W, Kuhn D, Siegler R. Handbook of Child Psychology: Cognition Perception and Language. New York: John Wiley and Sons.

Fogarty E. 2020. Visualizing the relationship between geographic and social media network space. GeoJournal, 86: 2483-2500.

Fonseca F T. 2001. Ontology-driven Geographic Information Systems. Maine: The University of Maine.

Fonseca F T, Egenhofer M. 1999. Ontology-driven geographic information systems. The 7th ACM Symposium on Advances in Geographic Information Systems. Kansas City, USA.

Fu L M. 1994. Neural Networks in Computer Intelligence. New York: The MIT Press and McGraw-Hill Inc.

Gagne E D. 1985. The Cognitive Psychology of School Learning. Boston: Addison-Wesley Educational Publishers Inc.

Gallup J L, Sachs J D, Mellinger A D. 1999. Geography and economic development. International Regional Science Review, 22(2): 179-232.

Galton A. 2009. Spatial and temporal knowledge representation. Earth Science Informatics, 2(3): 169-187.

Garfield E. 1955. Citation indexes for science: A new dimension in documentation through association of ideas. Science, 122(3159): 108-111.

Garling T, Golledge R G. 1989. Environmental perception and cognition//Zube E H, Moore G T. Advances in Environment, Behavior, and Design. New York: Plenum Press.

Garrido M V, Hansen J, Busse R. 2011. Mapping research on health systems in Europe: A bibliometric assessment. Journal of Health Services Research & Policy, 16(suppl 2): 27-37.

Golledge R G. 1972. Multidimensional Scaling: Review and Geographical Applications, Technical Paper No. 10. Association of American Geographers Technical Paper Series. Commission on College Geography Technical Paper. 10.

Golledge R G. 1985. General principles and approaches to economic impact assessment//Stimson R J, Sanderson R. Assessing the Etonomic Impaels of Retail Centres: Issues, Methods and Implications for Government Policy. Canberra: Australian Institute of Urban Studies.

Gómez-Pérez A Y, Benjamins R. 1999. Overview of knowledge sharing and reuse components: Ontologies and problem-solving methods. The 16th International Joint Conference on Artificial Intelligence (IJCAI'99) Workshop KRR5: Ontologies and Problem-Solving Methods: Lesson Learned and Future Trends. Stockholm, Swedish.

Goodchild M F. 1992. Geographic information science. International Journal of Geographical Information Systems, 6: 31-47.

Goodchild M F, Egenhofer M J, Kemp K K, et a1. 1999. Introduction to the varenius project. International Journal of Geographical Information Systems, 13(8): 731-745.

Goodchild M F, Lam N S. 1980. Areal interpolation: A variant of the traditional spatial problem. Geo Processing, 1(3): 297-312.

Grabler F, Agrawala M, Summer R W, et al. 2008. Automatic generation of tourist maps. ACM Transactions on Graphics(TOG), 27(3): 1-11.

Granovetter M S. 1973. The strength of weak ties. American Journal of Sociology, 78(6): 1360-1380.

Gruber T R. 1995. Toward principles for the design of ontologies used for knowledge sharing. International Journal of Human-Computer Studies, 43(5-6): 907-928.

Guarino N, Welty C. 2000. A Formal Ontology of Properties. The 12th International Conference on Knowledge Engineering and Knowledge Management. Juan-les-Pins, France.

Guarino N. 1998. Semantic matching: Formal ontological distinctions for information organization, extraction, and integration. International Summer School on Information Extraction: A Multidisciplinary Approach to An Emerging Information Technology. Berlin: Springer-Verlag.

Halbert D C, O'Brien P D. 1987. Using types and inheritance in object-oriented languages. ECOOP'87 European Conference on Object-Oriented Programming. Paris, France.

Hardy R L. 1971. Multiquadric equations of topography and other irregular surfaces. Journal of Geophysical Resarch, 76(8): 1905-1915.

Hart R A, Moore G T. 1973. The development of spatial cognition: A review//Downs R M, Stea D. Image and Environment: Cognitive Mapping and Spatial Behavior. Chicago: Aldine Publishing Company.

Hartshorne R. 1958. The concept of geography as a science of space: From Kant and Humboldt to Hettner. Annals of the Association of American Geographers, 48(2): 97-108.

Havre S, Hetzler E, Whitney P, et al. 2002. Themeriver: Visualizing thematic changes in large document collections. IEEE Transactions on Visualization & Computer Graphics, 8(1): 9-20.

Hook P A.2007. Domain maps: Purposes, history, parallels with cartography, and applications. The 11th Annual Information Visualization International Conference (Ⅳ 2007). Zurich, Swiss.

James P E, Jones C F. 1954. American Geography: Inventory and Prospect. New York: Syracuse University Press.

Jones C B. 1997. Geographic Information System and Computer Cartography. Longman: Singapore Publishers Ltd.

Kirk W, Berlin A L. 1963. Problems of geography. Geography, 48(4): 357-371.

Kobayashi K. 1995. Knowledge Network and Market Structure: An analytical Perspective. New York: Springer-Verlag.

Koperski K, Han J. 1995. Discovery of Spatial Association Rules in Geographic Information Databases. Berlin: Springer-Verlag.

Kottman C, Reed C. 2009. The OpenGIS Abstract Specification, Topic 5: Features. Arlington: Open GIS Consortium Inc.

Krige D G. 1951. A statistical approach to some basic mine valuation problems on the Witwatersrand. Journal of the Southern African Institute of Mining and Metallurgy, 52(6): 119-139.

Kuipers B J. 1995. An Ontological Hierarchy for Spatial Knowledge. AAAI Technical Report FS-94-03. Palo Alto: AAAI.

Kuno H A, Rundensteiner E A. 1996. The multiview OODB view system: Design and implementation. Theory and Practice of Object Systems, 2(3): 203-225.

Lakoff G. 1987. Women, Fire, and Dangerous Things: What Categories Reveal About the Mind. Chicago: University of Chicago Press.

Lakoff G , Johnson M .1980. The metaphorical structure of the human conceptual system. Cognitive Science, 4(2): 195-208.

Langford M, Unwin D J. 1994. The areal interpolation problem: Estimating population using remote sensing in a GIS framework. The Cartography Journal, 13: 21-26.

Langran G E. 1989. A review of temporal database research and its use in GIS applications. International Journal of Geographical Information Systems, (3): 215-232.

Langran G E. 1992. Time in Geographic Information Systems. London: Taylor & Francis Ltd.

Langran G E, Chrisman N R. 1988. A framework for temporal geographic information. Cartographica, 25(3): 1-14.

Lefebvre H. 1974. The Production of Space. Oxford: Blackwell.

Lieblich I, Arbib M. 1982. Multiple representation of space underlying behavior and associated commentaries. The Behavior and Brain Sciences, 5(4): 627-660.

Lohman D F. 1979. Spatial ability: A review and reanalysis of the correlational literature. Stanford: Stanford University.

Maceachren A M, Kraak M J. 2001. Research challenges in geovisualization. Cartography and Geographic Information Science, 28(1): 3-12.

Martin D. 1991. Representing the socioeconomic world. Papers in Regional Science. 70(3): 317-327.

Mccormick B H, Defanti T A, Brown M D. 2007. Visualization in scientific computing: A synopsis. IEEE Computer Graphics & Applications, 7(7): 61-70.

Meng L. 2003. Missing theories and methods in digital cartography. The 21th International Cartographic Conference. Durban, South Africa.

Minsky M. 1975. A framework for represented knowledge//Winston P. The Psychologist of a Computer. New York, London: McGraw Hill.

Mitášová H, Hofierka J. 1993. Interpolation by regularized spline with tension: Application to terrain modeling and surface geometry analysis. Mathematical Geology, 25(6): 657-669.

Montello D R. 2001. Spatial Cognition//Smelser N J, Baltes P B. International Encyclopedia of the Social & Behavioral Sciences. Oxford: Pergamon Press.

Montello D R. 2004. Cognition of Geographic Information//McMaster R B, Usery E L. A research Agenda for Geographic Information Science. Boca Raton: CRC Press.

Montello D R. 2009. Cognitive research in GIScience: Recent achievements and future prospects. Geography Compass, 5(3): 1824-1844.

Morley D, Robins K. 1995. Spaces of Identity: Global Media, Electronic Landscapes and Cultural Boundaries. London: Routledge.

Nickols F. 2000. The knowledge in knowledge management. The Knowledge Management Yearbook 2000-2001, 12-21.

Nonaka I, Takeuchi H. 1995. The Knowledge-Creating Company. Oxford: Oxford University Press.

Novak J D, Gowin D N. 1984. Learning How to Learn. Cambrige: Cambrige University Press.

Oakley T. 2007. Handbook of Cognitive Linguistics. Oxford: Oxford University Press.

Paivio A. 1969. Mental imagery in associative learning and memory. Psychological Review, 76(3): 241-263.

Paivio A. 1990. Mental Representations. NewYork: Oxford University Press.

Park R E, Burgess E W, McKenzie R D. 1925. The City. Chicago: University of Chicago Press.

Peuquet D J. 1995. An event-based spatiotemporal data model for temporal analysis of geographical data. International Journal of Geographical Information Systems, 9(1): 7-24.

Philbrick A K. 1953. Toward a unity of cartographical forms and geographical content. The Professional Geographer, 5(5): 11-15.

Pino-Diaz J, Jimenez-Contreras E, Ruiz-Banos R, et al. 2012. Strategic knowledge maps of the techno-scientific network(SK maps). Journal of the American Society for Information Science and Technology, 63(4): 796-804.

Pirolli P, Card S K.1995. Information foraging in information access environments. The CHI'95, ACM Conference on Human Factors in Software. New York, USA.

Pred A. 1967. Behaviour and Location: Foundations for a Geographic and Dynamic Location Theory(I). Lund:

CWK Gleerup.

Price D S D J. 1965. Networks of scientific papers. Science, 149(3683): 510-515.

Pyo S. 2005. Knowledge map for tourist destinations—needs and implications. Tourism Management, 26(4): 583-594.

Quillian M R. 1967. Word concepts: A theory and simulation of some basic semantic capabilities. Behavioral Science, 12(5): 410-430.

Raskin R. 2006. Development of ontologies for earth system science//Sinha A K. Geoinformatics: Data to Knowledge—Geological Society of America Special Paper. Boulder: Geological Society of America.

Raskin R, Pan M J. 2005. Knowledge representation in the semantic web for earth and environmental terminology. Computers & Geosciences, 31(9): 1119-1125.

Retz-Schmidt G. 1988. Various views on spatial prepositions. AI Magazine, 9(2): 95-105.

Robertson G G, Card S K, Mackinlay J D. 1989. The cognitive coprocessor for interactive user interfaces. The ACM Siggraph Symposium on User Interface Software and Technology. Williamsburg, USA.

Roeper P. 2004. First- and second-order logic of mass terms. Journal of Philosophical Logic, 33: 261-297.

Rosch E. 1978. Cognition and categorization//Rosch E, Lloyd B B. Cognition and Categorization. New York: Halstead Press.

Rosch E, Mervis C B, Gray W D, et al. 1976. Basic objects in natural categories. Cognitive Psychology, 8(3): 382-439.

Saarinen T F. 1966. Perception of drought hazard on the Great Plains. Economic Geography, 44(1): 91.

Scott A J, Storper M. 1986. High technology industry and region development: A theoretical critique and reconstruction. International Social Science Journal, (1): 215-232.

Self C M, Reginald G G. 1994. Sex-related differences in spatial ability: What every geography educator should know. Journal of Geography, 93(5): 234-243.

Shen W, Wang J, Han J. 2015. Entity linking with a knowledge base: Issues, techniques, and solutions. Knowledge & Data Engineering IEEE Transactions, 27(2): 443-460.

Sheth A, Thirunarayan K. 2013. Semantics Empowered Web 3.0: Managing Enterprise, Social, Sensor, and Cloud-Based Data and Service for Advanced Applications. California: Morgan and Claypool.

Shiffrin R M, Börner K. 2004. Mapping knowledge domains. Proceedings of the National Academy of Sciences. 101(Suppl): 5183-5185.

Shneiderman B. 1996. The eyes have it: A task by data type taxonomy for information visualizations. The 1996 IEEE Symposium on Visual Languages. Washington D. C., USA.

Simon H A. 1956. Rational choice and the structure of the environment. Psychological Review, 63(2): 129-138.

Skupin A, Fabrikant S I. 2003. Spatialization methods: A cartographic research agenda for non-geographic information. Cartography and Geographic Information Science, 30(2): 95-115.

Small H. 1981. The relationship of information science to the social sciences: A co-citation analysis. Information Processing & Management, 17(1): 39-50.

Soja E. 1980. The socio-spatial dialects. Annals of the Association of American Geographers, 70(2): 207-225.

Starrs P. 1997. The sacred, the regional, and the digital. Geographical Review, 87(2): 193-218.

Staub P, Rudolf H, Morf A. 2008. Semantic interoperability through the definition of conceptual model. Transactions in GIS, 12(2): 193-207.

Stock O. 1997. Spatial and Temporal Reasoning. Dordrecht: Kluwer Academic Publishers.

Studer R, Benjam V R, Fensel D. 1998. Knowledge engineering, princip les and methods. Data and Knowledge Engineering, 25(122): 16-21, 97.

Su J. 1991. Dynamic Constraints and object migration. The 17th International Conference on Very Large Data Bases. Barcelona, Spain.

Sutton P. 1997. Modeling population density with night-time satellite imagery and GIS. Computers Environment & Urban Systems, 21(3-4): 227-244.

Taylor P J, Hoyler M, Evans D M. 2008. A geohistorical study of the rise of modern science. Mapping Scientific Practice through Urban Networks, 46(4): 391-410.

Tim B L. 2000. Weaving the Web: The Original Design and Ultimate Desting of World Wide Web by Its Inventor. New York: Harper Business.

Tobler W R. 1970. A computer movie simulating urban growth in the detroit region. Economic Geography, 46(2): 234-240.

Tobler W R. 2004. Computer cartograms. Blackwell Publishing, 94(1): 58-73.

Tolman E C. 1948. Cognitive maps in rats and men. Psychological Review, 55(4): 189-208.

Tversky B. 2004. Levels and structures of spatial knowledge//Kitchen R, Freundschuh S. Cognitive Mapping: Past, Persent and Future. London: Roulledge.

UCGIS. 1996. Research priorities for geographic information science. Cartography and Geographic Information Systems, 23(3): 115-127.

Usery E L. 1993. Category theory and the structure of features in geographic information systems. American Cartographer, 20(1): 5-12.

Usery E L. 1996. A feature-based geographic information system model. Photogrammetric Engineering & Remote Sensing, 62(7): 833-838.

Vail E F. 1999. Knowledge Mapping: Getting started with knowledge management. Information Systems Management, 16(4): 1-8.

Vygotski L S. 1978. Mind in Society: The Development of Higher Psychological Processes. Cambridge: Harvard University Press.

Wang J. 2003. A knowledge network constructed by integrating classification, thesaurus and metadata in digital library. International Information & Library Review, 35(2, 3, 4): 383-397.

White G F. 1945. Human adjustment to floods: A geographical approach to the flood problem in the United States. Chicago: The University of Chicago.

White H D, McCain K W. 1998. Visualizing a discipline: An author co-citation analysis of information science, 1972-1995. Journal of the American Society for Information science, 49(4): 327-355.

Wolch J, Dear M. 1989. The power of geography: How territory shapes social life. Transactions of the Institute of British Geographers, 14(4): 498-499.

Wolpert J. 1964. The decision process in a spatial context. Annals of the Association of American Geographers, 54(4): 537-558.

Wood R, Bandura A. 1989. Social cognitive theory of organizational management. Academy of Management Review, 14(3): 361-384.

Zeng W, Fu C, Arisona S, et al. 2017. Visualizing the relationship between human mobility and points of interest. IEEE Transactions on Intelligent Transportation Systems, 18(8): 2271-2284.

彩　　图

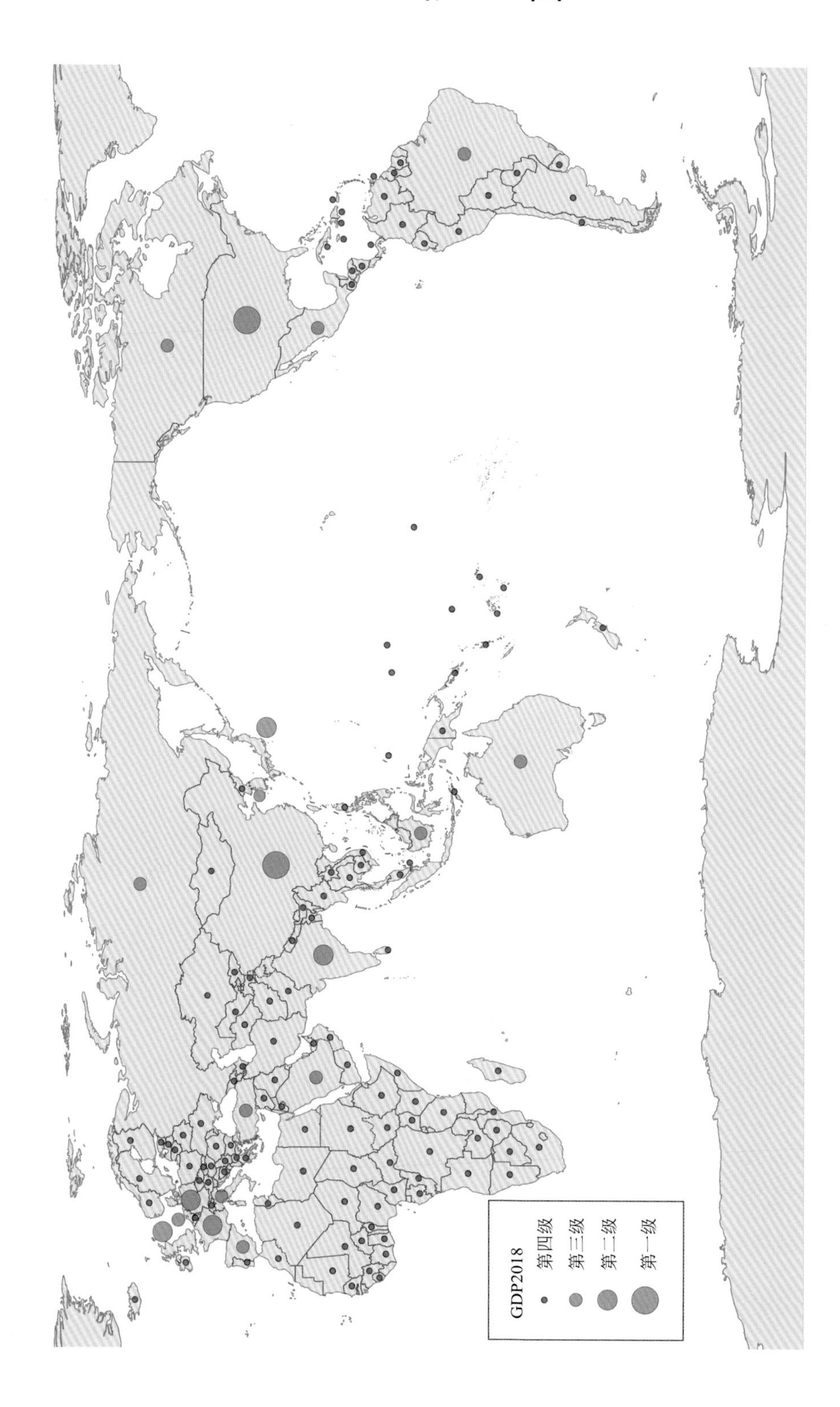

图 6-21　2018 年世界各国 GDP 分级

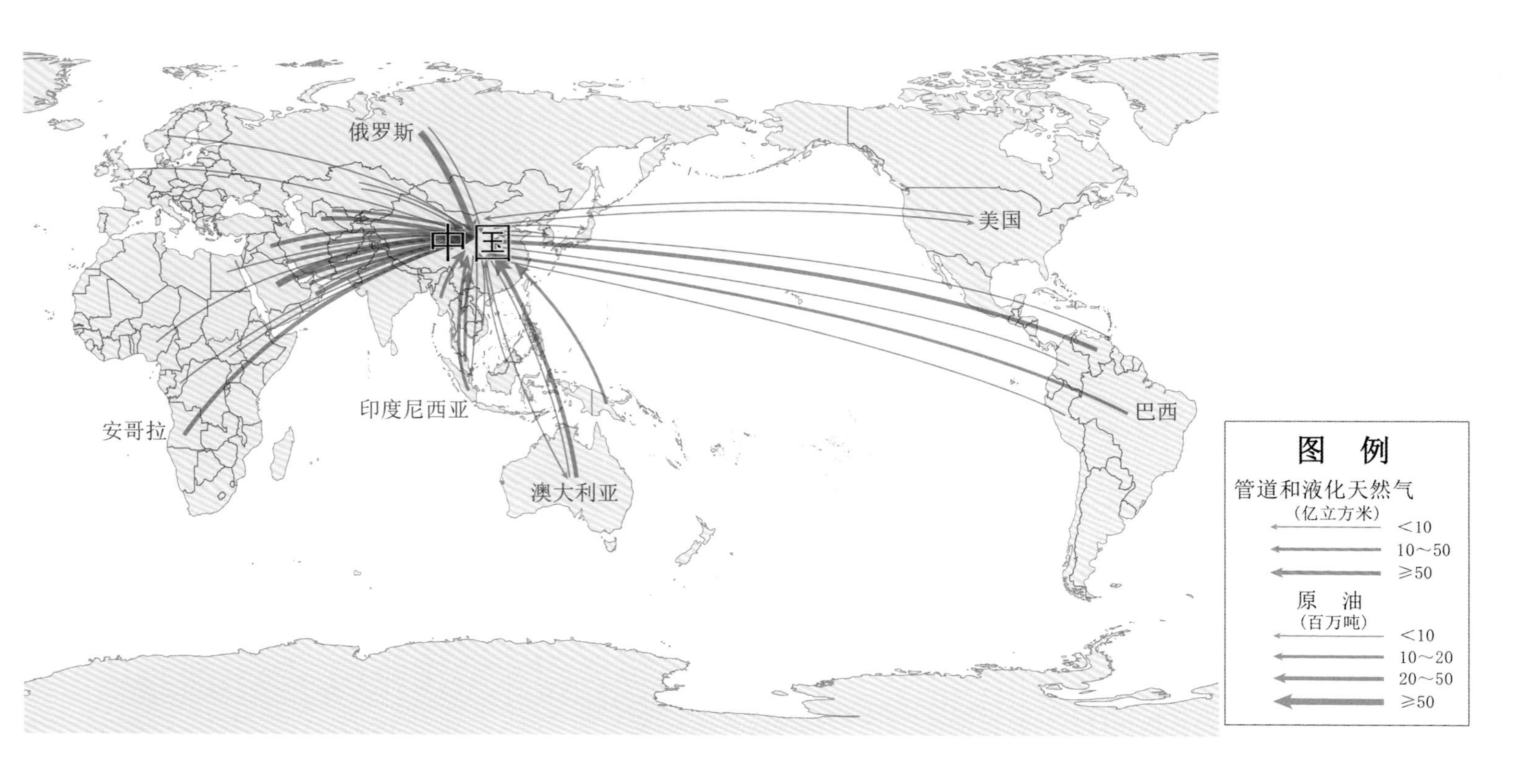

图 6-22　2016 年中国能源贸易关系示例

(a) 2007年中国能源贸易

(b) 2017年中国能源贸易

图 6-26　中国能源贸易演化图

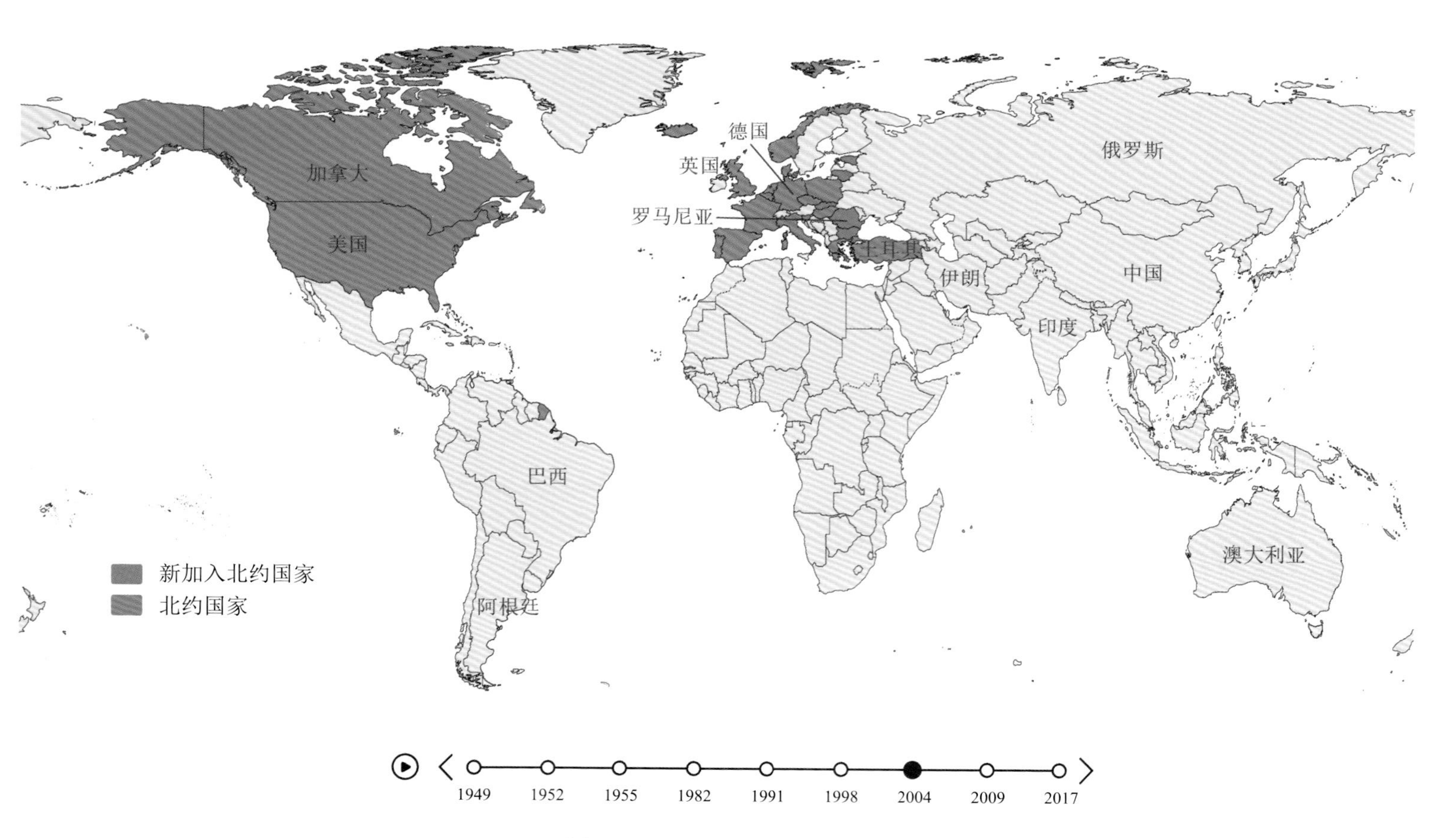

图 6-27　北约东扩动态演化图

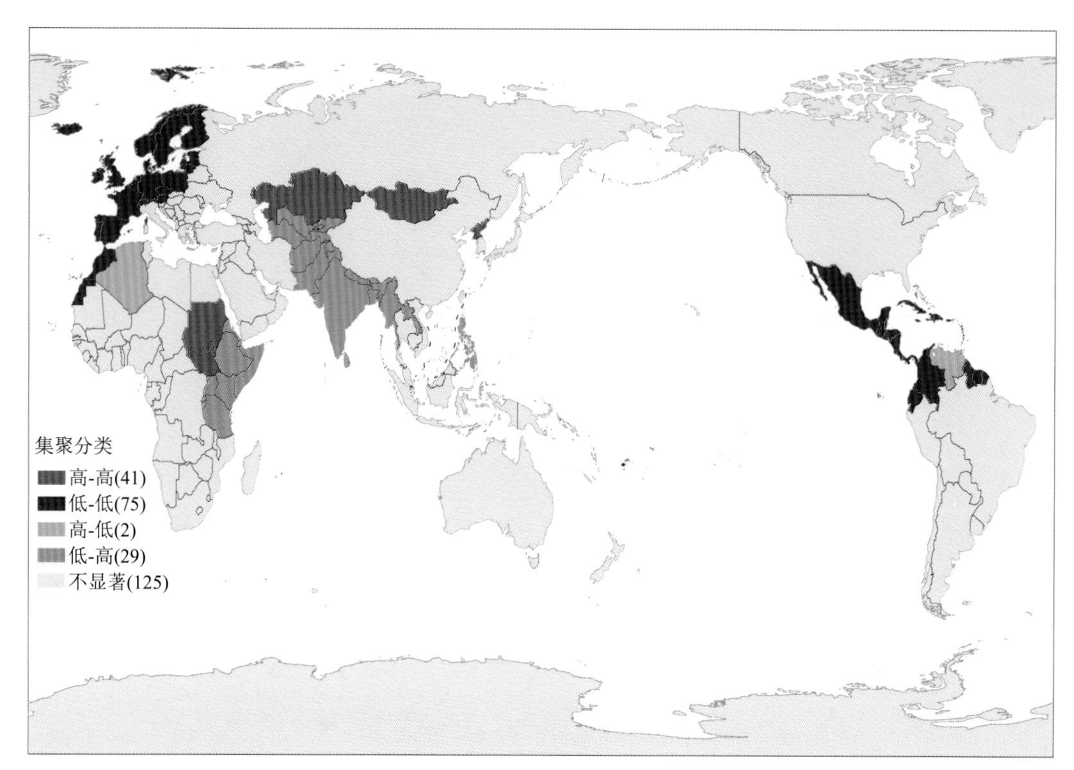

(a) 2007年

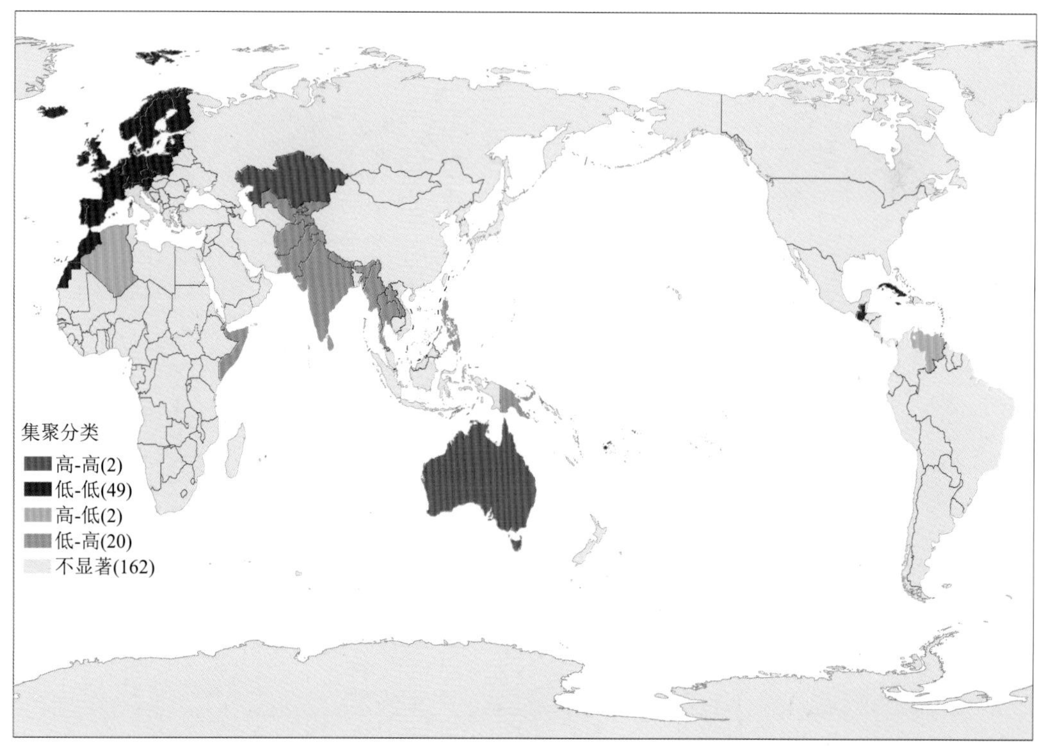

(b) 2011年

(c) 2014年

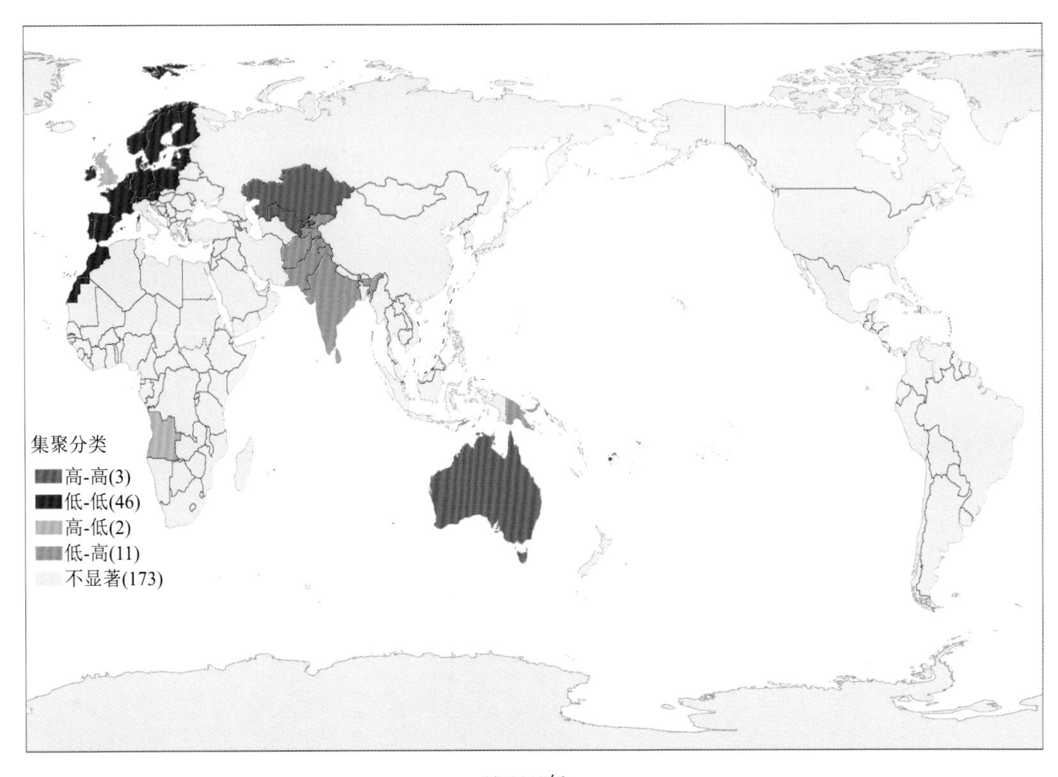

(d) 2017年

图 6-49　2007～2017 年部分年份中国能源贸易集聚图

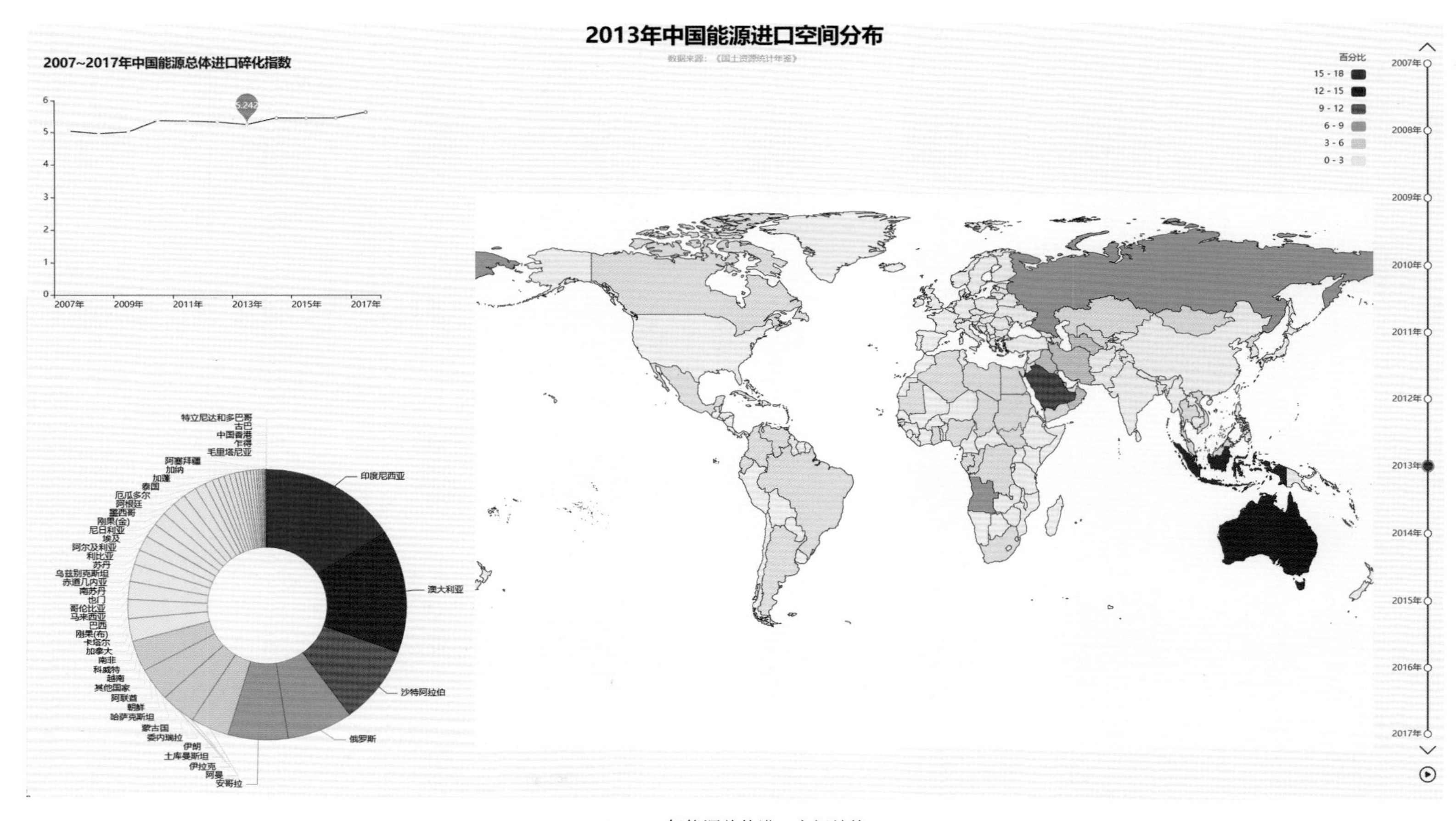

(a) 2013年能源总体进口空间结构

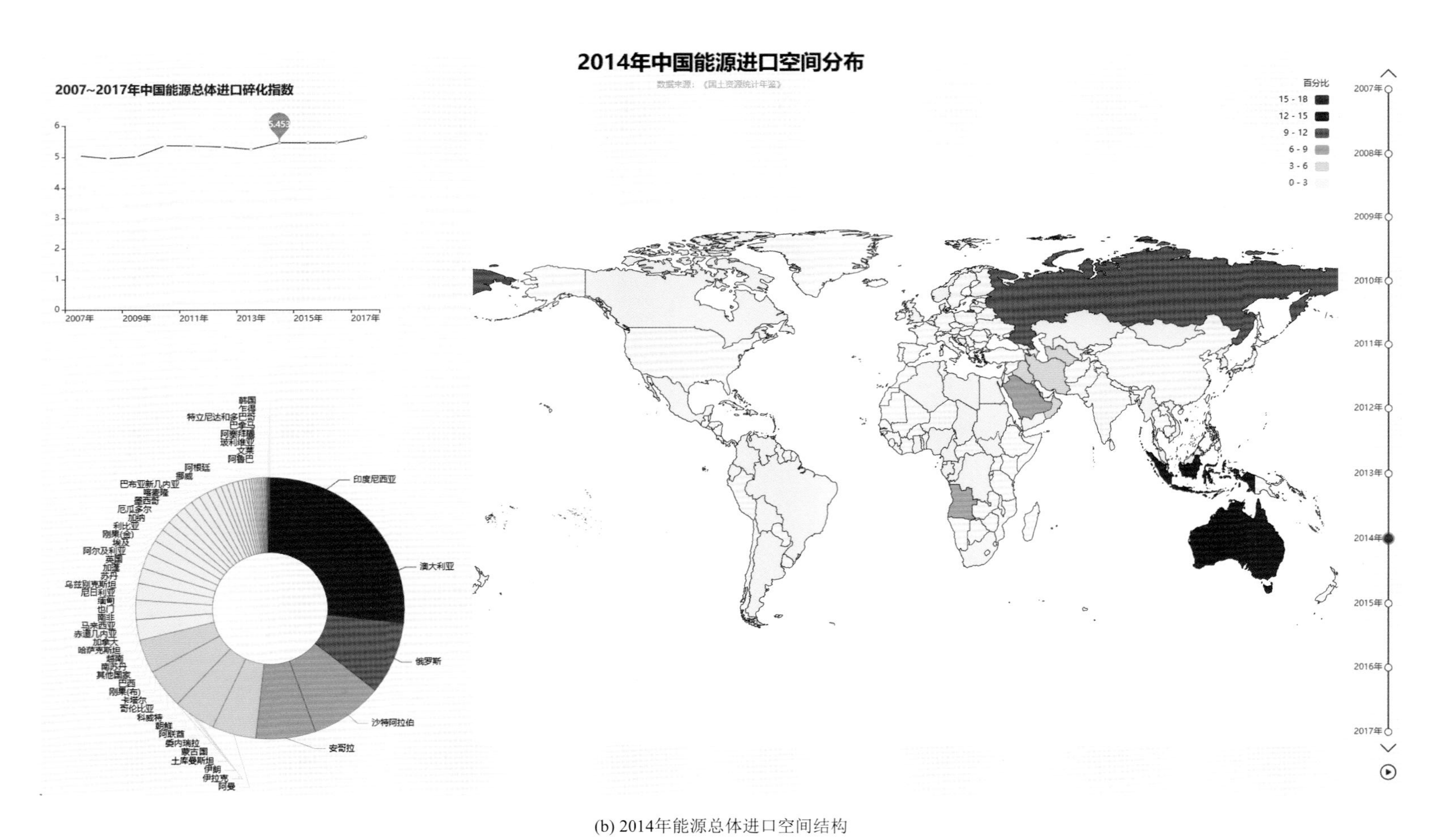

(b) 2014年能源总体进口空间结构

图 6-52　2007～2017 中国能源进口时空可视化